Fusion 360 数字化设计实用教程

熊志勇　编著

机 械 工 业 出 版 社

本书以 Fusion 360 数字化设计建模为主线，既包括详细软件功能介绍，也包括应用案例讲解，主要内容包括 Fusion 360 概述、了解 Fusion 360、绘制草图、创建实体、特征编辑、曲面特征、零件装配、产品渲染、机构动画、机械工程图设计和实战案例。通过本书的学习，读者可实现 Fusion 360 数字化设计建模的入门到精通。本书提供实例源文件（用手机浏览器扫描前言中的二维码下载）和 PPT 课件（联系 QQ296447532 获取）。

本书可作为普通高等学校机械类、设计类各专业计算机辅助建模课程的教材和工程制图、计算机三维建模课程的配套用书，也可供函授大学、电视大学、网络学院及成人高校等相关专业使用，同时可供从事设计相关工作的设计师使用。

图书在版编目（CIP）数据

Fusion 360数字化设计实用教程/熊志勇编著．—北京：机械工业出版社，2022.8（2024.5重印）

ISBN 978-7-111-71125-4

Ⅰ．①F… Ⅱ．①熊… Ⅲ．①计算机辅助设计—应用软件—教材 Ⅳ．①TP391.72

中国版本图书馆CIP数据核字（2022）第115038号

机械工业出版社（北京市百万庄大街22号 邮政编码100037）

策划编辑：周国萍 责任编辑：周国萍 刘本明

责任校对：闫玥红 刘雅娜 封面设计：马精明

责任印制：刘 媛

涿州市般润文化传播有限公司印刷

2024年5月第1版第3次印刷

169mm×239mm・14.5印张・247千字

标准书号：ISBN 978-7-111-71125-4

定价：59.00元

电话服务

客服电话：010-88361066

010-88379833

010-68326294

网络服务

机 工 官 网：www.cmpbook.com

机 工 官 博：weibo.com/cmp1952

金 书 网：www.golden-book.com

机工教育服务网：www.cmpedu.com

前 言

在新一轮科技革命和产业变革的背景下，基于模型的数字化设计技术已经成为制造业数字化、网络化、智能化转型，实现制造业高质量发展的重要一环。以设计数字化、制造数字化、生产过程数字化和管理数字化为主的数字化设计与制造技术，已经渗透到产品开发的各阶段和各环节。其中，数字化设计解决方案是以三维设计为核心，并结合产品设计过程的具体需求所形成的一套解决方案。为了使读者能够在较短时间内了解产品数字化开发过程的全貌，掌握数字化设计的基础知识和核心技术，理解各个知识模块间的技术依赖和前后次序，特编写了本书。

Fusion 360 数字化设计建模软件将快速轻松的建模与精确的实体建模相结合，可支持团队协同设计开发，可帮助设计者高效完成可制造的设计，其具有易学易用、界面友好、功能强大、性能超群的特点，在各行业产品设计领域广泛应用。

本书通过基础知识点+典型案例的写作方式详细剖析典型实例的制作步骤，将知识点融入实际动手操作过程中，让读者充分了解使用 Fusion 360 进行数字化设计的工作流程，锻炼实际动手能力。书中实例丰富、新颖，大多来源于工程实际，具有一定的代表性。全书主要内容包括 Fusion 360 概述、了解 Fusion 360、绘制草图、创建实体、特征编辑、曲面特征、零件装配、产品渲染、机构动画、机械工程图设计和实战案例，本书具有以下特点：

1）以图文并茂的形式详细介绍了 Fusion 360 数字化设计的基本功能及其操作方法，使读者可在最短时间内迅速掌握 Fusion 360 数字化设计的基础知识和使用技巧。

2）实例安排本着“由浅入深，循序渐进”的原则，力求使读者“看得懂，学得会，用得上”，从而尽快掌握 Fusion 360 数字化设计中的诀窍。

3）融入了编著者在实际教学和工作中积累的经验和技巧。书中对一些关键知识点进行了提示。

通过本书的学习，读者可实现 Fusion 360 数字化设计建模的入门到精通。

本书从构思到出版得到了机械工业出版社和欧特克软件（中国）有限公司的大力支持，在本书编写过程中得到了肖尧先生、肖必初先生、郭南初教授、陈露女士、许国略先生等的大力支持和帮助，在此谨向他们表示诚挚的感谢！

本书提供实例源文件（用手机浏览器扫描前言中的二维码下载）和 PPT 课件（联系 QQ296447532 获取）。由于时间仓促，书中不足之处请读者批评指正。若有任何意见和建议，可发送邮件到 583786716@qq.com 邮箱，编著者将尽快回复。

编著者

2022 年 8 月

目 录

第1章

Fusion 360概述

学习 Fusion 360，首先要了解入门知识。在本章中将着重介绍 Fusion 360 的基本功能、安装方法和操作界面。通过学习入门知识，读者可以初步认识 Fusion 360，为后续深入学习打下良好的基础。

本章重点：

- Fusion 360 简介。
- Fusion 360 的安装方法。
- Fusion 360 的操作界面。

1.1 Fusion 360 简介

Fusion 360 是基于云的 CAD/CAM/CAE/PCB 工具，可支持协作式产品开发。Fusion 360 可快速轻松地实现精确的实体建模，帮助用户高效完成可制造的设计。

1.1.1 Fusion 360 的优势

1. 强大的布尔运算功能

Fusion 360 的建模核心是布尔运算，它可以反复进行布尔操作上百次，不容易出错，并且合并后的模型很容易修改。

2. 工业感/设计感

在 Fusion 360 中，设计师不能随意操纵点、线、面，形状都是靠布尔操作和曲线裁切生成。

3. 强大的设计体验

Fusion 360 允许设计师在制作过程中反复试错，不断地尝试喜欢的形状，不受布线的影响。

4. 时间轴

Fusion 360 可保留操作历史记录。如果设计师对某个倒角或布尔操作等的结果不满意，可以方便地通过历史记录进行修改。

1.1.2 Fusion 360 的设计策略

1. Fusion 360 适合的设计阶段

Fusion 360 在单个云的平台中连接整个产品开发流程，使用造型、建模和衍生式等设计工具，探索和优化设计形状。由于 Fusion 360 将设计存储在云端并与团队共享，因此团队成员可以根据自己的设计理念实时进行迭代，这可提高团队的工作效率。可以使用部件、联接、运动分析以及仿真来优化和验证设计；然后通过具有照片级真实感的渲染和动画来传达设计；最后，可以在 3D 打印机上打印设计的快速原型，或者生成 CNC 机床的 CAM 刀具路径来制造产品。

2. 自上而下[1]的设计方法

Fusion 360 使用自上而下的设计方法，这种方法要求首先对系统进行分解，以便深入了解每个子系统。在自上而下的方法中，首先需要规划部件的总体布局，然后更详细地优化每个子部件和零件，直到将整个规则下推至基本元素。

在自上而下的部件设计中，需要根据部件中的元素（例如布局草图或其他零件的几何图元）来定义零件的特征。

1.2 Fusion 360 的安装方法

从 Autodesk 官方网站上可以免费下载 Fusion 360。如果是学生，注册可以

[1] 自上而下是指设计意图（特征的大小、零部件的放置、与其他零件的接近程度等）从顶部（部件）开始并向下移动（到零件）。

获得三年的免费试用期。具体安装方法如下：

1）登录到用户的 Autodesk 账户。

2）从左侧菜单中选择“所有产品和服务”。

3）在“产品和服务”列表中找到 Fusion 360。

4）单击“立即下载”按钮。

注意

系统会自动开始下载。单击“另存为”按钮将会显示对话框，并提示将 *.exe 文件保存到计算机。

1.3 Fusion 360 的操作界面

浏览 Fusion 360 界面以了解在设计时所需设计工具的位置，操作界面如图 1-1 所示。

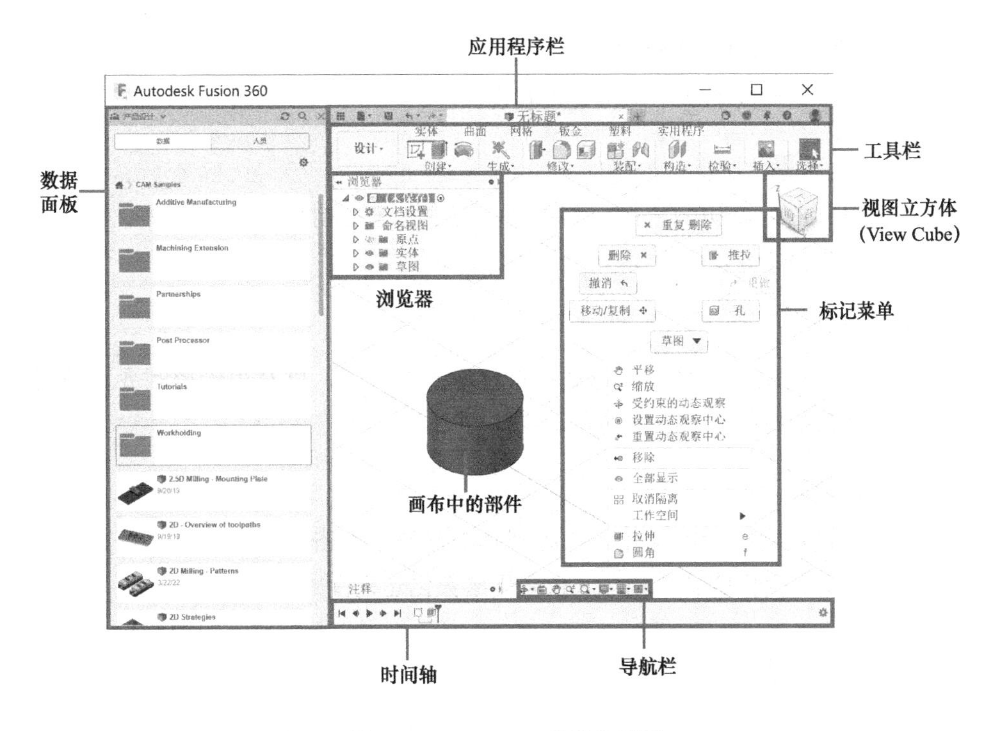

图 1-1　Fusion 360 的操作界面

1. 数据面板

从数据面板可以访问团队、项目和设计，以及管理设计数据和与他人协作。

2. 应用程序栏

用于数据面板的管理、文件数据的保存与图档转换等。

3. 工具栏

选择要在其中工作的工作空间。工具栏上的工具与工作空间的性质相对应，且不同的工作空间会有不同的工具种类。工具栏被划分为多个选项卡，以将工具整理为逻辑分组。

4. 浏览器

列出部件中的对象（零部件、实体、草图、原点、联接、构造几何图元等），并允许控制对象的可见性。

5. 画布中的部件

单击鼠标左键可以从画布的部件中选择对象。

6. 视图立方体（View Cube）

动态观察设计或者从不同位置查看设计。

7. 标记菜单

单击鼠标右键以访问“标记菜单”，其中包含控制盘中的常用命令以及弹出菜单中的其他命令。

8. 导航栏

包含用于缩放、平移和动态观察设计等操作命令，以及用于控制界面外观和设计部件在画布中显示方式的显示设置。

9. 时间轴

列出在设计中执行的操作。在时间轴的操作上单击鼠标右键可进行更改，拖动操作可更改操作的计算顺序（仅限于参数化建模模式）。

1.3.1 数据面板

使用数据面板可以访问、整理和共享用户的 Fusion 360 项目和设计数据。“数据面板”在默认情况下是隐藏的。单击应用程序栏的“显示数据面板”图标▦可将其打开。快捷键：按 <Ctrl>+<Alt>+<P> 键（Windows）或 <Option>+<Command>+<P> 键（Mac OS）可以显示或隐藏“数据面板”。

使用项目过滤器可以更改哪些项目可见，如图 1-2 所示：

1）所有项目：当前团队中的完整项目列表。

2）我已加入：仅用于已加入的项目。

3）已固定：仅用于收藏夹的项目。

4）由我所有：仅用于启动的项目。

5）已与我共享：仅用于受邀参加的项目。

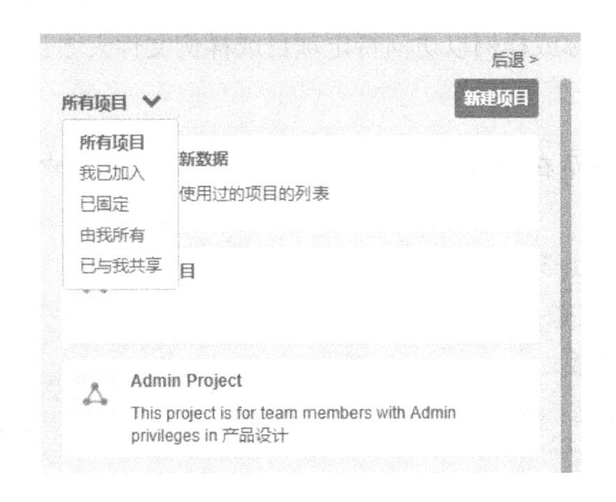

图 1-2　项目过滤器

1. 加入项目

项目可以开放或封闭。团队中的任何人都可以加入开放的项目，但仅项目管理员邀请或项目管理员批准的团队成员才可以加入封闭的项目。团队中的每个成员都可以查看列表中开放和封闭的项目，但是用户必须加入项目才能查看项目的具体内容。

若要加入一个开放的项目，应将光标放置在项目的右上角，然后单击“加入”。

若要加入一个封闭的项目，应将光标放置在项目的右上角，然后单击“请求访问”。团队管理员将查看用户的请求。在管理员确定用户的访问权限后，项目将指示“访问请求项”。

2. 授予访问项目的权限（仅限管理员）

作为团队管理员，当请求访问某个项目时，系统将会向用户发送通知。

1）将光标放置在该项目的右上角，然后单击“查看访问请求”。

2）查看访问请求。

3）单击“批准”为请求者授予访问权限，或者单击“拒绝”以拒绝该请求。

3. 固定项目

将光标放置在项目的右上角以将其固定并标记为最喜欢的项目。

4. 打开项目

双击项目的名称或样例以访问特定项目或样例文件夹中包含的数据。

注意

团队名称将显示在数据面板的顶部。在 Web 应用程序中，单击团队名称可访问团队。

数据面板如图 1-3 所示。

1）显示 / 隐藏数据面板：单击以显示或隐藏数据面板。

2）数据或人员：控制数据或人员在数据面板中的显示。

3）视图工具：创建新文件夹，或更改项目在数据面板中的显示。

图 1-3　数据面板

1.3.2　工作空间

Fusion 360 的功能按用途分布在各工作空间中。每个工作空间中的工具在工具栏中根据特定的设计目标整理到对应的选项卡中，部分工具可以在多个工作空间中使用。选项卡仅在调用相应的命令时才变为激活状态。

1. “设计”工作空间

图 1-4 所示为“设计”工作空间，用于创建和编辑实体、曲面以及由二维草图几何图元驱动的 T-Spline 模型几何图元。此工作空间非常类似于传统的三维 CAD 环境，可以在其中创建通过设计更改进行更新的基于库的特征（即拉伸、旋转、放样、扫掠）。

图 1-4　“设计”工作空间及“实体”选项卡

图 1-5 所示为“草图”选项卡，它具有一个专用工具栏，默认情况下包含工具栏中最常用的草图工具。默认情况下，草图约束在工具栏中也可见。该选项卡本身将以蓝色亮显，表示当前处于临时模式。可以在“设计”工作空间中的许多区域访问“草图”选项卡。最常见的位置是在“实体”选项卡→“创建”面板→“创建草图”中。

“草图”选项卡与其他选项卡之间的差异在于，当“草图”选项卡处于活动状态时，仍可以转到其他选项卡。这是因为即使草图处于活动状态，也能调用建模命令（例如“拉伸”）。执行此操作将自动退出“草图”模式并进入该命令本身。

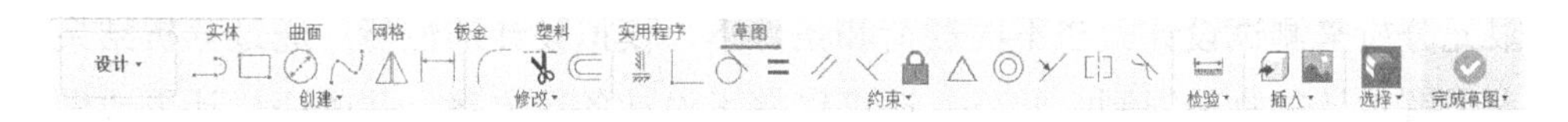

图 1-5 “草图”选项卡

图 1-4 所示为“实体”选项卡：“实体”选项卡中提供的工具可用于创建和修改实体模型。

图 1-6 所示为“曲面”选项卡：“曲面”选项卡中提供的工具可用于创建和修改复杂的参数化曲面。“曲面”代表设计的外形，但没有厚度。也可以使用“曲面”选项卡上的工具来修补或修复模型中的开口。

图 1-6 “曲面”选项卡

2. “渲染”工作空间

图 1-7 所示为“渲染”工作空间，通过渲染可以生成逼真的设计图像，调整光源和材质、添加贴图并利用本地或云计算来逼真地传达设计。

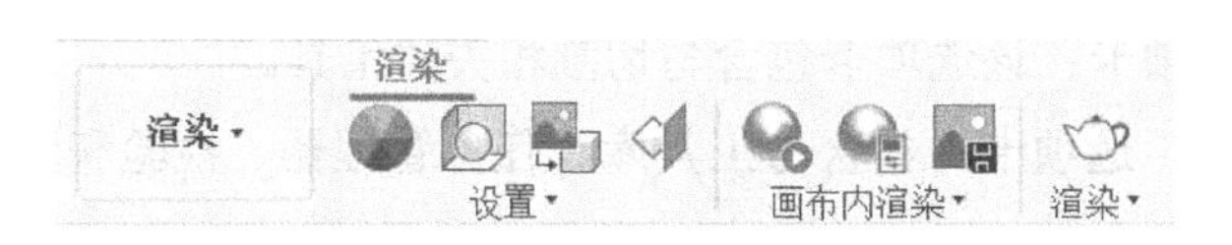

图 1-7 “渲染”工作空间

3. “动画”工作空间

图 1-8 所示为“动画”工作空间，通过该工作空间可以使用三维分解视图

和动画来显示设计部件以帮助传达设计，也可以与协作者和客户共享视频以帮助他们了解并评估设计。

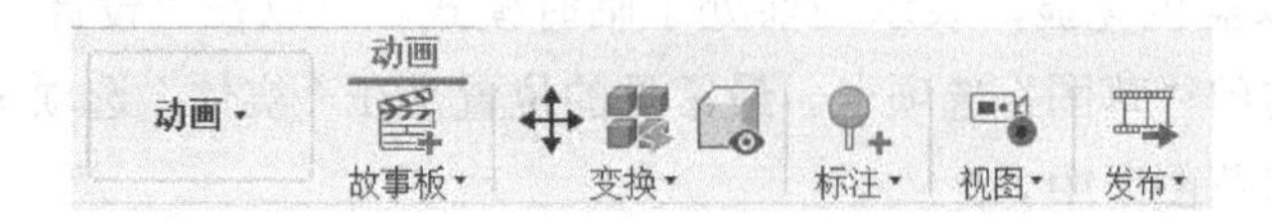

图 1-8 “动画”工作空间

4. “仿真”工作空间

图 1-9 所示为“仿真”工作空间，通过该工作空间可以设置分析以使用有限元分析来测试设计。在不同载荷和条件下，模拟设计的性能，通过分析结果来了解设计的物理限制。此外，还可以探索设计备选方案，并围绕设计更改做出明智的决策。

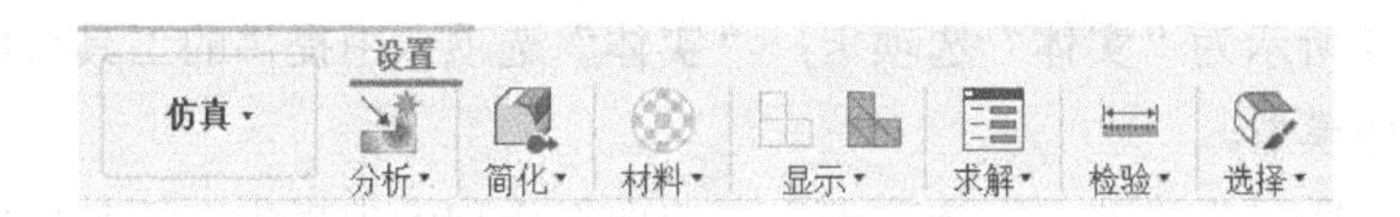

图 1-9 “仿真”工作空间

5. “制造”工作空间

图 1-10 所示为“制造”工作空间，通过该工作空间可以创建使用加工和车削（减材制造）或 3D 打印（增材制造）等工艺制造零部件的刀具路径。

“铣削”选项卡：提供与二维铣削、三维铣削、钻孔和多轴加工相关的工具。

“车削”选项卡：提供与车削和钻孔相关的工具。

“3D 打印”选项卡：提供与增材制造相关的工具。

“检查”选项卡：该选项卡包含的工具可用于探测机器上的零件设置是否正确，并以指定公差进行制造。

“制造”选项卡：该选项卡包含与切割相关的工具。

“实用程序”选项卡：包含与工具库、任务管理器、检验和附加模块相关的工具。

图 1-10 “制造”工作空间

6. “工程图”工作空间

图 1-11 所示为“工程图”工作空间，可以使用零件和部件的集成式、关联工程图和动画记录制造规格。

图 1-11 “工程图”工作空间

“标题栏”上下文环境：通过“标题栏”上下文环境，可以修改标题栏，添加属性、文字、基本几何图元和图像。若要访问“标题栏”上下文环境，在当前图纸上选择标题栏，单击鼠标右键，然后单击“编辑标题栏”。

“边框”上下文环境：通过“边框”上下文环境，可以修改标题栏和边框，添加文字、基本几何图元和图像。若要访问“边框”上下文环境，在当前图纸上选择边框，单击鼠标右键，然后单击“编辑边框”。

第2章 了解Fusion 360

Fusion 360 使用一套全面的建模工具对产品进行工程设计，通过各种分析方法确保产品的外形、装配和功能。本章将介绍 Fusion 360 的入门知识和技巧，它包括：文件的操作、面板的显示与隐藏、浏览器和时间轴的使用、对象的选择、模型视图的控制，以及可提高设计效率的常用快捷键。

本章重点：

- 基础知识。
- 选择对象。
- 控制模型视图。
- 常用快捷键。

2.1 基础知识

本节通过新建文件、显示和隐藏数据面板使用浏览器和时间轴、更改工作空间等功能的讲解，让熟悉三维设计软件的读者快速上手。

1. 新建文件

1）在应用程序栏中，单击“文件”按钮，然后选择“新建设计”。

2）单击“保存”按钮以保存设计。

3）在“名称”字段中，指定名称。

4）在“位置”字段中，指定将设计保存的位置。

5）单击“保存”。

2. 显示和隐藏数据面板

1）使用应用程序左侧的数据面板可访问设计和管理项目。

2）单击“显示数据面板”按钮可将其打开。

注意

激活项目的名称显示在数据面板的顶部，并且会列出项目中包含的所有设计的缩略图。

3）再次单击“显示数据面板”按钮可隐藏数据面板。

3. 使用浏览器

1）单击“原点”文件夹旁边的“隐藏”按钮可显示基准平面。

2）单击“可见”按钮可关闭基准平面。

3）单击“实体”文件夹旁边的展开箭头可展开文件夹。

4. 使用时间轴

1）时间轴会列出对设计执行的操作。

2）单击“回放”按钮以回放设计中的操作。

3）在时间轴中的操作上单击右键可进行更改。

5. 更改工作空间

1）Fusion 360 的功能按用途分布在各工作空间中。

2）在工具栏中，单击“设计”工作空间按钮。

3）从列表中单击其他某个工作空间按钮可切换到另一个工作空间。

2.2 选择对象

本节主要介绍如何将目标对象放大、缩小以及转换视角，方便在设计过程中对模型对象进行全面的观察。

1. 鼠标

可使用鼠标来放大和缩小、平移及动态观察模型视图。

1）放大和缩小：向前和向后滚动鼠标滚轮。

2）平移：单击并按住，然后拖动。

3）动态观察：按住 <Shift> 键，单击并按住鼠标滚轮，然后拖动。

4）范围缩放：双击鼠标滚轮。

2. View Cube

View Cube 可控制相机视图。

1）动态观察：单击并拖动 View Cube 可在画布中动态观察设计。

2）等轴测视图：单击 View Cube 的角点可将相机旋转到预定义的等轴测视图。

3）正交视图：单击 View Cube 的指定面可将相机旋转到预定义的正交视图（例如前视图、俯视图、右视图）。

4）主视图：单击主视图按钮⌂可返回到主视图。

2.3 控制模型视图

控制模型视图可以使用户在建模设计过程中更加熟悉自己的操作步骤，对一些经常操作的视图进行标记可提高建模效率，合理控制视口可以同时对模型对象的多个角度进行观察。

2.3.1 命名视图

每个命名视图都包含特定的比例、位置和方向。在默认情况下，命名视图会在每个设计中创建，在“浏览器”中显示，并映射到具有相同名称的 View Cube 视图。除默认视图外，还可以创建自定义命名视图，以帮助浏览设计。

1）在画布中将模型定向到所需的视图，在“浏览器”的“命名视图”文件夹上单击右键，然后选择“新建命名视图”。

2）命名视图创建之后，它将显示在“浏览器”中的“命名视图”文件夹下面。双击命名视图可对其进行重命名。

3）如果要更改与命名视图关联的视图，应在画布中将模型定向到所需的视图，在现有命名视图上单击右键，然后选择“更新命名视图”，如图 2-1 所示。

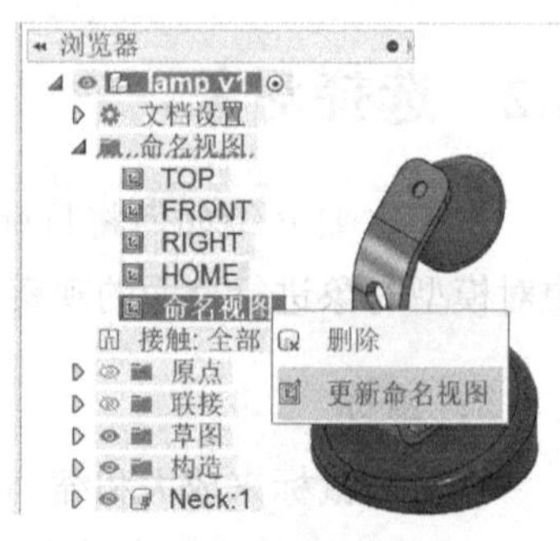

图 2-1　命名视图

2.3.2 导航栏

导航栏位于当前模型画布的底部，它包含用于控制导航和显示设置等的命令，如图 2-2 所示。

图 2-2　导航栏

1. 导航命令

1）动态观察：围绕中心标记旋转当前视图（受约束的动态观察）或绕 X 轴和 Y 轴旋转当前视图（自由动态观察）。

2）观察方向：缩放并旋转模型以使选定元素与屏幕保持平行，或者使选定边或线与屏幕保持水平平行。

3）平移：在画布中拖动视图。

4）缩放：增大或缩小当前视图。在其他命令处于激活状态时，也可以进行缩放。

5）窗口缩放：定义视图的框架。框架内的单元将会缩放，以填充画布。

2. 显示设置

通过显示设置，可以指定视觉样式、网格显示、环境、效果、对象可见性、相机和地平面平移，也可以由此菜单进入全屏模式，如图 2-3 所示。

3. 栅格和捕捉

通过“栅格和捕捉”设置，可以显示或隐藏布局栅格，调整捕捉和栅格设置，启用或禁用增量移动以及设置增量，如图 2-4 所示。

图 2-3　显示设置

图 2-4　栅格和捕捉

2.3.3 视口

可以在画布中显示四个视口，以便在工作时从多个角度查看对模型所做的更改，如图 2-5 所示。

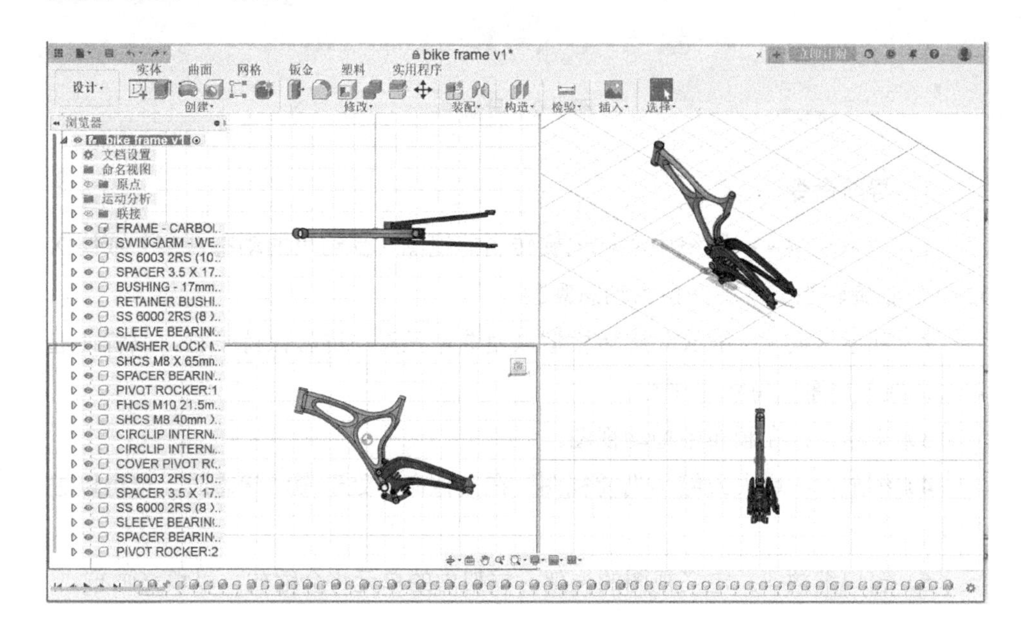

图 2-5　多个视口显示

1. 启用多个视口

在导航栏中单击视口下拉菜单，然后选择“多视图”，如图 2-6 所示。

2. 启用单个视口

在导航栏中单击视口下拉菜单，然后选择“单视图”，如图 2-7 所示。

图 2-6　启用多个视口　　　图 2-7　启用单个视口

3. 调整两个视口的大小

单击并拖动两个视口之间的边框。

4. 调整所有四个视口的大小

单击并拖动所有四个视口边框的交点。

2.4 常用快捷键

在 Fusion 360 的操作中，使用最多的是鼠标。合理使用鼠标进行快捷操作可以起到事半功倍的效果。查看界面最常用的快捷操作见表 2-1。

表 2-1 查看界面最常用的快捷操作

查 看 界 面	快 捷 操 作
旋转	<Shift>+ 滚轮
缩放	滚动滚轮
平移	按住滚轮
深度（面 / 文字）	鼠标左键长按文字

第3章 绘制草图

三维特征都是从绘制草图开始。本章重点介绍 Fusion 360 中二维草图的绘制方法。草图是三维建模的基础，一般是由点、线、圆弧、圆、公式曲线和自由曲线等基本曲线构成的封闭或不封闭的几何图形。高效的草图绘制，除了需要掌握常用的草图绘制命令，还需要掌握草图的修改和编辑命令。一个完整的草图，除了几何形状还有几何关系和尺寸的标注。

本章重点：

- 草图概述。
- 绘制草图。
- 编辑草图。
- 草图的几何约束和尺寸约束。

3.1 草图概述

绘制草图是创建三维特征的基础。Fusion 360 是基于特征的三维设计软件，特征是在基本轮廓线的基础上生成的，而轮廓线需要用草图命令来进行绘制，因此掌握草图设计是学习三维建模软件的基础。

3.1.1 草图基准面

1. 坐标系

进入 Fusion 360 设计工作区后，在绘图区域的右上角会出现坐标系图标，其三个箭头分别对应于空间的 X、Y、Z 坐标方向，在绘图区域的中间会出现坐标原点指示图标，红色代表 X 轴，绿色代表 Y 轴。在窗口旁边则显示上视、前视、右视三个基准面，以及原点等。

2. 基准面

在绘制草图之前，必须先指定绘图基准面。绘图基准面有 3 种形式。

（1）指定默认基准面作为绘制草图的平面　Fusion 360 提供了一个默认的坐标系，由前视基准面、上视基准面、右视基准面组成一个正交平面坐标系。默认坐标系中的前视基准面相当于画法几何中主视图的方位，上视基准面相当于俯视图的方位，右视基准面则相当于右视图的方位。将光标移动到设计树中的某一个基准面，绘图区会出现一个相对应的平面，显示为蓝色。右键单击设计树中的基准面，在弹出的菜单中单击“草图绘制”按钮，即可在此平面上绘制草图。单击创建草图，绘图区显示三个基准面，选择目标基准面，如图 3-1 所示。

（2）指定已有模型上的任意平面作为草图绘制平面　单击已有模型的某一平面，在弹出的菜单中选择“创建草图”，即可进入草图绘制状态，如图 3-2 所示。

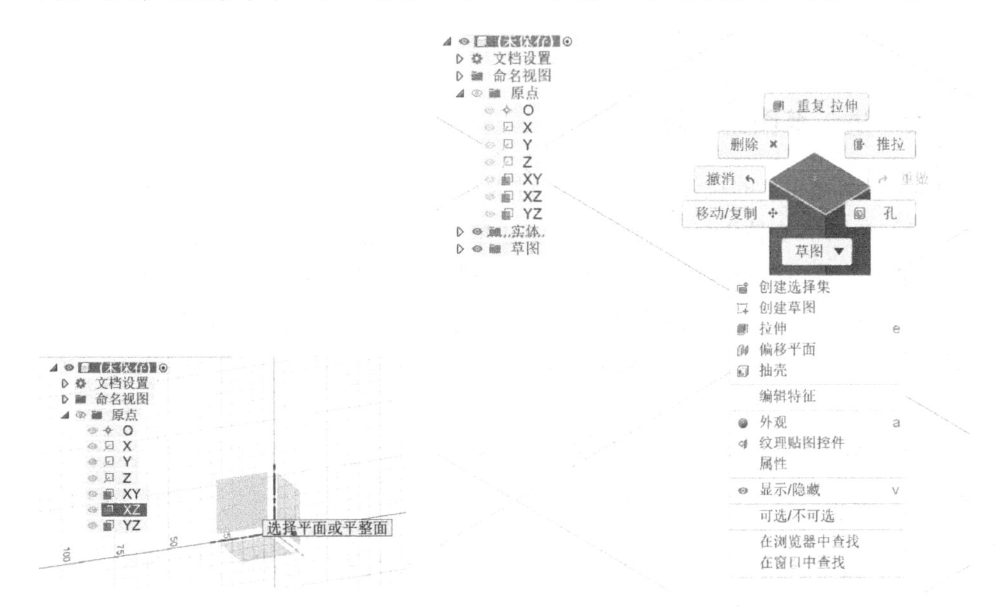

图 3-1　选择草图目标基准面　　　　图 3-2　选择实体平面创建草图

（3）创建一个新的基准面　如果要绘制的草图不在上述两种基准面上，可以单击“构造”按钮，在弹出的下拉菜单中显示了构造新的基准面的不同方式。将光标移动到相应的选项上会显示操作提示，如图 3-3 所示。

图 3-3　系统显示操作提示

3.1.2　进入草图绘制环境

在 Fusion 360 的设计工作区中，进入草图绘制环境常用以下两种方式：

1）单击“实体”工具栏中的“创建草图”按钮，在绘图区域中选择任意一个基准面，就可以进入绘制草图环境，在左面的浏览器中就会出现草图项。

2）选择浏览器中的基准面，单击右键，在弹出的关联菜单中单击“创建草图”按钮，就进入了草图绘制环境。

3.1.3　退出草图绘制环境及修改草图

1. 退出草图

在执行草图绘制的命令时，草图工具栏的右侧有“完成草图”按钮，单击此按钮，即可退出草图环境。

2. 编辑草图

退出草图环境后，在下方时间轴上可以看到“草图 1”，如图 3-4 所示，双击图标即可再次进入草图环境，此时可修改草图。

图 3-4　编辑草图

3.2 草图绘制

本节将介绍常用的草图绘制命令，包括直线、矩形、圆、圆弧、多边形、圆锥曲线、样条曲线、槽和文字。常用草图绘制命令在“草图”工具栏中。

3.2.1 直线

1. 绘制方式及种类

利用“直线”命令 可以在草图中绘制直线，在绘制过程中，可以通过角度、长度等参数来绘制不同的直线，如图 3-5 所示。

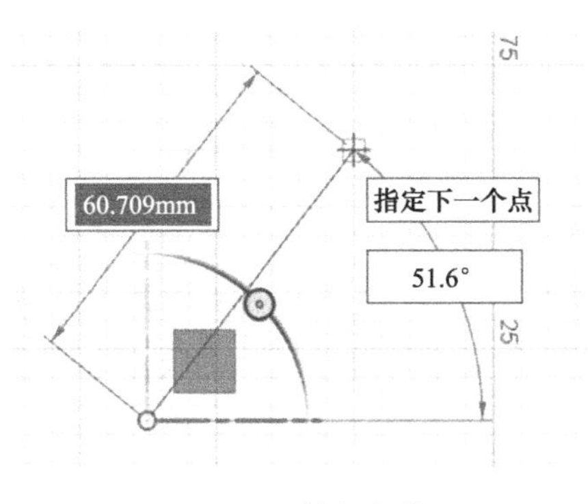

图 3-5 绘制直线

（1）连续画线 单击鼠标左键确定一个点，再单击鼠标左键确定另一个点，用这种方式可以连续画线。

（2）单击 - 拖动 在图形区用鼠标左键单击选择起始点，并按住鼠标左键不放拖动到结束点，松开鼠标，这样可以绘制单条直线。

2. 绘制直线

绘制直线的操作步骤如下：

1）单击草图工具栏中的“直线”按钮，移动鼠标指针到图形区，指针的形状变成 ，表明当前绘制的是直线。

2）在图形区中单击并松开鼠标。水平移动时，直线下方会出现图标 ，说明绘制的是水平线，系统会自动添加“水平”几何关系。右上角的数值也在不断变化，提示绘制直线的角度和长度。如果向上移动鼠标，直线旁边则会出现图标 ，说明绘制的是竖直线，单击以确定直线的终点。如果要继续画直线，继续在线段的端点单击并松开鼠标。

3）在绘制直线的时候，有时会出现蓝色的推理线，如图 3-6 所示。

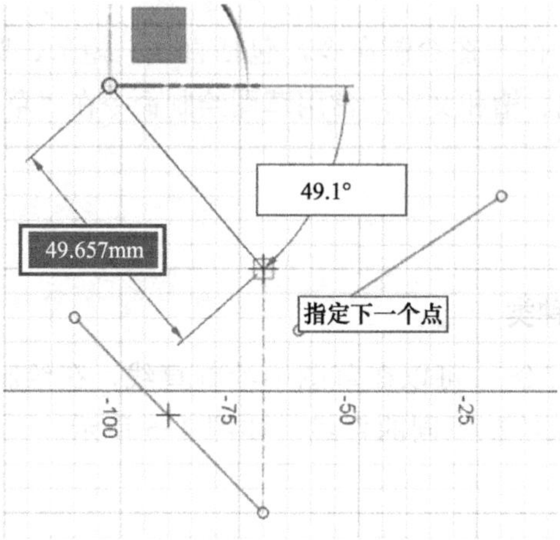

图 3-6　蓝色推理线

注意

Fusion 360 是参数化绘图软件，几何体的大小是通过为其标注尺寸来控制的。因此，在绘制草图的过程中只需要绘制近似的大小和形状，然后利用尺寸标注来使其精确。

3. 结束绘制直线

要结束绘制直线命令，可以采用以下几种方式：

1）按下键盘的 <Esc> 键。

2）再次单击“直线”按钮。

3）单击右键，在弹出的菜单中单击“确定”按钮。

4）单击草图选项板中右上角的“完成草图”。

3.2.2 矩形

在草图绘制状态下，单击“草图”工具栏中的“两点矩形”，也可以在“创建”下拉菜单中选择“三点矩形”“中心矩形”，如图 3-7 所示。

3.2.3 圆

在草图绘制状态下，单击“创建”下拉菜单，光标移动到“圆”，出现五种画圆的方式，如图 3-8 所示。

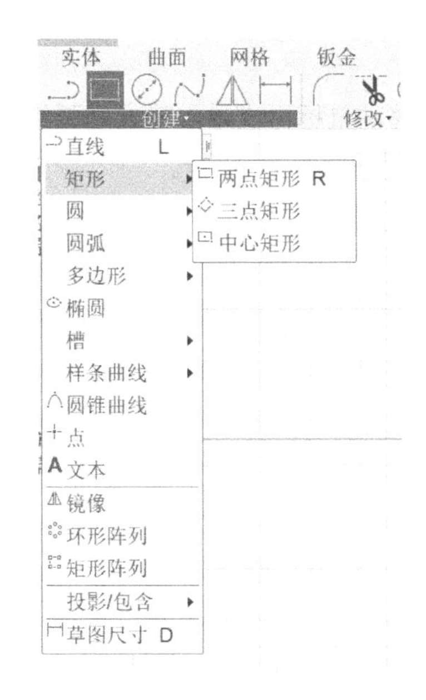

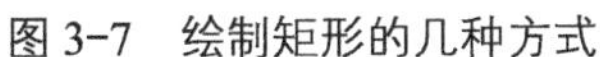
图 3-7　绘制矩形的几种方式

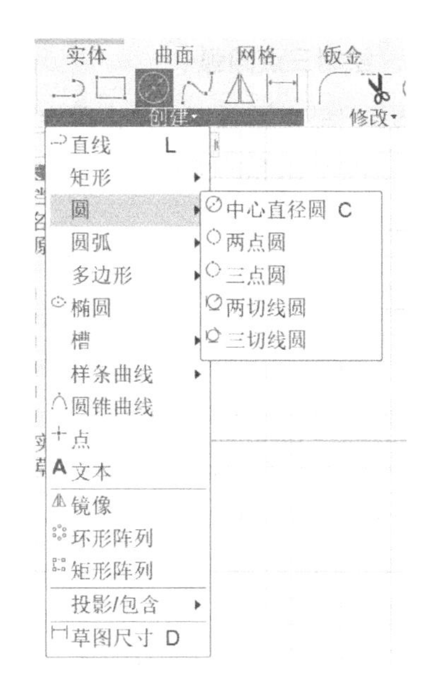

图 3-8　绘制圆的几种方式

1. 绘制圆

1）“中心直径圆”是先单击鼠标确定圆心位置，然后移动鼠标确定圆的直径，再次单击鼠标即可形成一个圆。

2）“两点圆”是先单击鼠标确定圆上的一个点，然后移动鼠标确定圆的位置，再次单击鼠标确定另一个圆上的点，从而形成一个圆。

3）“三点圆”的操作方式与“两点圆”的操作方式同理。

2. 绘制切线圆

1）绘制“两切线圆”需要事先绘制两条直线，单击“两切线圆”后，分别单击两条直线，确定圆上的两个切点，移动鼠标改变圆的大小和位置，最终单击鼠标确定圆。

2）绘制“三切线圆”需要事先绘制三条直线，单击“三切线圆”后，分别单击三条直线，确定圆上的三个切点，直接确定圆的位置和大小。

3.2.4　圆弧

圆弧的绘制方式有“三点圆弧”、“圆心圆弧”和“相切圆弧”三种，如图 3-9 所示。

1. 绘制三点圆弧

选择“三点圆弧”，单击确定圆弧起点，移动鼠标再次单击确定圆弧终点，移动鼠标确定圆弧的弧度，再次单击确定圆弧，如图 3-10 所示。

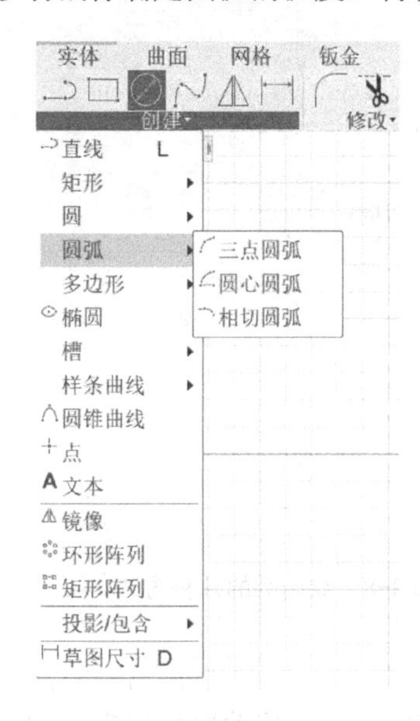

图 3-9　绘制圆弧的几种方式

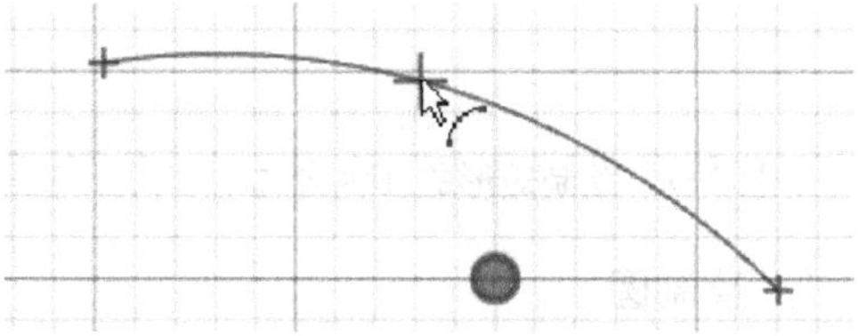

图 3-10　绘制三点圆弧

2. 绘制圆心圆弧

选择“圆心圆弧”，单击确定圆弧圆心，移动鼠标再次单击确定圆弧起点，移动鼠标确定圆弧弧长，再次单击确定圆弧，如图 3-11 所示。

3. 绘制相切圆弧

绘制相切圆弧事先要绘制一条直线，选择“相切圆弧”，单击直线端点，移动鼠标确定弧长和弧度单击确定圆弧，如图 3-12 所示。

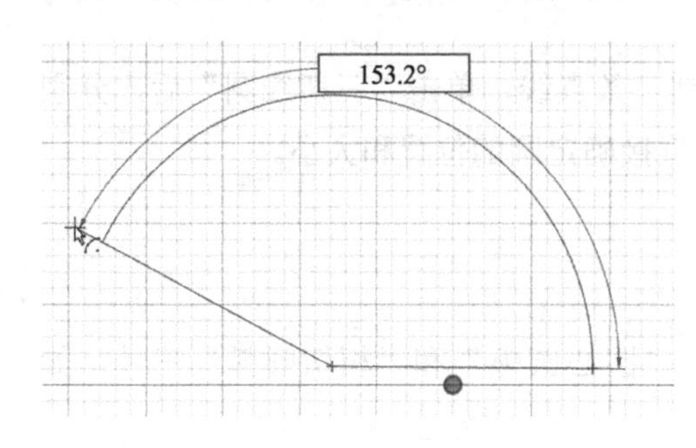

图 3-11　绘制圆心圆弧

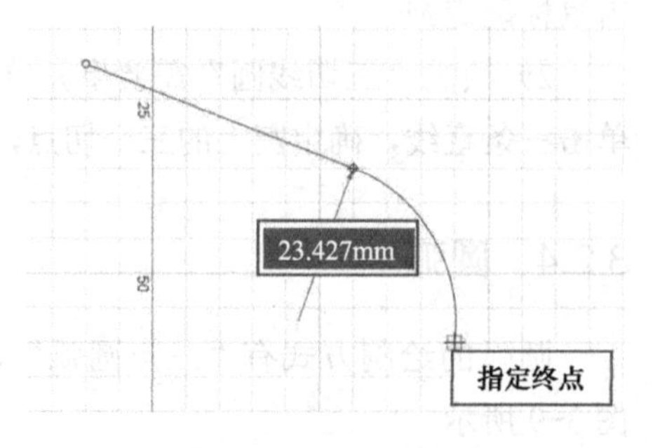

图 3-12　绘制相切圆弧

3.2.5 多边形

多边形的绘制方式有“外切多边形”、“内接多边形”和“边多边形”三种，如图 3-13 所示。

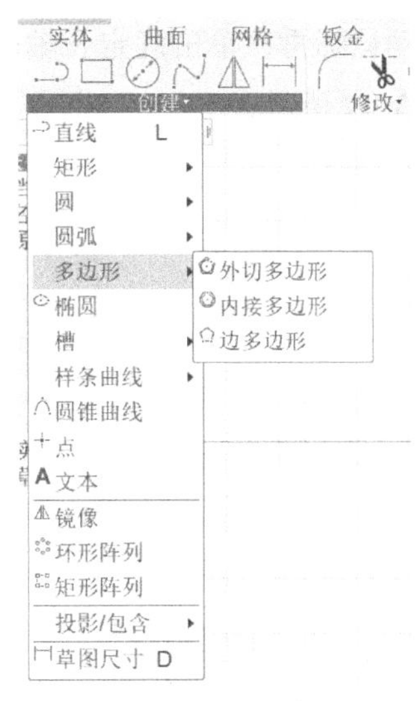

图 3-13　绘制多边形的几种方式

1. 绘制外切多边形

选择“外切多边形”，单击画图区域确定多边形中心。外切多边形以多边形的外切圆直径作为尺寸约束，在光标旁边可以修改多边形边数，如图 3-14 所示。

2. 绘制内接多边形

选择“内接多边形”，单击画图区域确定多边形中心。内接多边形以多边形的内接圆直径作为尺寸约束，在光标旁边可以修改多边形边数，如图 3-15 所示。

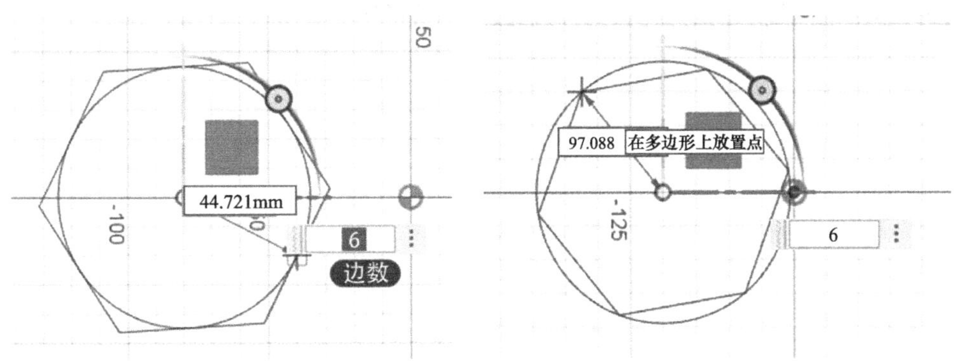

图 3-14　绘制外切多边形

图 3-15　绘制内接多边形

3. 绘制边多边形

选择“边多边形”，单击确定一条边的起点，再次单击确定这条边的长度，以此边长度为基准绘制等边多边形，再次单击确定多边形位置，如图 3-16 所示。

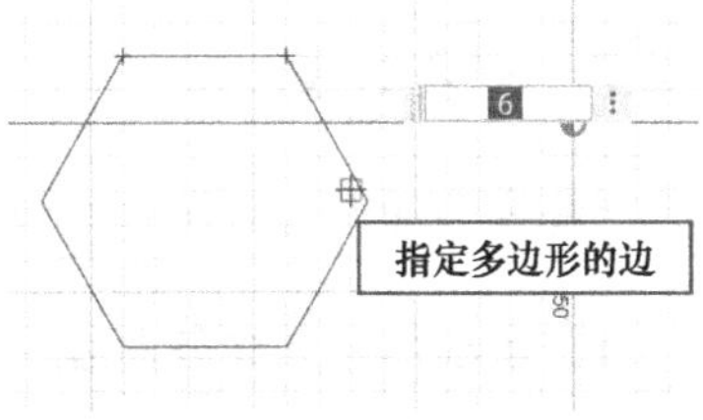

图 3-16　绘制边多边形

3.2.6 圆锥曲线

1. 绘制椭圆

单击“创建”下拉菜单，选择“椭圆”。在画布中单击鼠标确定椭圆中心，移动鼠标再次单击确定长轴，移动鼠标再次单击确定短轴，最终确定椭圆，如图 3-17 所示。

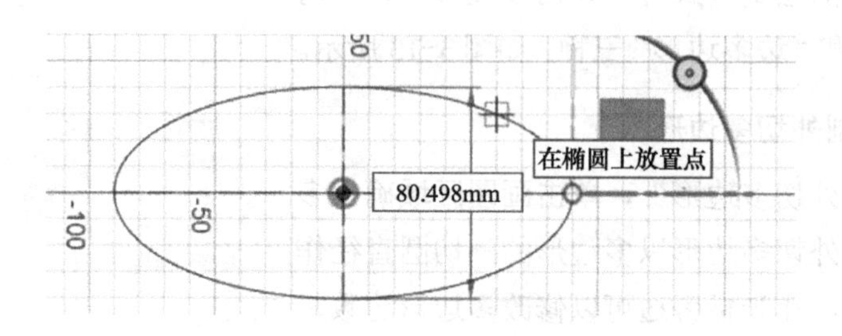

图 3-17　绘制椭圆

2. 绘制圆锥曲线

单击“创建”下拉菜单，选择“圆锥曲线”。在画布中单击确定圆锥曲线的起点，移动鼠标再次单击确定圆锥曲线的终点，移动鼠标确定曲线形状，单击确定圆锥曲线。拖动蓝色箭头可以改变曲线的形状，如图 3-18 所示。

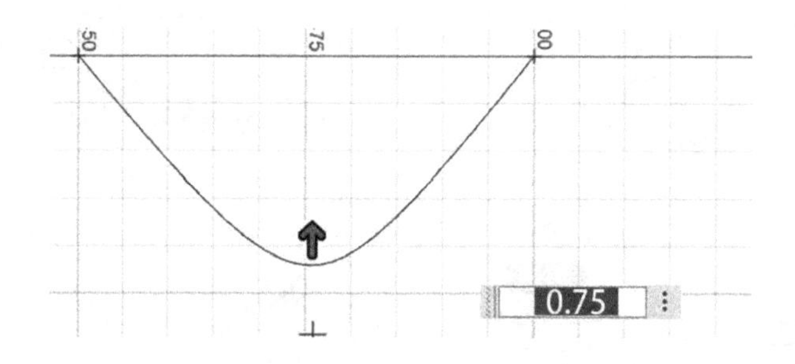

图 3-18　绘制圆锥曲线

3.2.7　样条曲线

“样条曲线”命令组包含“拟合点样条曲线”和“控制点样条曲线”两种。

1. 绘制拟合点样条曲线

1）选择“拟合点样条曲线”，在画布上每单击一次确定曲线的一个拟合点，如图 3-19 所示。

2）确定曲线后，每个拟合点延伸切线两个锚点，移动可以改变曲线曲率，也可以移动拟合点，如图 3-20 所示。

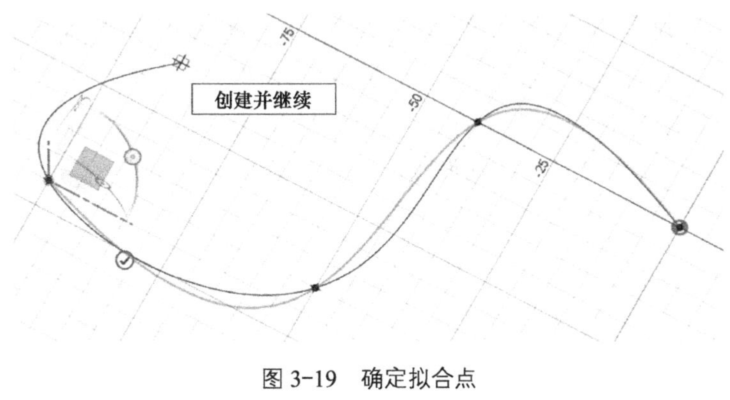

图 3-19　确定拟合点

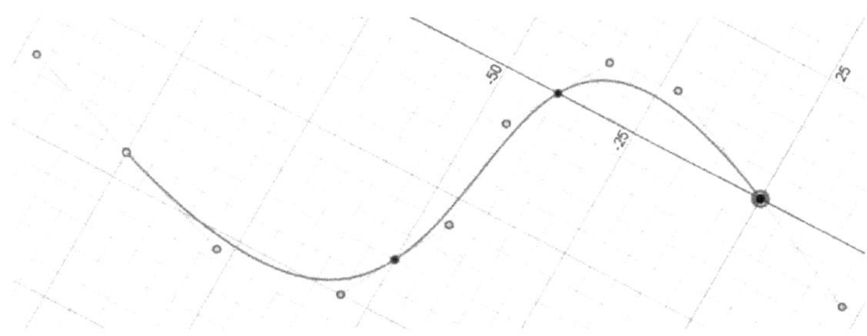

图 3-20　拟合点的延伸锚点

2. 绘制控制点样条曲线

1）选择“控制点样条曲线”，每单击一次确定曲线的一个控制点，如图 3-21 所示。

2）确定曲线后，移动控制点可以改变曲线位置和曲率。

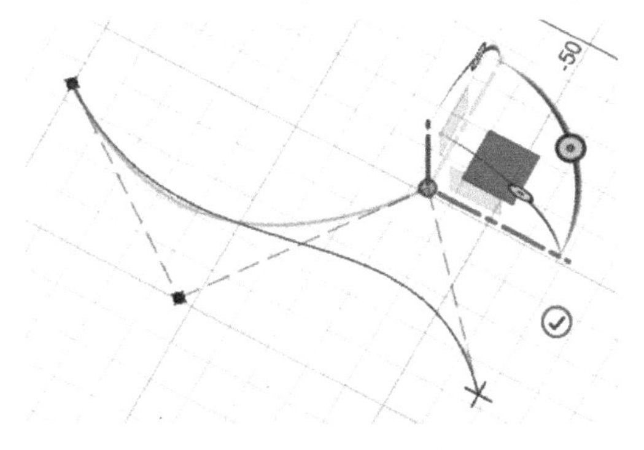

图 3-21　确定控制点

3.2.8　槽

“槽”命令组包括“中心到中心槽”、“整体槽”、“中心点槽”、“三点圆弧槽”和“圆心圆弧槽”。以“中心到中心槽”为例，简单说明如下：

1）在草图绘制环境下，单击“中心到中心槽”。

2）单击确定槽口中心线的起点，移动鼠标确定中心线的终点，再次拖动鼠标确定槽的宽度后单击确定槽的形状，如图 3-22 所示。

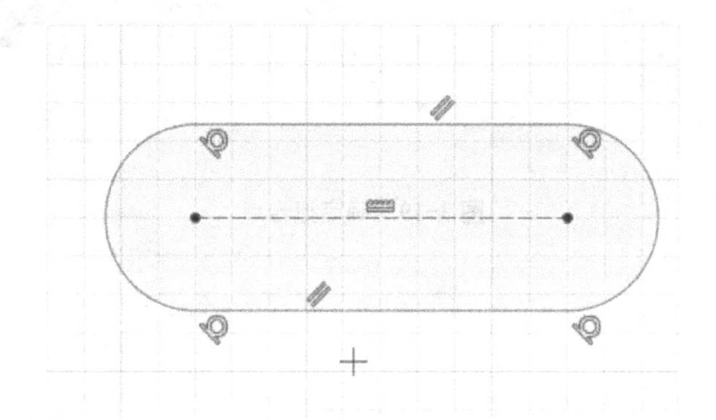

图 3-22　绘制槽

3.2.9　文字

用户可以在零件表面添加文字，以及拉伸和切除文字。单击“文本”弹出“文本”工具框（见图 3-23），显示有两种方式添加文字。

1）单击并拖动鼠标确定文本框，添加横排或竖排的文本。

2）事先绘制曲线或者直线，文本将跟随事先绘制的路径排列。

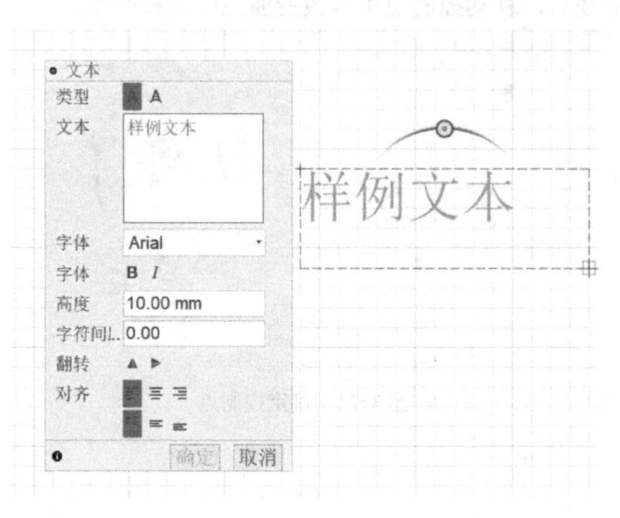

图 3-23　绘制文本

3.3 编辑草图

常用的草图编辑命令有圆角、倒角、等距、投影 / 包含、延伸、镜像、阵列等，本节对这类命令进行介绍。

3.3.1 选取实体

要想对绘制的图形进行修改，首先要选取图线。选取图线的方法有下列几种：

1）单一选取：单击要选取的实体，每次只能选择一个实体。

2）多重选取：按住 <Shift> 键不放，依次单击需要选择的实体。

3）框选实体：框选实体分为窗口方式和交叉方式。单击一点按住不放，拖动鼠标，确定选取窗口的范围，放开鼠标，即为框选。自左向右拖动鼠标，拉出的是窗口，全部落入窗口的实体才会被选中，如图 3-24 所示。

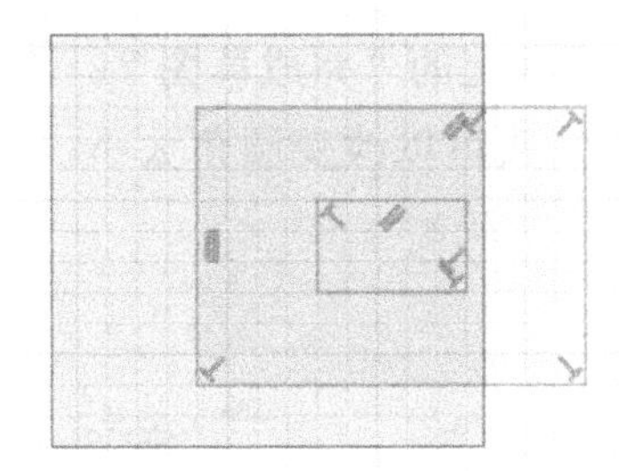
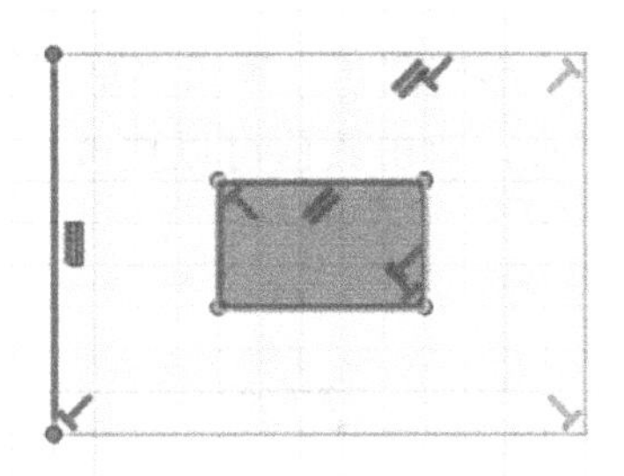

图 3-24　自左向右框选

自右向左拖动鼠标，拉出的是虚窗口，只要与窗口相交的实体都会被选中，如图 3-25 所示。

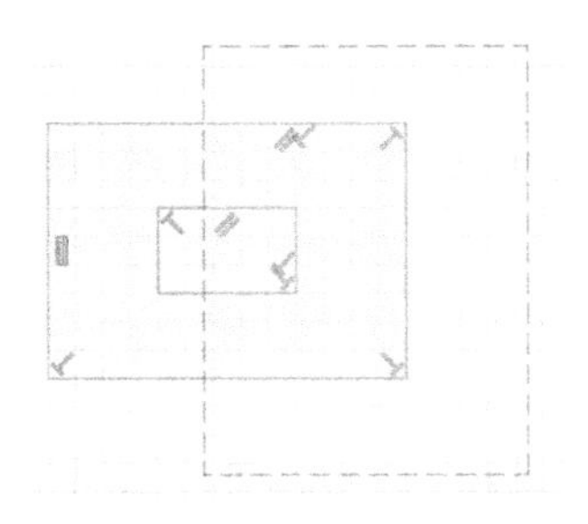
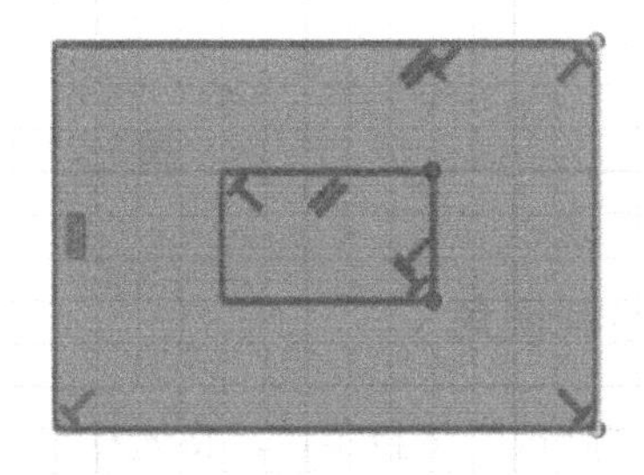

图 3-25　自右向左框选

3.3.2 绘制圆角

“圆角”命令是将两个草图实体生成一个与两个草图实体都相切的圆弧，该命令在二维草图和三维草图中均可使用。图 3-26 所示的三种情况都可以生成相似的圆角。

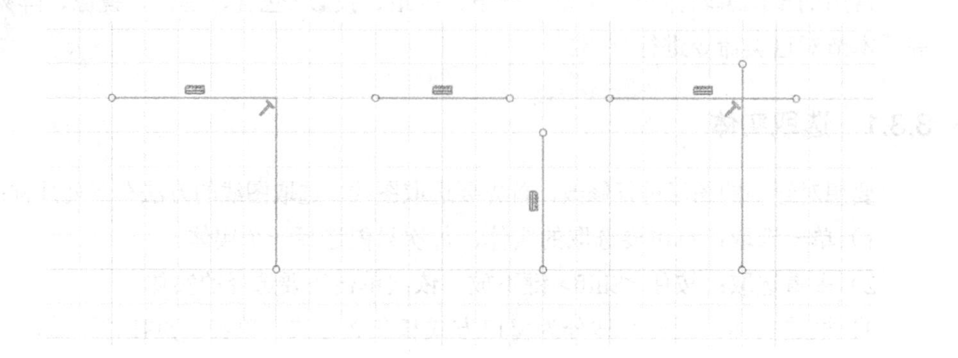

图 3-26　绘制圆角的几种条件

在草图编辑状态下，单击“草图”工具栏中的“圆角”按钮。依次选择两条直线，形成圆角，单击“草图”选项板上的“完成草图”。“*R*10.00”代表圆角半径，双击数值可以更改，拖动箭头可以改变圆角大小，如图 3-27 所示。

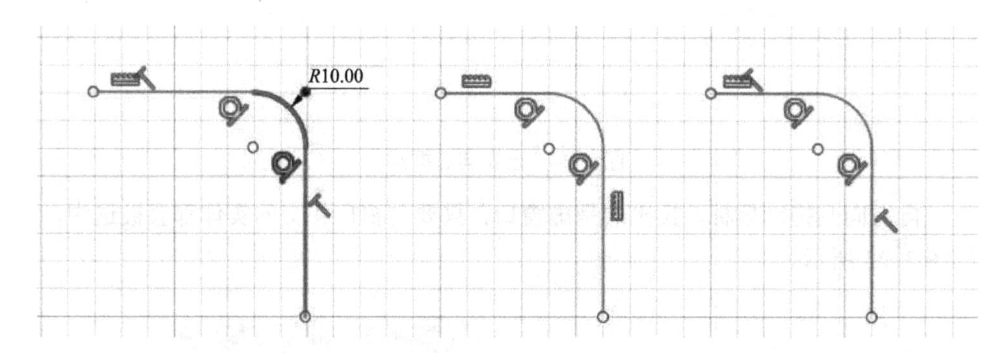

图 3-27　绘制圆角

3.3.3　绘制倒角

单击“修改”下拉菜单，将光标移动到“倒角”，有三种绘制倒角的方式：“等距离倒角”、“距离和角度倒角”和“两距离倒角”，如图 3-28 所示。

在草图编辑状态下，单击下拉菜单中的“倒角”。以等距离倒角为例，单击“等距离倒角”，依次选择两条直线，移动蓝色箭头调整倒角大小，或者双击更改图形旁边的尺寸、角度等数值，如图 3-29 所示。

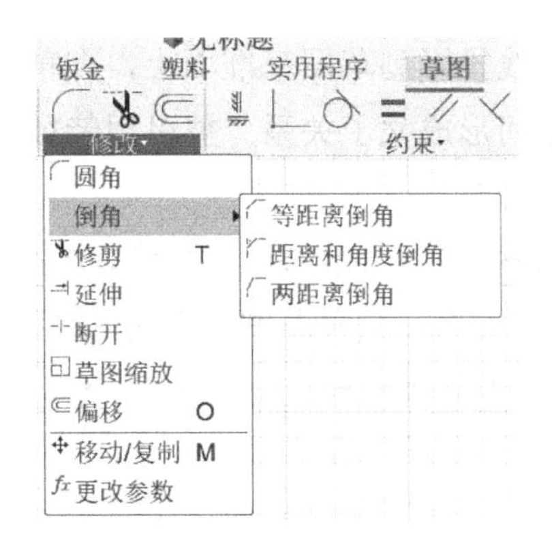

图 3-28　绘制倒角的几种方式

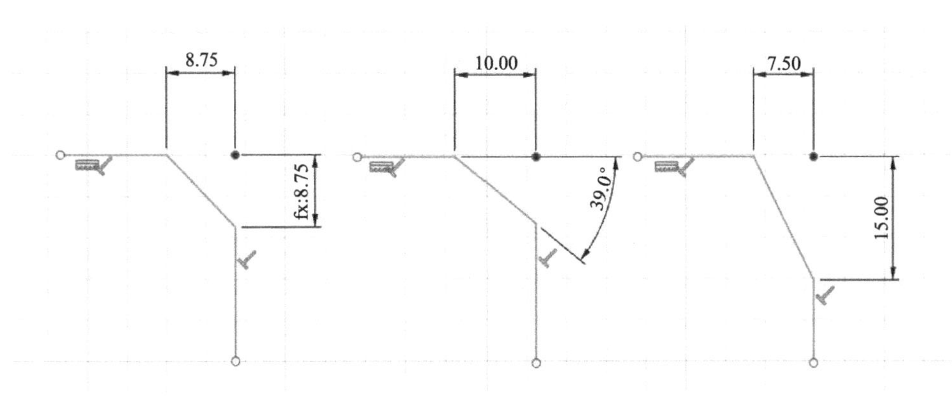

图 3-29　约束倒角尺寸的方式

3.3.4　等距实体

“等距实体”命令的作用是将其他特征的边线以一定的距离和方向偏移，偏移的特征可以是一个或多个草图实体、一个模型面、一条边线或外部的草图曲线。

在打开的草图中，选择一个或多个草图实体、一个模型面或一条模型边线。单击“修改”工具栏上的“等距实体”按钮，出现“偏移”对话框，可以修改偏移位置数值，也可以更改方向。拖动蓝色箭头实时更改等距宽度，更加直观，如图 3-30 所示。

3.3.5　投影 / 包含

“投影 / 包含”命令可以通过将一条边线、环、面、曲线或外部草图轮廓线，一组边线或一组草图曲线投影到草图基准面上，在草图中生成一条或多条曲线，从而在两个特征之间形成父子关系。被引用特征的变化会引起子特征的相应变化。

首先新建草图面，选择需要引用的边界，然后单击“创建”下拉菜单中的“投影 / 包含”，选择“项目”。选择草图基准面，选择要投影的面，弹出“投影”对话框，单击“确定”完成投影，如图 3-31 所示。

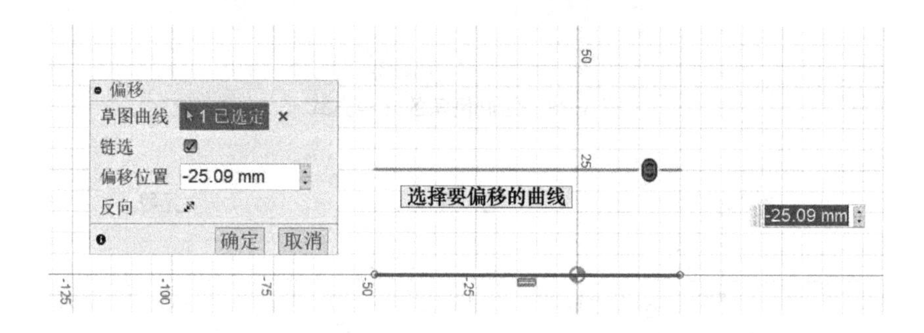

图 3-30 “偏移”对话框

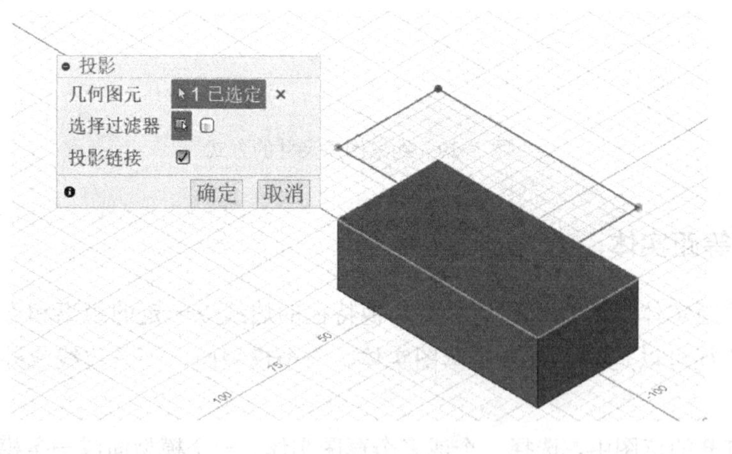

图 3-31 “投影”对话框

3.3.6 修剪实体

“修剪”命令主要用于删除一个草图实体与其他草图实体相互交错产生的线段；如果草图没有与其他实体相交，则删除整个实体。

在“修改”下拉菜单中选择“修剪”。光标移动到将要剪裁的线段，单击鼠标左键完成修剪，如图 3-32 所示。

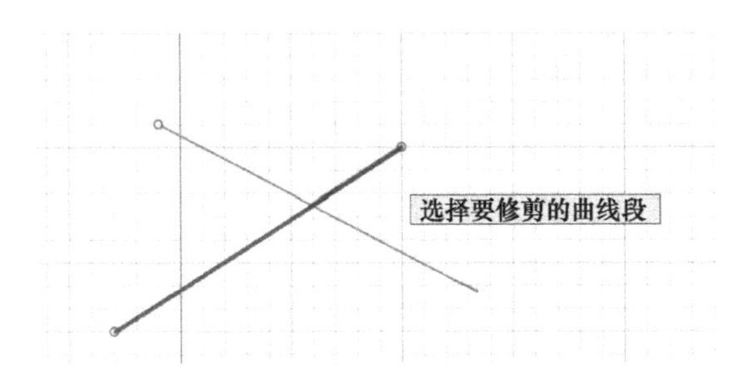

图 3-32　修剪线段

3.3.7　延伸实体

“延伸”命令可将草图实体延伸到与另一个草图相交。可以延伸的草图实体包括直线、曲线和圆弧。系统会自动将操作对象延伸到最近的其他草图实体上。

在“修改”下拉菜单中单击“延伸”。选择将要延伸的线段，线段延伸的部分会变成红色。单击线段完成延伸，如图 3-33 所示。

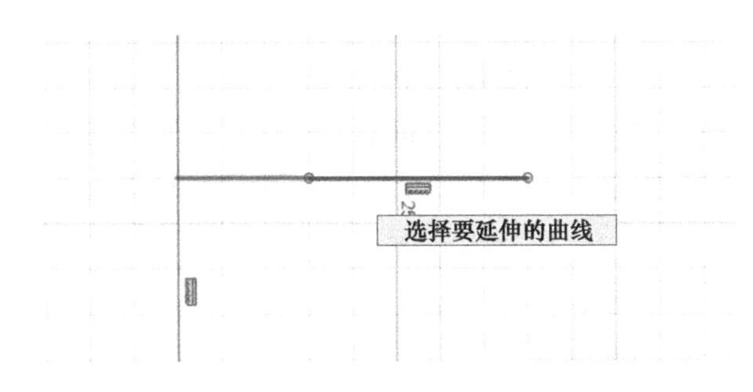

图 3-33　延伸线段

3.3.8　镜像实体

对于有对称结构的草图来说，可以只画一侧，然后用“镜像”实体命令完成另一侧。

单击“草图”工具栏中的“镜像”按钮。在“镜像”对话框中单击“对象”，在画布中选择要镜像的草图实体，再单击对话框中的“镜像线”，在画布中选择镜像对称线，单击“确定”按钮完成镜像，如图 3-34 所示。

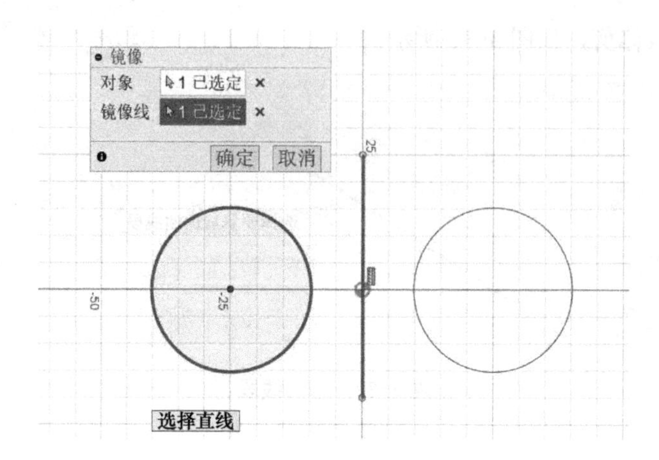

图 3-34 镜像实体

3.3.9 阵列

阵列是将草图实体以一定的方式复制生成多个排列图形。阵列有两种方式：一种是环形阵列，另一种是矩形阵列。

1. 环形阵列

以环形阵列为例，单击“创建”下拉菜单，选择“环形阵列”，单击“环形阵列”对话框中的“对象”，在画布中选择将要阵列的图形，再单击对话框中的“中心点”。拖拽箭头，复制多个图形，如图 3-35 所示。

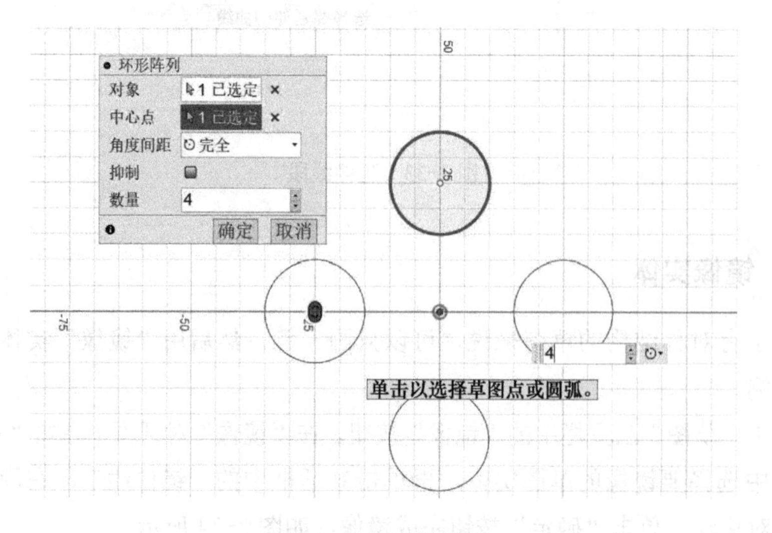

图 3-35 环形阵列

2. 矩形阵列

单击“创建草图”进入草图绘制环境，绘制一个圆，在“创建”下拉菜单中选择“矩形阵列”，弹出图 3-36 所示的“矩形阵列”对话框。选择圆作为阵列“对象”，分别拖拽不同方向的箭头可以更改阵列实例之间的距离，更改“数量”，可以更改得到的实例数量。设置好相关参数后，单击“确定”按钮，完成阵列。

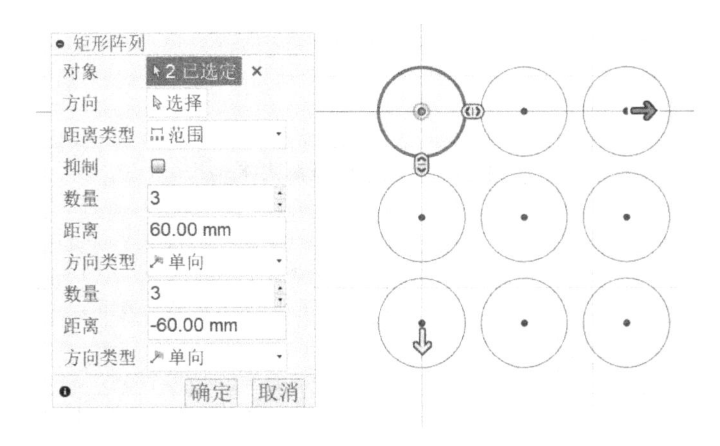

图 3-36　矩形阵列

3.3.10　其他常用编辑命令

1. 移动 / 复制实体

“移动 / 复制”命令可对指定对象进行移动或者平移复制。

单击“创建”下拉菜单中的“移动 / 复制”，框选移动对象，选择“移动类型”，拖动画布中的箭头完成移动；如果想复制，可以勾选对话框中的“创建副本”选项。该命令也可以完成图形的旋转，如图 3-37 所示。

2. 缩放实体

单击“创建”下拉菜单中的“草图缩放”，框选实体，再选择缩放点，拖拽箭头调整缩放大小，也可以输入“比例系数”精确设置缩放比例，如图 3-38 所示。

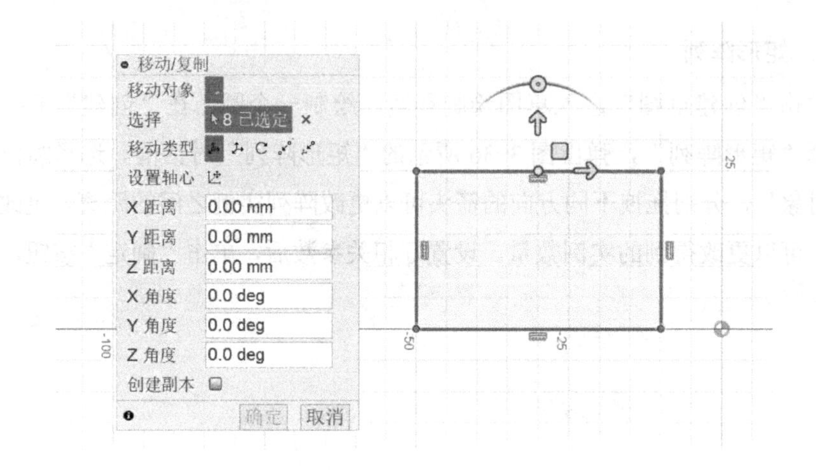

图 3-37 移动 / 复制实体

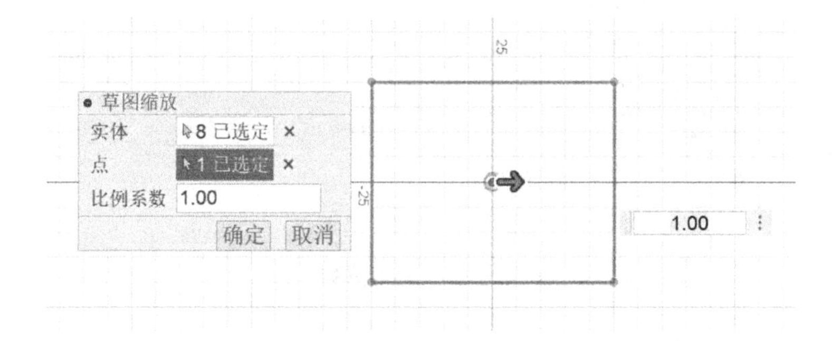

图 3-38 缩放实体

3.4 草图尺寸约束

Fusion 360 是一种参数化创建实体特征的软件，其最重要的特点就是尺寸约束和几何约束。其中尺寸约束是指图形的形状或各部分间的相对位置与所标注的尺寸相关联，若想改变图形的大小或各部分的相对位置，只要改变所标注的尺寸就可以完成。

Fusion 360 草图环境支持多种尺寸的标注，单击“创建”面板中的“草图尺寸”按钮，鼠标指针变为形状，即可进行尺寸标注。按 <Esc> 键，即可退出尺寸标注。

下面以最常用的“智能尺寸”命令为例，来介绍尺寸标注的操作步骤。

3.4.1 标注线性尺寸

线性尺寸一般包括水平尺寸、垂直尺寸和平行尺寸。

1. 选择一条直线

选择一条直线，拖动鼠标到不同位置，可以标注出图 3-39 所示的几种线性尺寸。

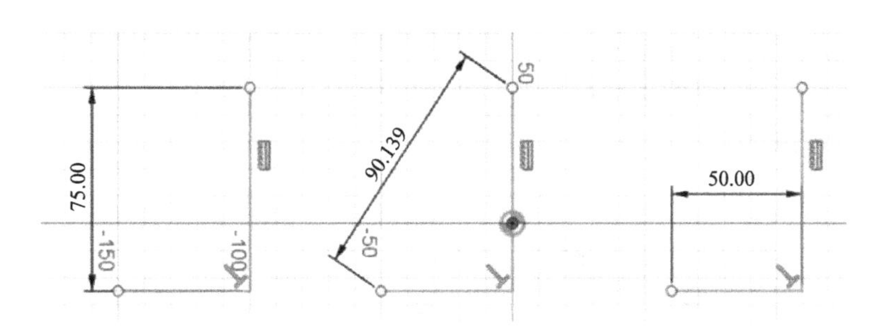

图 3-39 直线标注

2. 选择两点

选择两点，拖动鼠标到不同位置，可以标注出图 3-40 所示的几种线性尺寸。

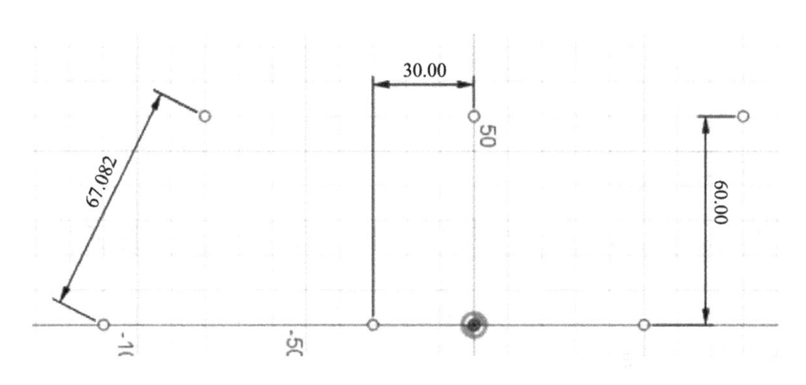

图 3-40 线性标注

3.4.2 标注角度

角度标注方式分两种：一种是由两直线来标注角度，另一种是由一条直线与直线外一点来标注角度。两直线间的角度标注如图 3-41 所示，选择两直线后，移动鼠标到不同位置可标注出角度。

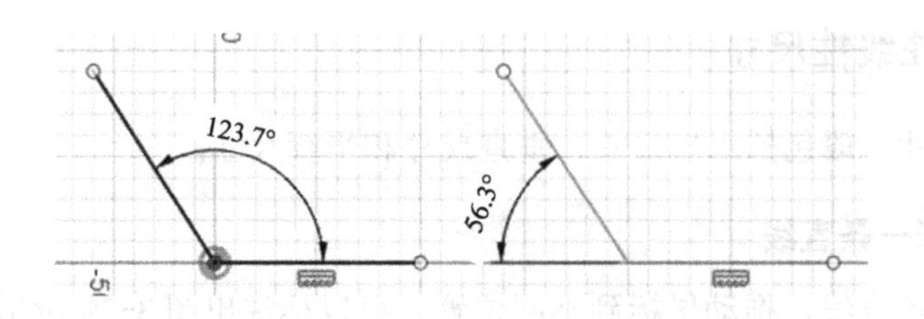

图 3-41　两直线间的角度标注

当需要由直线与直线外一点来标注角度时，不同的选取顺序会导致角度标注形式的不同，一般的选取顺序是：直线→端点→直线另一个端点→点。示例如图 3-42 所示。

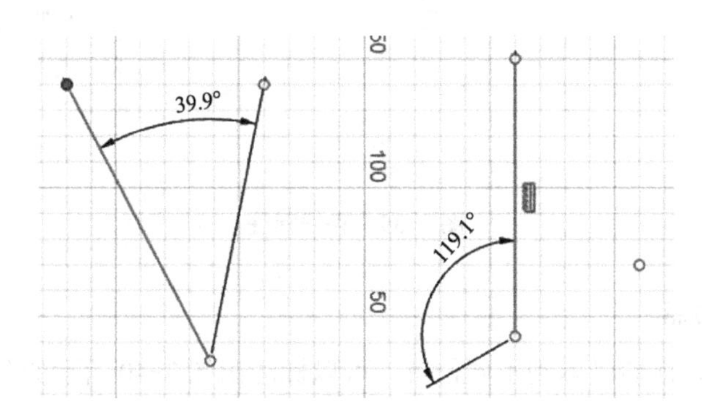

图 3-42　由直线与直线外一点进行角度标注

3.4.3　标注圆弧

圆弧的标注分为圆弧的半径标注、圆弧的弧长标注和圆弧对应弦长的标注。

1. 标注圆弧半径

直接选择圆弧，拖动鼠标即可标注圆弧的半径。

2. 标注圆弧弧长

选择圆弧及圆弧的两端点，拖动鼠标即可标注圆弧的弧长。

3. 标注圆弧弦长

选择圆弧的两端点，拖动鼠标即可标注圆弧的弦长。示例如图 3-43 所示。

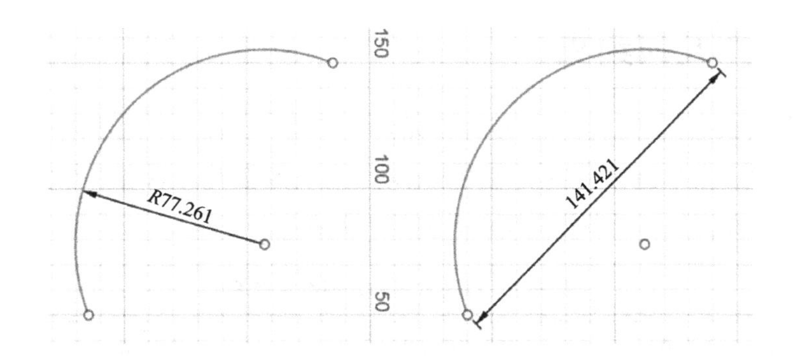

图 3-43　圆弧弦长标注

3.4.4　标注圆

选择圆，拖动鼠标到不同位置，可以标注出图 3-44 所示的两种直径形式。

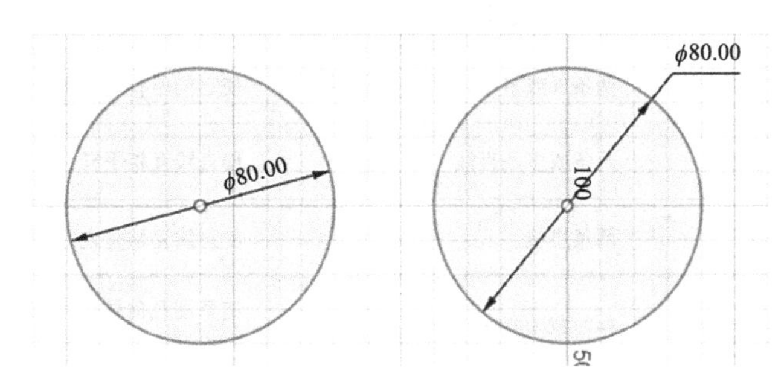

图 3-44　圆的标注

3.4.5　尺寸的编辑

双击尺寸数值弹出数值输入框，可以对尺寸进行编辑，如图 3-45 所示。

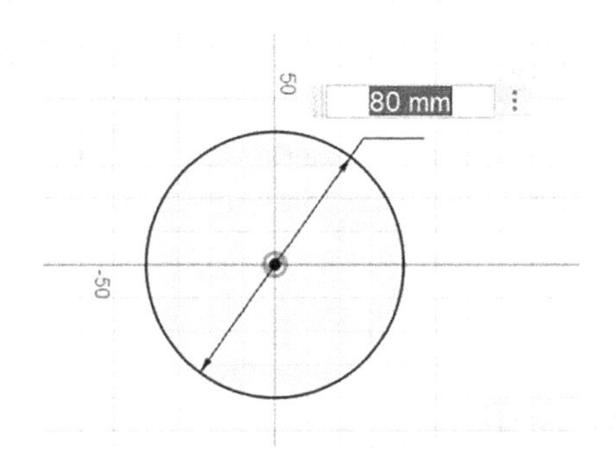

图 3-45　修改尺寸数值

3.5 草图几何约束

几何约束是指各几何元素或几何元素与基准面、轴线、边线或端点之间的相对位置关系。掌握好草图几何约束的功能，在绘图时可以省去许多不必要的操作，提高绘图效率。草图常用的几何约束关系见表 3-1。

表 3-1 草图常用的几何约束关系

图 标	名 称	要选择的实体	使 用 效 果
	水平 / 竖直	一条或多条直线，两点或多点	直线（点）水平 / 竖直
	重合	一条直线（或圆弧等其他曲线）和一个点	使点位于直线（或圆弧等其他曲线）上
	相切	直线（或其他曲线）和圆弧（或椭圆弧等其他曲线）	使它们相切
=	相等	两条（或多条）直线（或圆弧）	使它们所有尺寸相等
//	平行	两条或多条直线	使直线互相平行
	垂直	两条直线	使直线互相垂直
	固定 / 取消固定	任何草图几何体	使草图几何体尺寸和位置保持固定，不可更改
△	中点	一条直线（或圆弧等其他曲线）和一个点	使点位于其中心
◎	同心	两个（或多个）圆（或圆弧）	使它们的圆心处于同一点
	共线	两条或多条直线	使直线处于同一直线上
[¦]	对称	两个点（或线、圆及其他曲线）和一条中心线	使草图几何体保持中心线对称
	曲率	两条连接着的直线或曲线	使它们产生平滑的连接

3.6 综合实例

3.6.1 实例一：底板草图

图 3-46 所示为某底板草图，结构比较简单，是对称零件。该实例从新建草

图开始，让读者逐步熟悉 Fusion 360 的草图绘制工具。操作过程中注意鼠标指针的变化和属性管理器的提示，同时也可尝试用不同的绘图工具来完成草图的绘制。

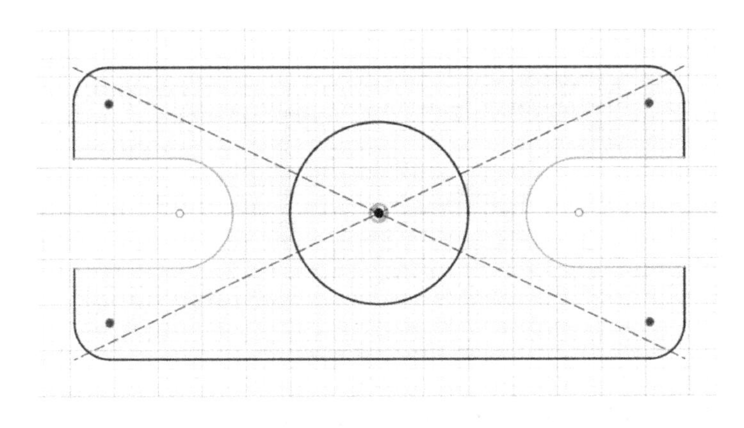

图 3-46　底板草图

1）单击“创建”面板中的“创建草图”按钮，在画布中选择上视图作为绘图基准面。

2）在“创建”下拉菜单中选择“中心矩形”，将鼠标指针移到草图坐标原点，单击并移动鼠标生成矩形，移动鼠标时，鼠标指针处会显示该矩形的尺寸，单击即完成矩形的绘制，如图 3-47 所示。

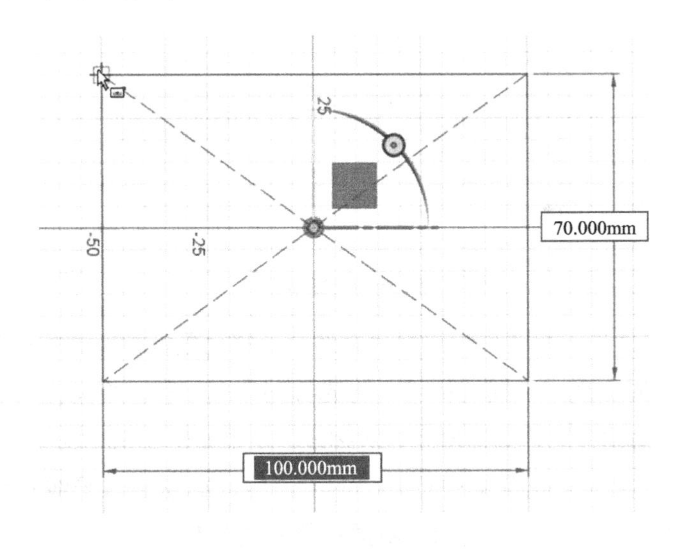

图 3-47　绘制中心矩形

3）在“创建”下拉菜单中选择“草图尺寸”，单击矩形长边尺寸更改为69mm，单击矩形短边尺寸更改为32mm，如图3-48所示。

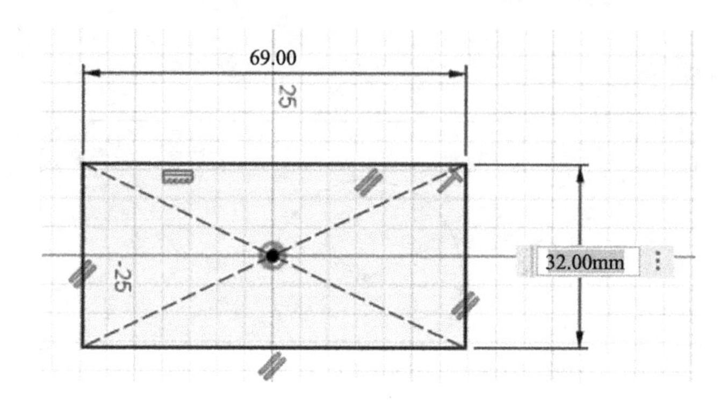

图3-48　更改尺寸

4）单击左上角的“保存”按钮，将设计存为“底板”。

5）在“创建”下拉菜单中选择“圆”，将鼠标指针移到原点，单击鼠标确定原点，然后拖动鼠标绘制圆，将圆的直径修改为20mm，结果如图3-49所示。

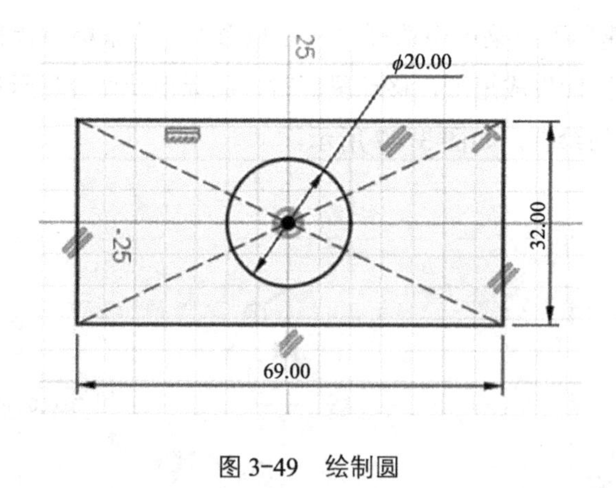

图3-49　绘制圆

6）在“创建”下拉菜单中选择“直线”，移动鼠标指针到矩形左侧边线的中点附近，此时出现中点捕捉提示，将光标稍向左平移，将光标向右平移画出水平对称线；用同样的方式画出竖直对称线，结果如图3-50所示。

7）在“创建”下拉菜单中选择“圆”，将鼠标移到水平线左边，单击对称线确定圆心，拖动单击确定圆。用同样的方式在右侧也画一个圆，如图3-51所示。

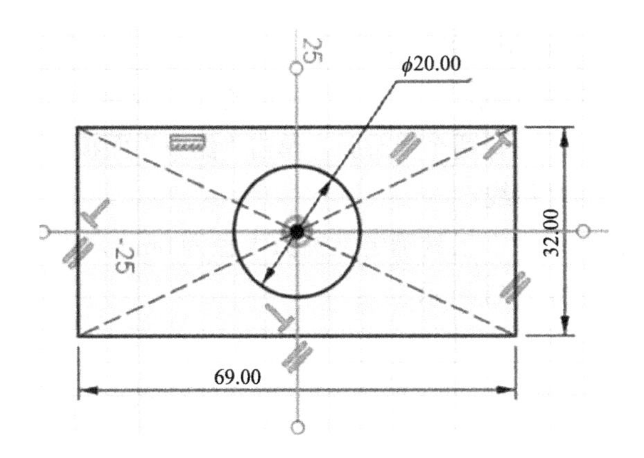

图 3-50 绘制中心线

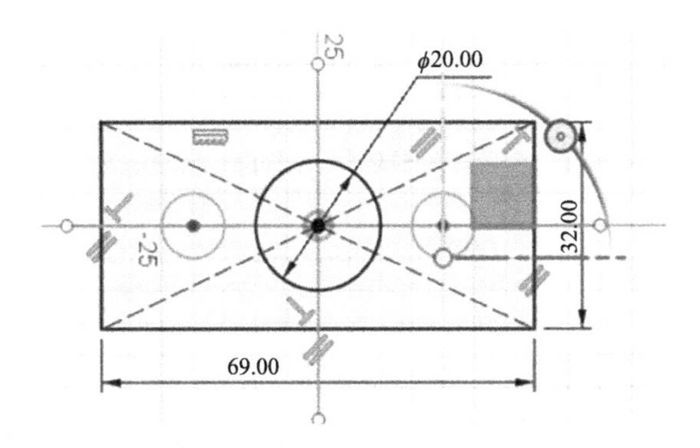

图 3-51 绘制两侧圆

8）在“创建”下拉菜单中选择“直线”，捕捉左侧小圆的一个象限点。如图 3-52 所示，向左绘制水平线，用同样的方式绘制图 3-53 所示的其他三条线。

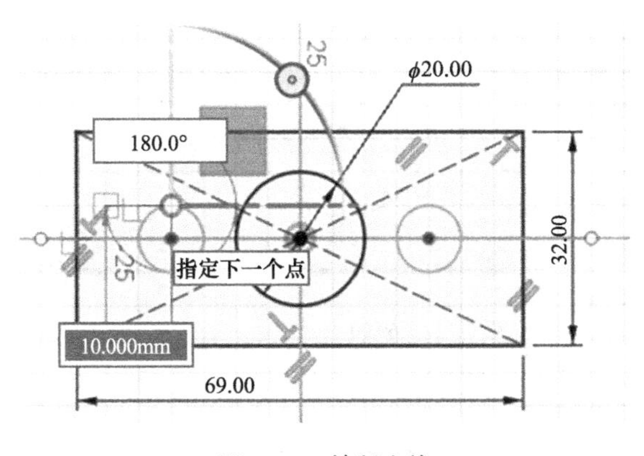

图 3-52 绘制直线

9）单击“修改”面板中的“修剪”按钮，将鼠标指针移动到左侧槽口的位置，按住左键一次选中需要删除的线，用相同的方式删除右侧槽口多余的线。

10）按住 <Ctrl> 键选择两个半圆弧，单击“约束”面板中的“对称”按钮，单击选择竖直线作为对称线。

11）使用“标注尺寸”工具确定半圆弧半径为 6mm，将两个半圆弧的中心距确定为 45mm，如图 3-53 所示。

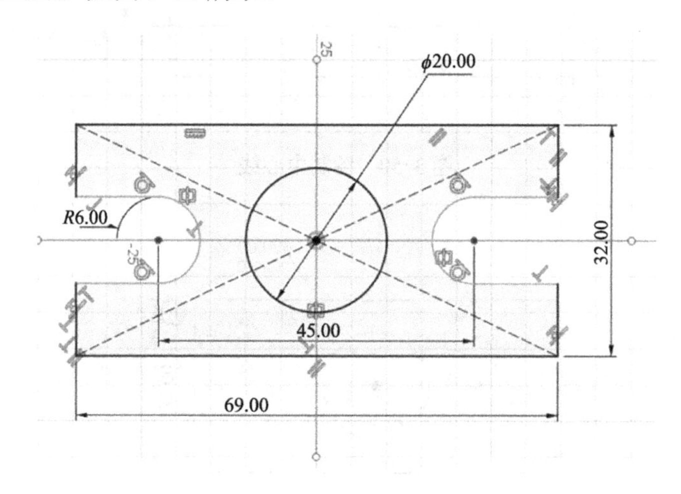

图 3-53　剪裁草图及尺寸约束（一）

12）单击“修改”面板中的“圆角”按钮，依次选择矩形每个角相邻的两条直线，结果如图 3-54 所示。

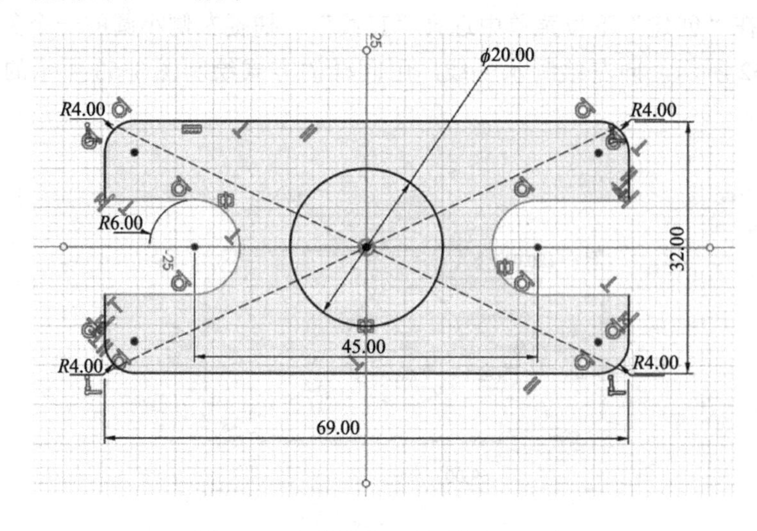

图 3-54　剪裁草图及尺寸约束（二）

3.6.2 实例二：垫片草图

垫片草图的绘制过程是按照“绘制尺寸基准线→绘制已知线段→绘制中间线段→绘制连接线段→结合约束→几何约束→尺寸约束”的步骤进行的，帮助读者通过使用不同的草图工具来熟悉 Fusion 360 的操作。本次练习的垫片草图如图 3-55 所示。

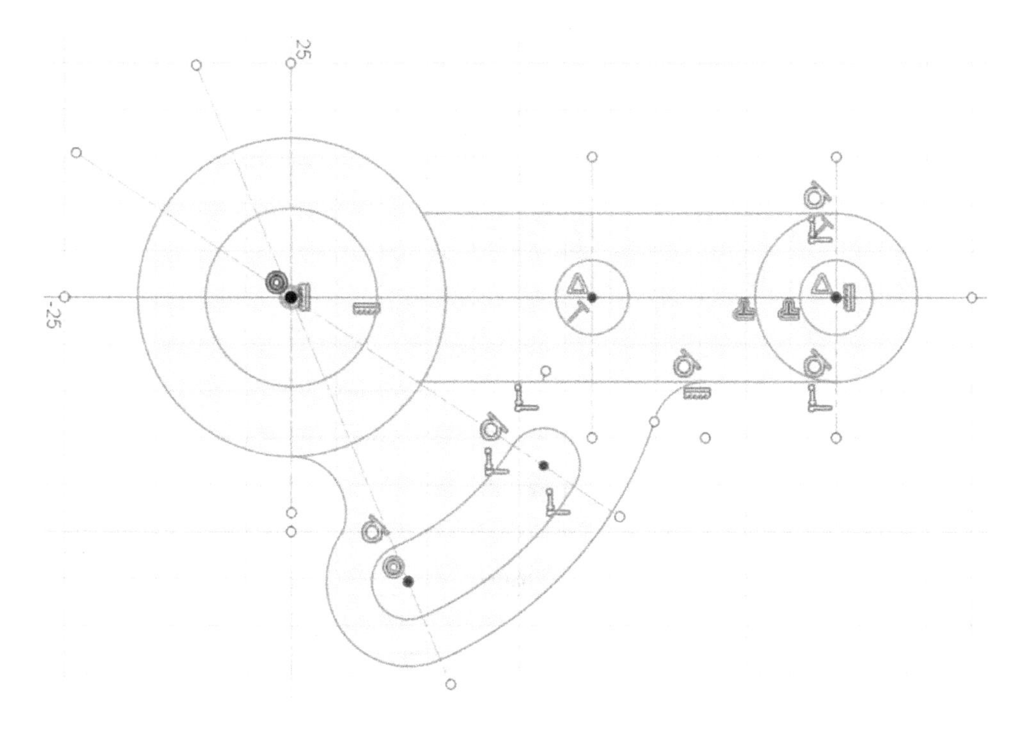

图 3-55 垫片

1）单击“创建草图”按钮，选择上视图作为草图绘制平面，进入绘制草图环境。

2）单击“创建”面板中的“直线”按钮，绘制一条直线，单击右键选择菜单中的“法线 / 中心线”，直线会转换成中心线，如图 3-56 所示。按照图 3-57 所示的尺寸基准线绘制。

3）为了便于后续的草图绘制，对所有中心线（尺寸基准线）都使用“固定”几何约束。单击“约束”面板中的“固定”按钮，连续选择尺寸基准线，结果如图 3-58 所示。

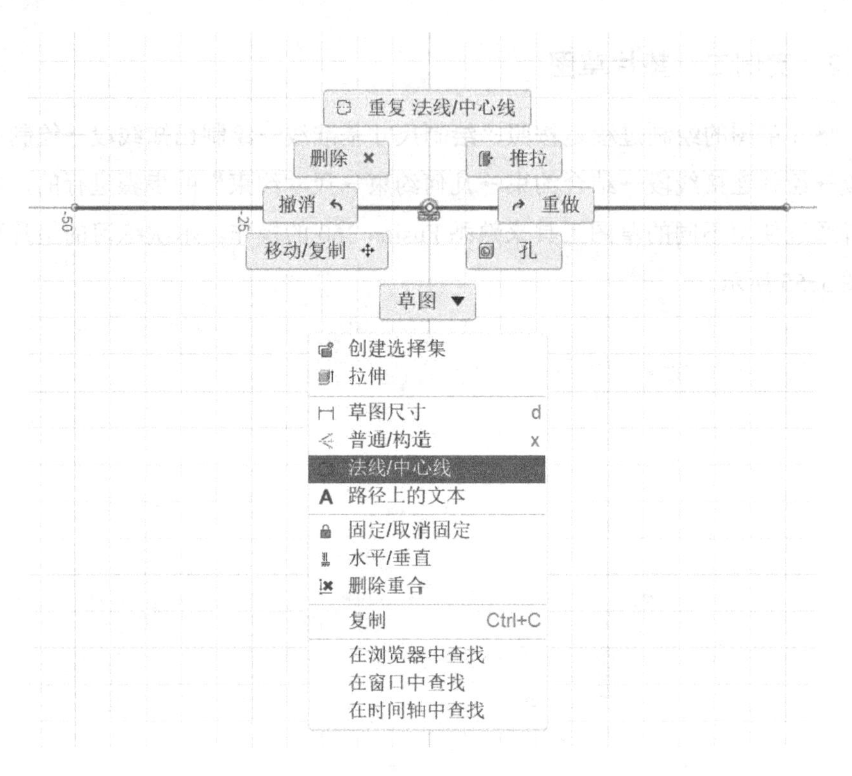

图 3-56 中心线

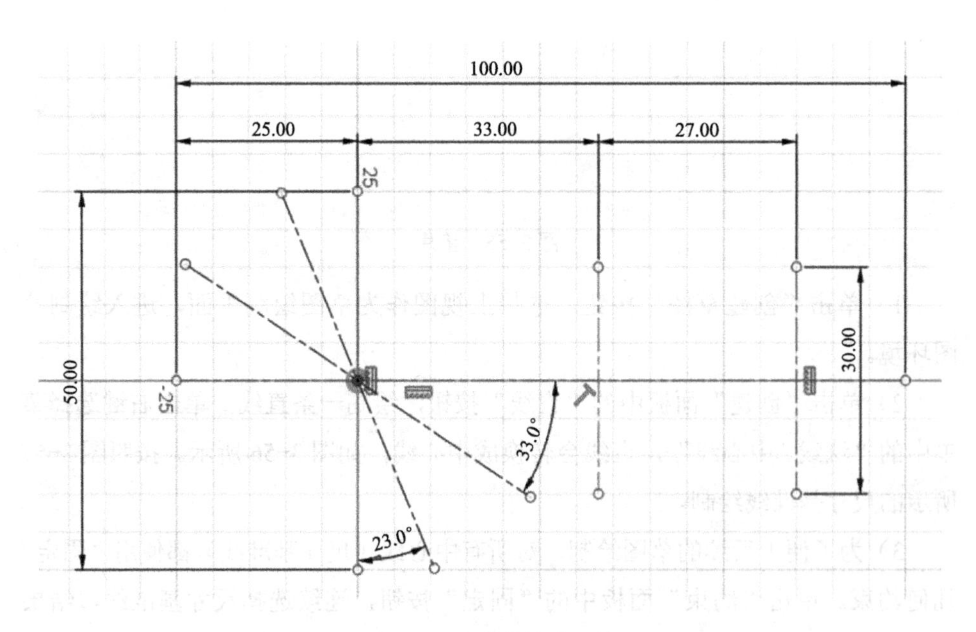

图 3-57 尺寸约束中心线

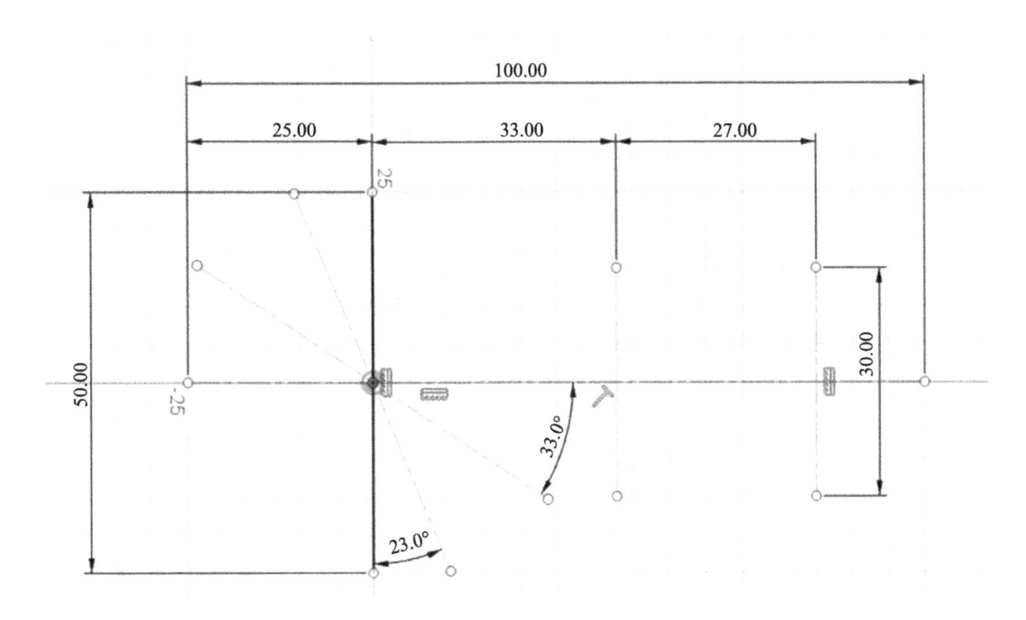

图 3-58　结合约束中心线

4）单击“创建”面板中的“圆”按钮，在中心线交叉处绘制出四个已知圆，如图 3-59 所示。

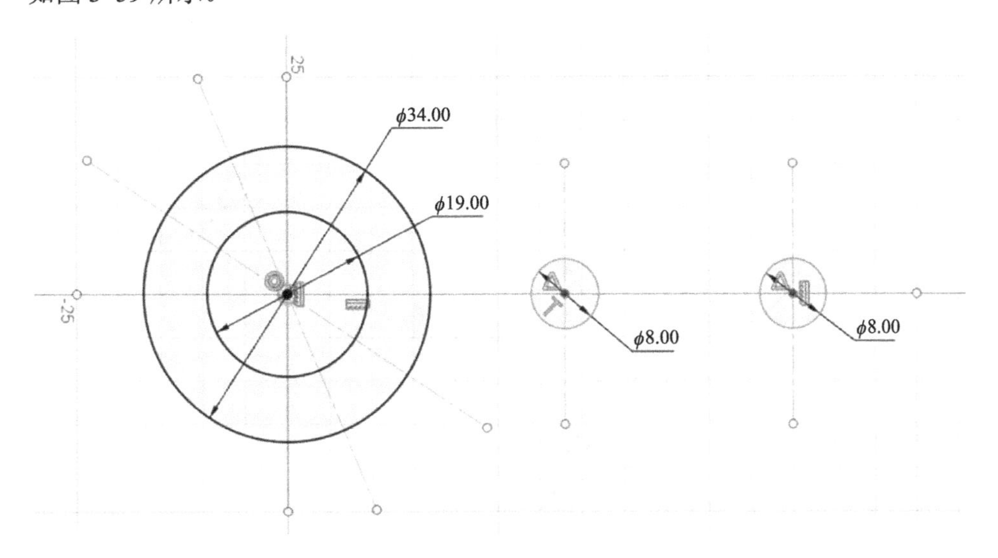

图 3-59　绘制圆

5）单击“创建”面板中的“圆弧”按钮，绘制出图 3-60 所示的圆弧。

6）单击“创建”面板中的“圆”按钮，绘制两个直径为 8mm 的圆，位置如图 3-61 所示。

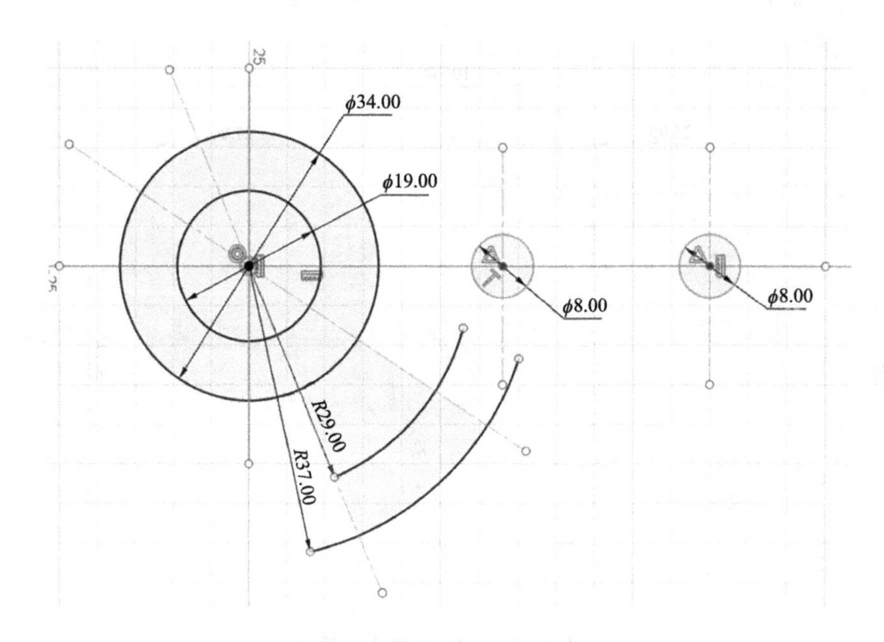

图 3-60　绘制圆弧

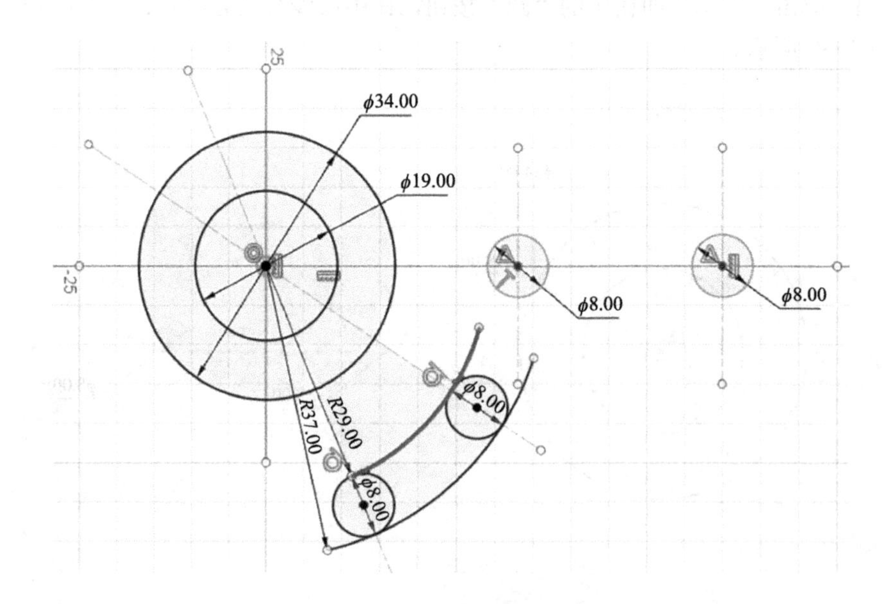

图 3-61　绘制与圆弧相切圆

7）单击“修改”面板中的“偏移”按钮，选择圆，在“偏移”对话框中输入 5mm，如图 3-62 所示。将圆弧和另一个圆也进行偏移 5mm 的操作，结果如图 3-63 所示。

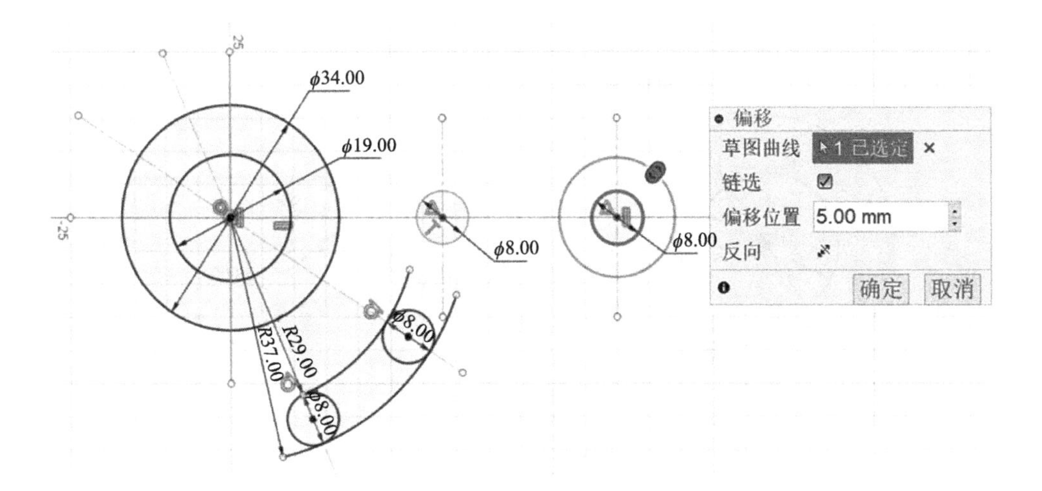

图 3-62　偏移圆

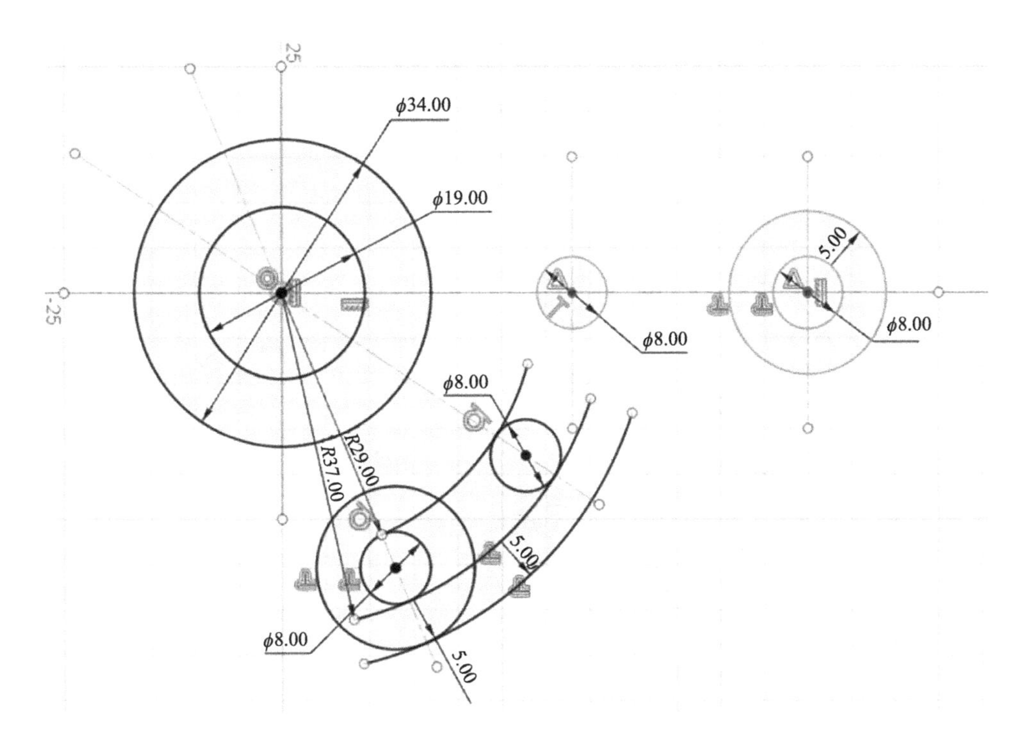

图 3-63　偏移圆弧

8）使用“直线”工具，绘制出图 3-64 所示的两条直线，均与圆相切。

9）为了能看清后面继续绘制的草图曲线，使用“修改”面板中的“剪裁”工具，将草图中多余的图线剪裁掉，结果如图 3-65 所示。

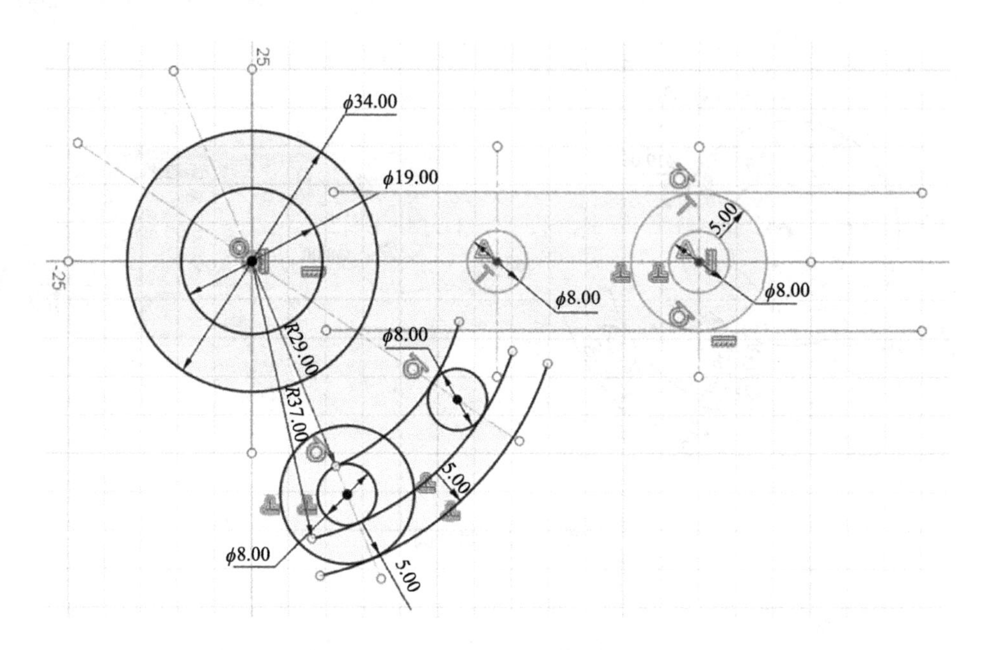

图 3-64　绘制与圆相切直线

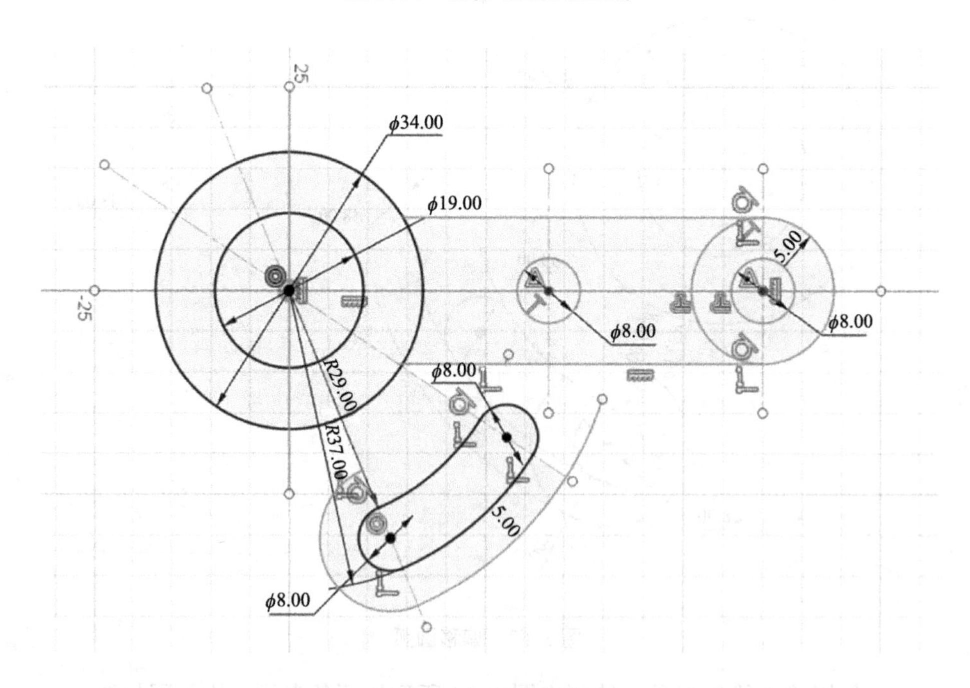

图 3-65　剪裁曲线

10）使用“创建”下拉菜单中的“三点圆弧”工具，在图 3-66 所示的位置创建相切的圆弧。圆弧半径为 6mm。

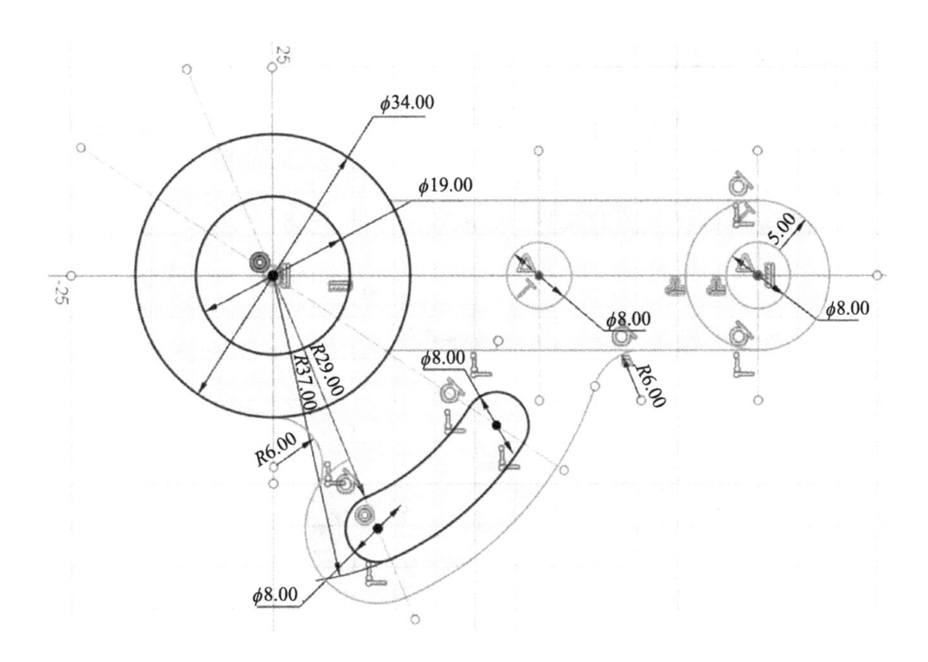

图 3-66　绘制相切圆弧

11）使用“修改”面板中的“修剪”工具，将草图中多余的部分修剪掉，垫片绘制完成，结果如图 3-67 所示。

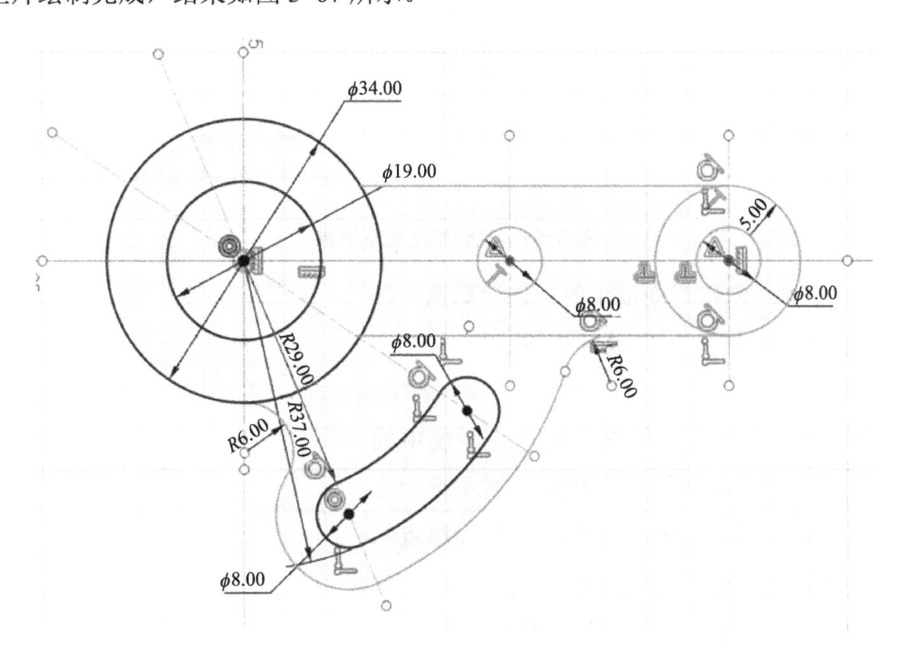

图 3-67　垫片最终效果

3.6.3 实例三：棘轮草图

棘轮机构是机械中常见的一种间歇性运动机构，它主要由摇杆、棘爪和棘轮组成。摇杆为运动输入构件，棘轮为运动输出构件。

本例将要完成棘轮草图的绘制，完成效果如图 3-68 所示。

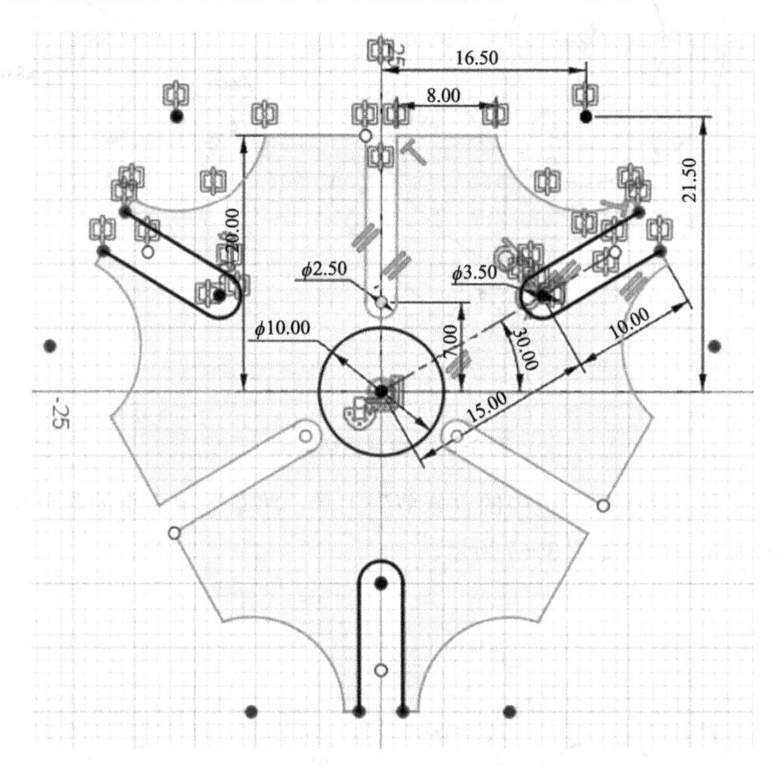

图 3-68 棘轮草图完成效果

1）单击“创建”面板中的“新建草图”按钮，选择上视图作为绘图基准面，进入草图环境。

2）绘制中心线。单击“创建”面板中的“直线”按钮，绘制经过坐标原点的水平中心线和竖直中心线，并添加中心线与坐标原点的几何关系，选择两条直线单击右键，在弹出的菜单中选择“法线 / 中心线”，结果如图 3-69 所示。

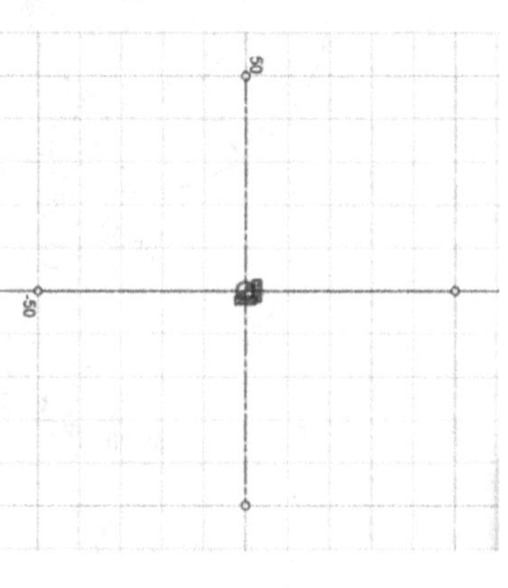

图 3-69 绘制中心线

3）单击“创建”面板中的“圆”按钮，以坐标原点为中心绘制一个圆。使用“草图尺寸”工具约束圆的直径为10mm，如图3-70所示。

4）绘制矩形。单击“创建”面板中的“中心矩形”按钮，在圆上方的竖直中心线上单击，绘制一个矩形，如图3-71所示。

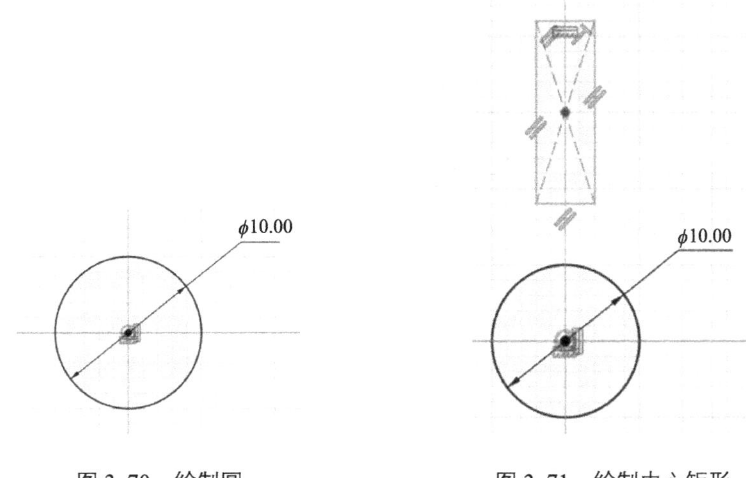

图3-70　绘制圆　　　图3-71　绘制中心矩形

5）绘制圆。单击“创建”面板中的“圆”按钮，以矩形底边中点为圆心绘制圆，使圆刚好与矩形侧边线相切，如图3-72所示。

6）尺寸标注。标注小圆的直径为2.5mm，圆与水平中心线的距离为7mm，矩形上边线与水平中心线的距离为20mm，结果如图3-73所示。

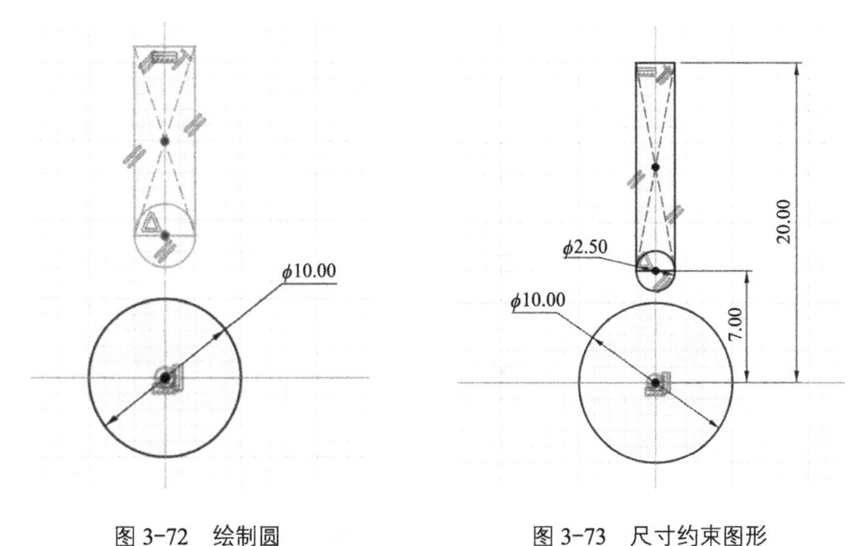

图3-72　绘制圆　　　图3-73　尺寸约束图形

7）绘制倾斜中心线。在“创建”下拉菜单中选择“直线”，绘制经过坐标原点的倾斜中心线，并标注中心线与水平中心线的夹角为 30°，结果如图 3-74 所示。

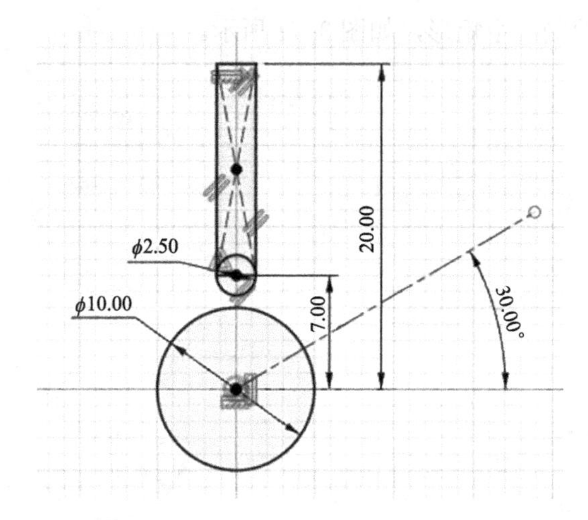

图 3-74　绘制倾斜中心线

8）绘制直线并标注尺寸。单击“直线”，选择矩形右上角顶点作为起点，绘制水平直线段。单击“草图尺寸”，标注直线段的长度为 8mm，如图 3-75 所示。

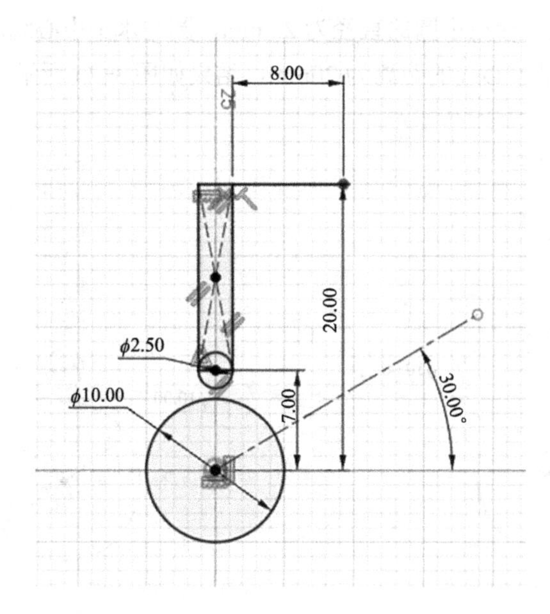

图 3-75　绘制直线段

9）单击“创建”下拉菜单中的“点”，在矩形右上角处单击，完成点的创建。标注点与水平中心线的距离为 16.5mm，与竖直中心线的距离为 21.5mm。完成后的效果如图 3-76 所示。

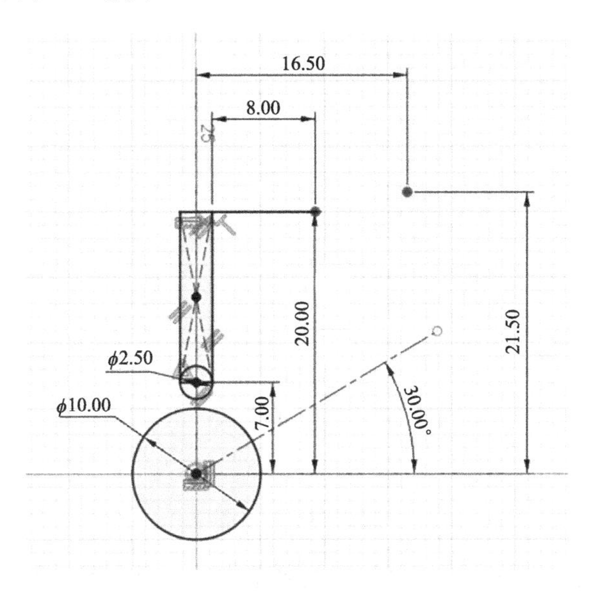

图 3-76　绘制点

10）单击“创建”下拉菜单中的“三点矩形”，在倾斜中心线上的不同位置单击两次，移动鼠标指针预览矩形，在合适的位置单击，放置矩形，如图 3-77 所示。

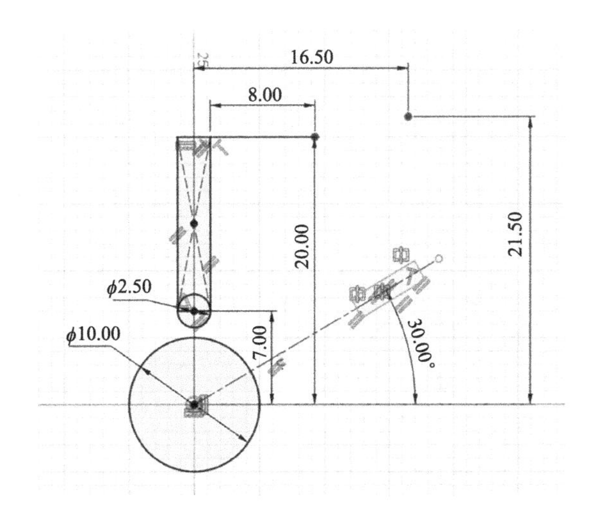

图 3-77　绘制中心矩形

11）绘制圆。单击“创建”下拉菜单中的“圆”，以倾斜矩形底边的中点作为圆心绘制圆，使圆刚好与矩形的侧边相切，如图 3-78 所示。

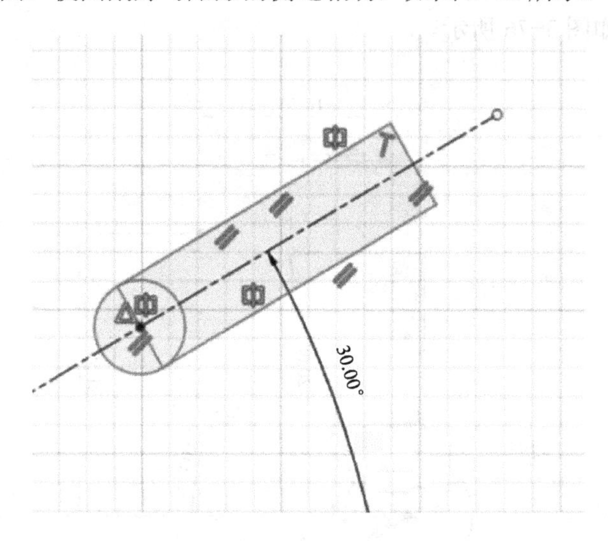

图 3-78　绘制圆

12）标注尺寸。单击“创建”下拉菜单中的“草图尺寸”，约束倾斜矩形的长为 10mm，圆的直径为 3.5mm，如图 3-79 所示。

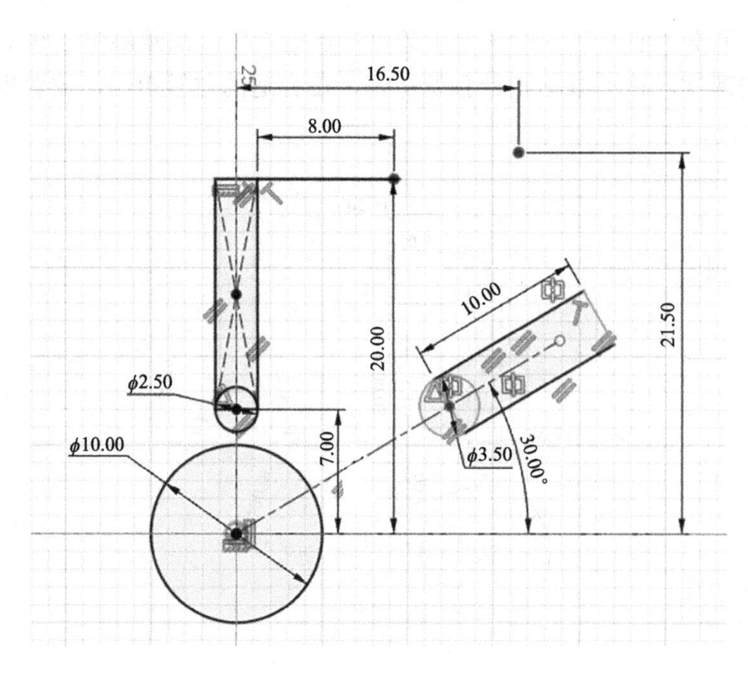

图 3-79　几何约束

13）创建圆弧。在“创建”下拉菜单中选择“圆心圆弧”，以步骤 9）中创建的点为圆心，以长度为 8mm 的直线右侧端点为圆弧起点，以任意点为圆弧终点，绘制圆弧，结果如图 3-80 所示。

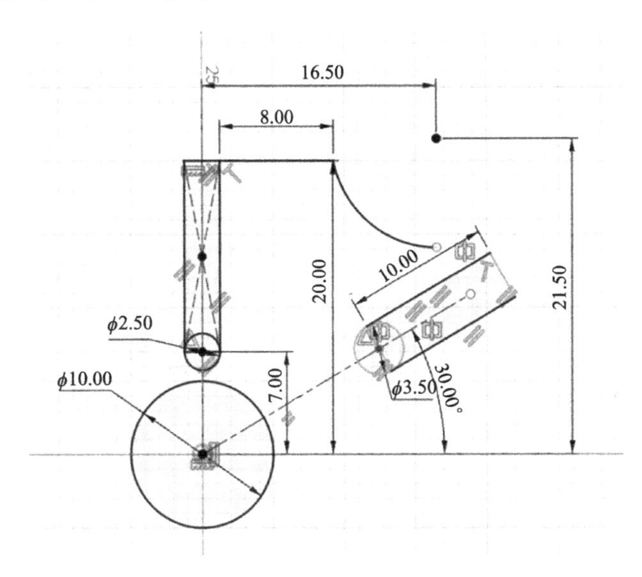

图 3-80　绘制圆弧

14）绘制直线。单击“创建”面板中的“直线”按钮，在倾斜矩形的上边绘制延长线，使圆弧终点与该直线形成交叉，结果如图 3-81 所示。

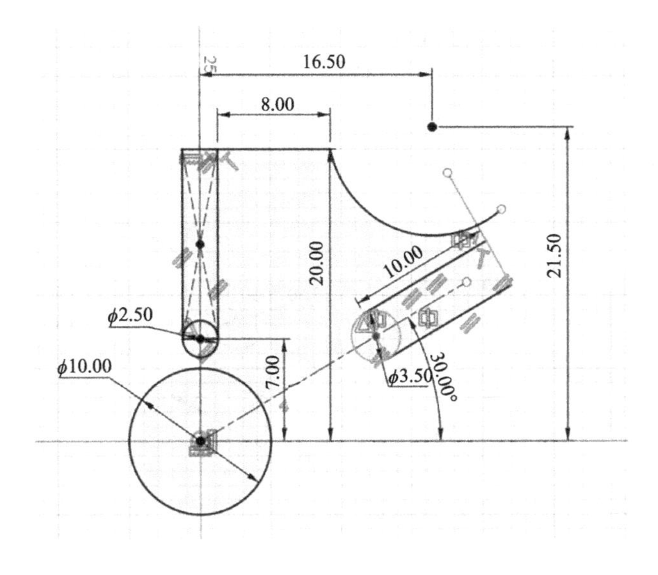

图 3-81　绘制延长线

15）单击“修改”面板中的“修剪”工具，将多余的线段修剪掉，结果如图 3-82 所示。

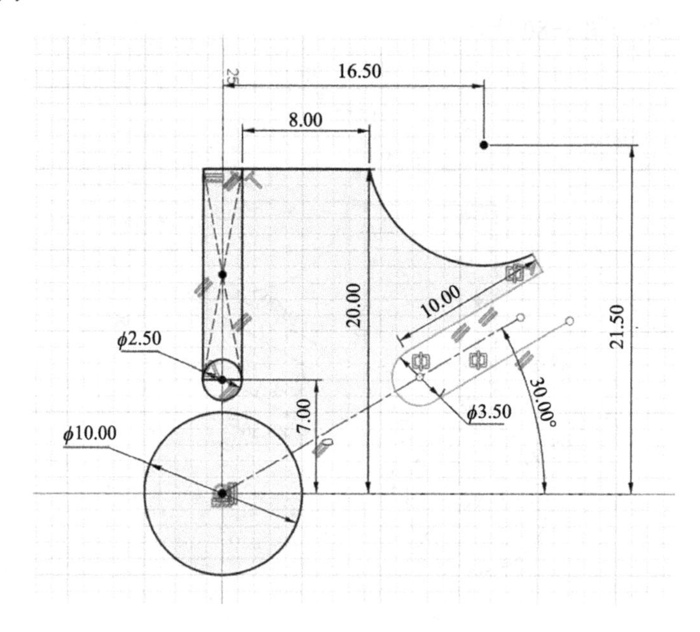

图 3-82　剪裁曲线

16）补加尺寸约束，如图 3-83 所示。

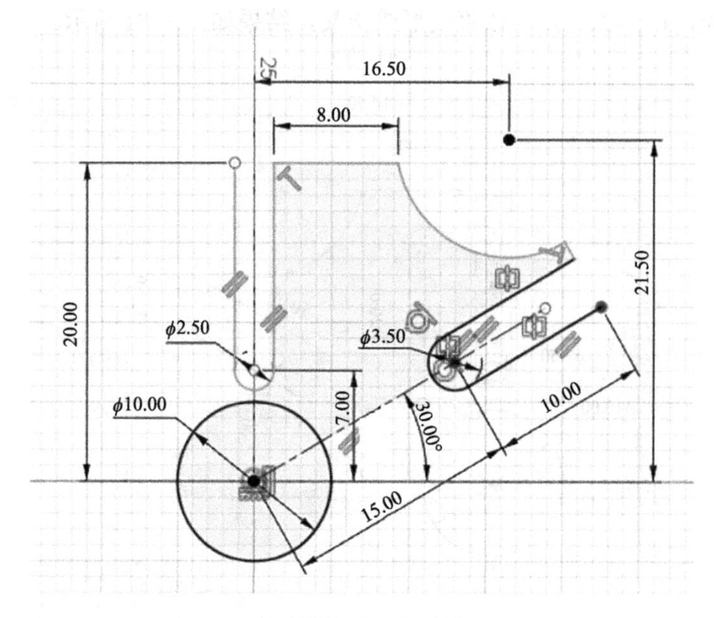

图 3-83　尺寸约束

17）单击“创建”面板中的“镜像”按钮，在弹出的对话框中，选择要镜像的实体——除中心圆和竖直U形槽外所有的实体图元，选择竖直中心线为镜像轴，对草图进行镜像，结果如图3-84所示。

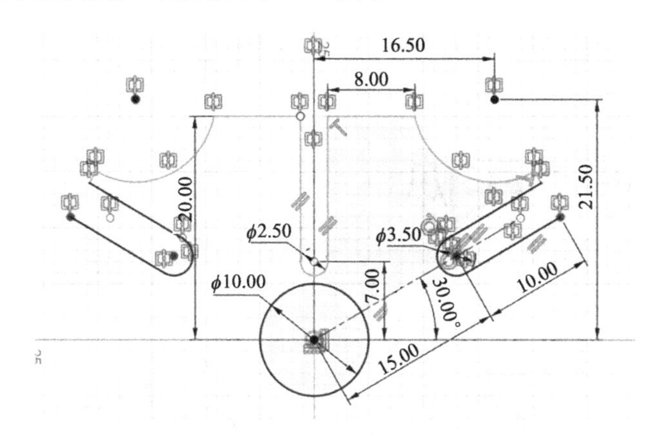

图3-84　镜像草图

18）在“创建”下拉菜单中选择“环形阵列”，在弹出的对话框中设置相关参数：选择坐标原点为中心点，输入阵列数量为3，选择除中心圆以外的所有实体图元，单击“确定”按钮，完成草图阵列。最终结果如图3-85所示。

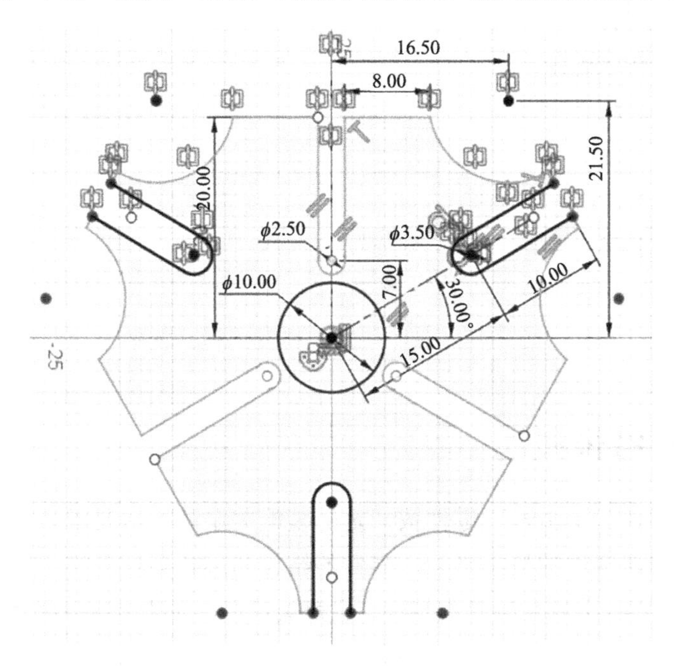

图3-85　阵列草图

第4章

创建实体

三维特征的实质是在二维草图的基础上构建三维形状，完成这种操作的命令即三维建模命令。

零件特征是进行机械设计和产品设计的基础。本章将介绍创建基础特征的常用命令，为后面创建复杂零件做好准备。

本章重点：

- 零件特征概述。
- 拉伸特征。
- 旋转特征。
- 基体扫掠。
- 实体放样。
- 参考几何体。

4.1 零件特征概述

机器或部件都是由若干零件按一定的装配关系和技术要求装配起来的。零件是构成机器或部件的最小单元，零件的结构和形状多种多样，但常用零件大致可以分为4类，分别是轴套类零件、盘盖类零件、支架类零件和箱体类零件。

一个复杂的零件是由若干基本形体按照一定方式组合而成的，在Fusion 360中创建一个完整的零件所应用的特征大致分为3类。

1. 基础特征

基础特征可以完成最基本的三维几何特征任务，用于构建基本空间实体。基础特征通常要求先绘制出特征的一个或多个草图，然后根据某种形式生成特征。基础特征创建命令包括拉伸、旋转、扫描、放样等。

2. 附加特征

对基础特征的局部进行细化操作，其几何形状是确定的，构建时只需要提供附加特征的放置位置和尺寸即可，如抽壳、倒角、筋等。

3. 特征编辑

针对基础特征和附加特征的编辑修改，如阵列、复制、移动等。在 Fusion 360 中，零件设计的一般流程如图 4-1 所示。

本章以基础特征的建模为例来介绍 Fusion 360 主要的建模命令。基础特征包括柱、锥、台、球、环等。

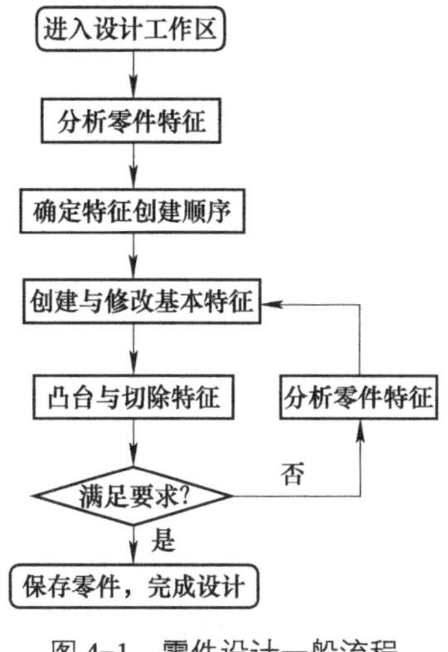

图 4-1　零件设计一般流程

4.2　拉伸特征

实体拉伸特征是将一个平面草图沿着与草图平面垂直的方向延伸，进而形成实体的方法。拉伸特征适合创建形状比较规则的实体。拉伸特征是最基本和最常用的特征创建方法，而且操作比较简单，工业生产中的多数零件模型，都可以看作是多个拉伸特征相互叠加或切除的结果。

在 Fusion 360 中，创建实体拉伸只有“拉伸”一个命令，但是在选项板中有不同的项，比如将一个实体的其中一个面作为参考面，在此基础上绘制草图拉伸实体会存在“切除”或“新建实体”的选择。

4.2.1　拉伸实体

单击“实体”面板上的“拉伸”按钮，或选择“创建”下拉菜单中的“拉伸”命令，即可执行拉伸命令。选择一个基准面，绘制草图，退出草图后，单击“拉伸”，会弹出图 4-2 所示的“拉伸”对话框。

在“拉伸”对话框中，系统提供了多种方式来定义实体的拉伸特征。例如，可以选择拉伸类型：拉伸实体 / 薄拉伸；可以选择拉伸开始面、拉伸方向、范围类型；定义拉伸距离和扫掠斜角。

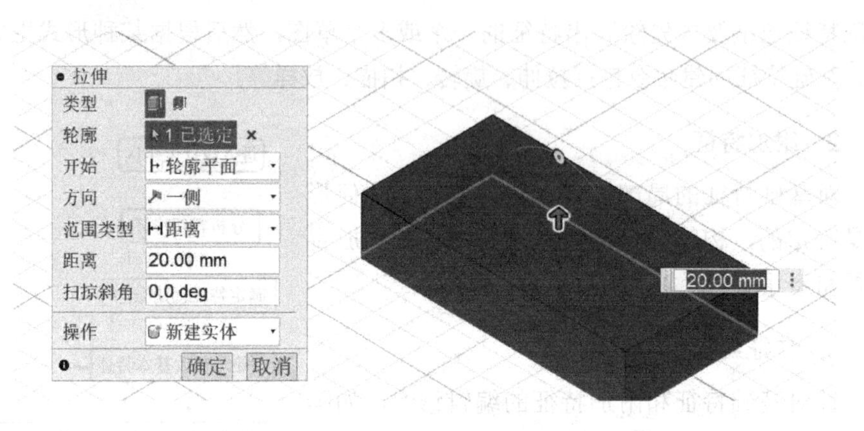

图 4-2 “拉伸”对话框

1. 开始

（1）轮廓平面　如图 4-2 所示，从“轮廓平面”开始拉伸，即从草图绘制的平面开始拉伸特征。

（2）偏移　如图 4-3 所示，从轮廓平面开始指定偏移距离，实体从偏移面开始拉伸。

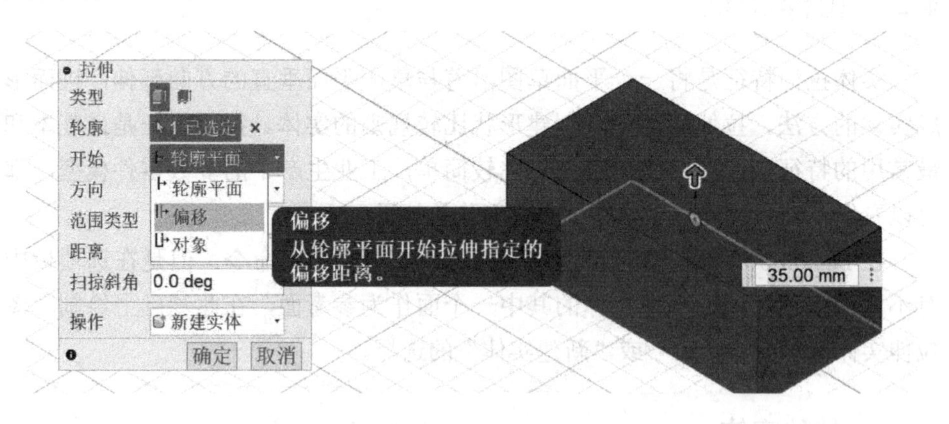

图 4-3 设定由偏移距离开始拉伸

2. 对象

从“对象”开始拉伸，先指定一个对象，草图从该对象开始拉伸，如图 4-4 所示。

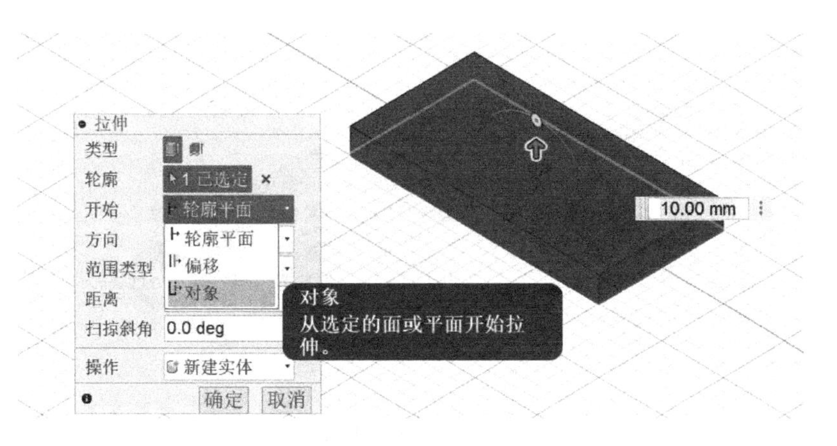

图 4-4　设定由对象开始拉伸

3. 方向

如图 4-5 所示，拉伸方向有“一侧”、“两侧”和“对称”三种。“一侧”拉伸即指定一个方向的拉伸距离；“两侧”拉伸即分别指定两个方向的拉伸距离；“对称”拉伸即指定拉伸距离完成两侧相同长度相反方向的拉伸。

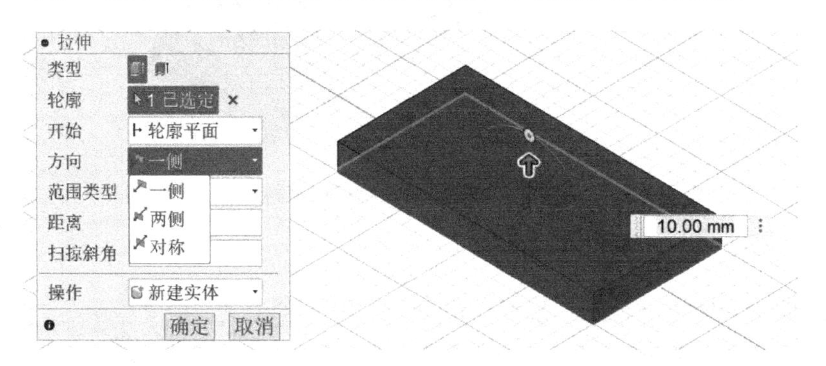

图 4-5　设定拉伸方向

4. 范围类型

如图 4-6 所示，范围类型有“距离”、“目标对象”和“全部”三种。“距离”即利用箭头拖拽拉伸到一定距离，或者输入距离数值达到精确拉伸目的；“目标对象”即指定一个对象，使草图拉伸到对象的位置。

5. 距离和扫掠斜角

如图 4-7 所示，“拉伸”对话框中有“距离”和“扫掠斜角”。可以精确输入数值或者拖拽箭头达到一定距离，可以精确输入斜角角度或者拖拽环形改变角度。

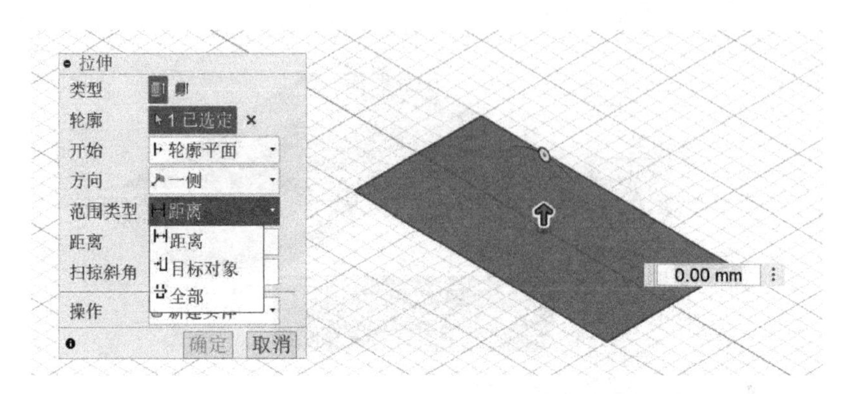

图 4-6　设定范围类型

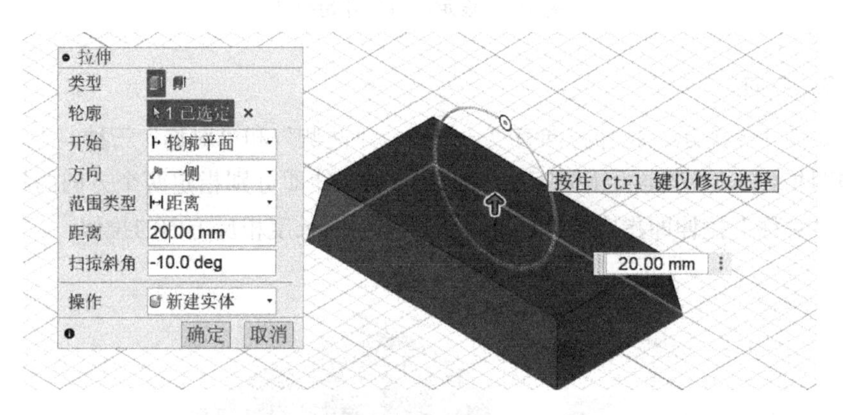

图 4-7　设定拉伸距离和扫掠斜角

6. 操作

如图 4-8 所示，使用“拉伸”命令会产生一个“实体”，这个“实体”可以作为新建实体 / 零部件，可以和已有实体进行合并，可以剪切已有实体的一部分，也可以取与已有实体的交集。

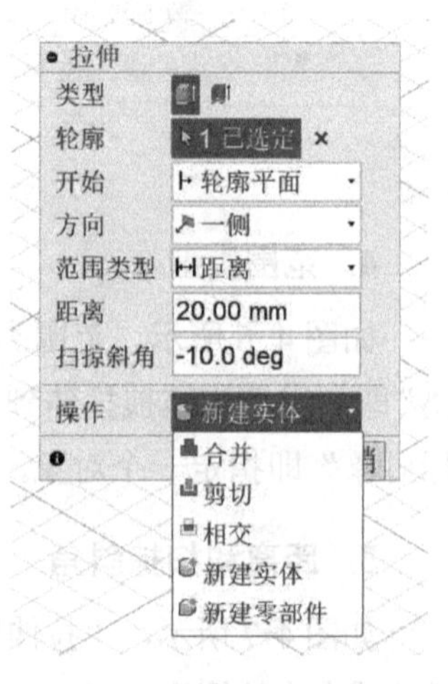

图 4-8　设定拉伸操作

合并和新建实体的区别如下：

（1）合并　将当前显示的实体与即将建立的实体有交集的部分进行合并，形成一个实体。

（2）新建实体　新建立的实体作为单独实体，不与其他实体合并。

合并和新建实体会影响结构，对实体进行圆角等操作也会有影响。

4.2.2 实例：插头

下面以绘制插头为例，使用 Fusion 360 的拉伸等功能。

1）单击“创建草图”按钮，选择 XY 平面作为绘图平面，绘制图 4-9 所示的草图。单击绘图区域右上角“完成草图”按钮，退出草图。

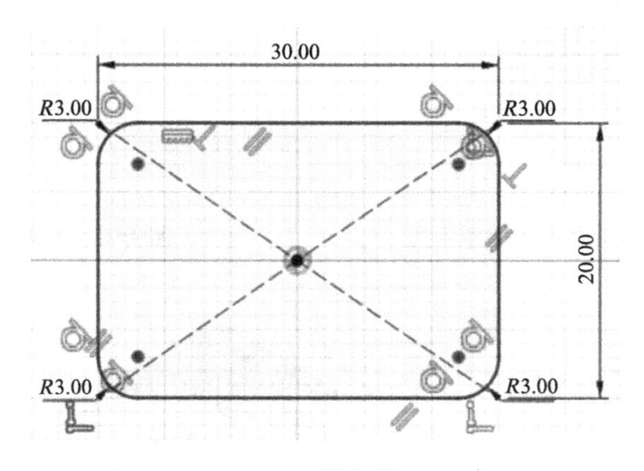

图 4-9 绘制草图

2）选中已绘制的草图，单击“创建”面板中的“拉伸”按钮，打开图 4-10 所示的“拉伸”对话框，选择“距离”选项，输入距离值 3mm，单击“确定”按钮，生成图 4-10 所示实体。

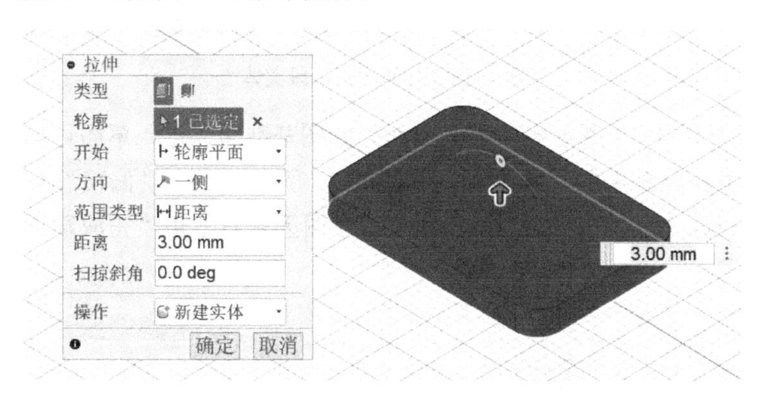

图 4-10 “拉伸”对话框

3）选择图 4-11 所示的绘图平面，单击“创建草图”按钮，绘制图 4-12 所示的草图。单击绘图区域右上角“完成草图”按钮，退出草图。

4）单击“创建”面板中的“拉伸”按钮，打开图 4-13 所示的“拉伸”对话框，选择“距离”选项，输入距离值 10mm，单击“确定”按钮，生成图中所示实体。

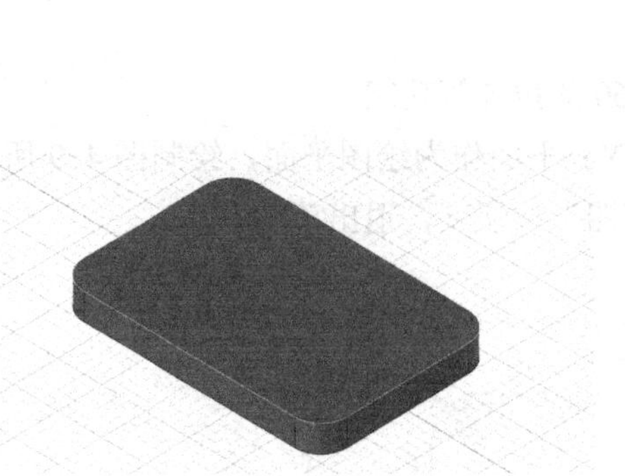

图 4-11　选择实体表面为绘图平面

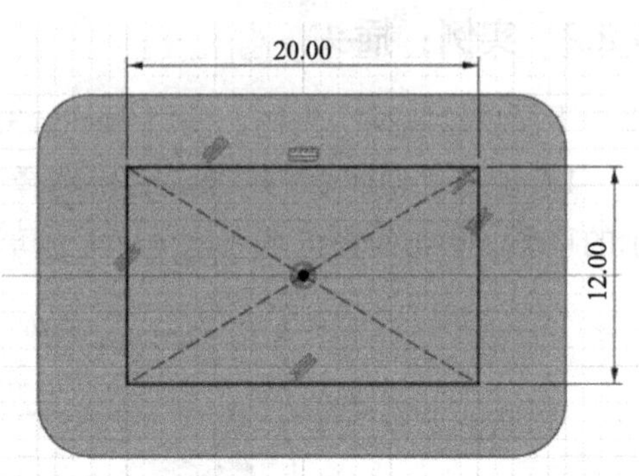

图 4-12　绘制草图

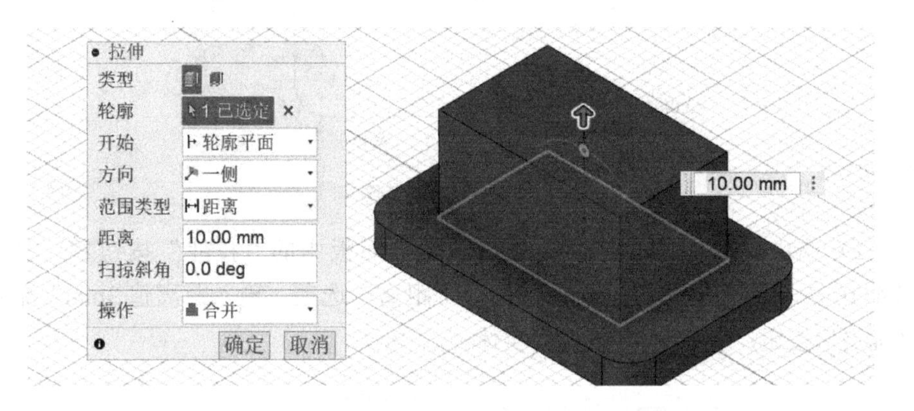

图 4-13　拉伸出第二段实体

5）选择图 4-14 所示实体上表面作为绘图基准面，进入草图环境后，单击“修改”下拉菜单中的“偏移”，如图 4-15 所示，弹出“偏移”对话框，如图 4-16 所示，输入偏移位置 0mm。单击绘图区域右上角“完成草图”按钮，退出草图。

图 4-14　选择实体上表面为绘图基准面

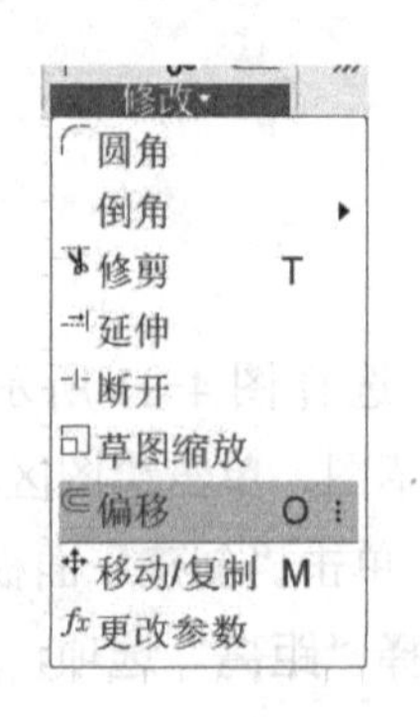

图 4-15　偏移命令位置

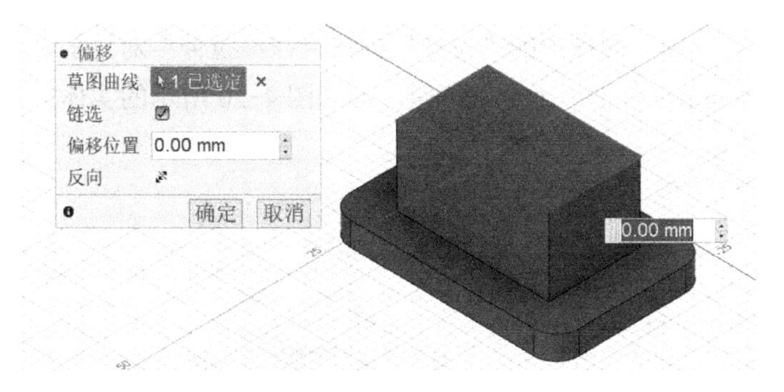

图 4-16 偏移曲线

6）单击“创建”面板中的“拉伸”按钮，在“拉伸”对话框中选择“距离”选项，输入 10mm；在扫掠斜角中输入 -25° ，单击“确定”，形成图 4-17 所示的实体。

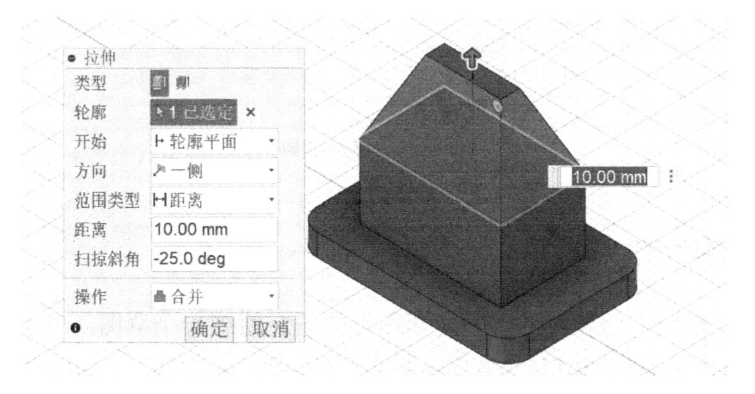

图 4-17 拉伸第三段

7）选择图 4-18 所示实体表面作为绘制草图平面，进入草图环境后，利用尺寸约束绘制图 4-19 所示的草图，单击绘图区域右上角的“完成草图”按钮，退出草图。

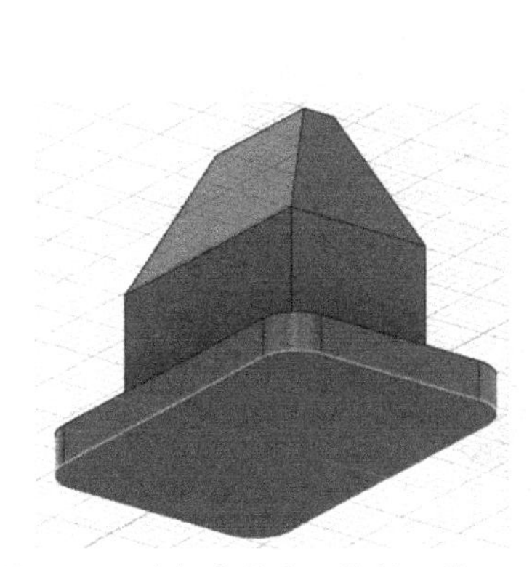

图 4-18 选择实体表面为绘图草图平面

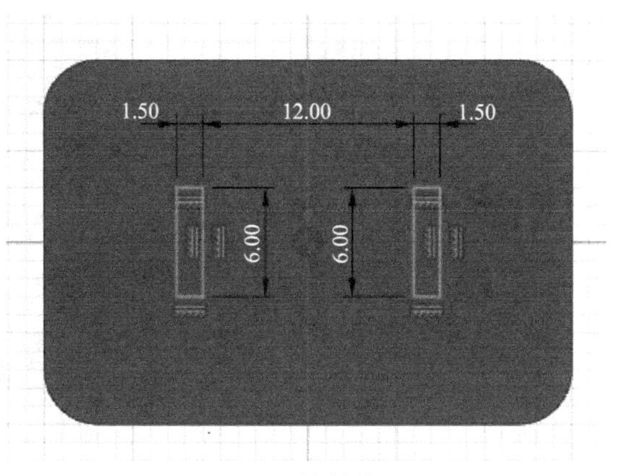

图 4-19 绘制草图

8）单击“创建”面板中的“拉伸”按钮，在“拉伸”对话框中选择“距离”选项，输入16mm，单击“确定”按钮，形成图4-20所示的实体。

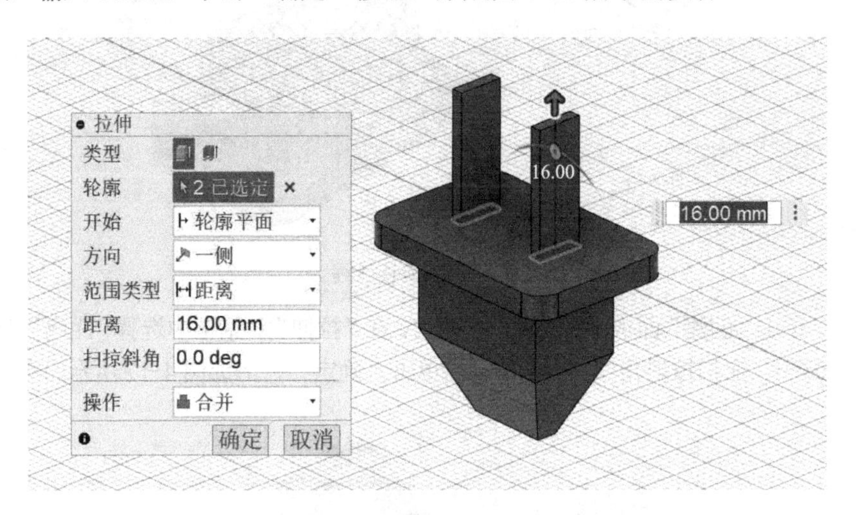

图4-20　最终效果

4.2.3　拉伸切除

单击“创建”面板中的“新建草图”按钮，绘制一个草图，确保草图位置可对已有实体完成拉伸切除。草图绘制完成后，单击“实体”工具栏中的“拉伸”按钮，用鼠标拖动蓝色箭头，Fusion 360会自动识别到将要完成的实体剪切，在“操作”选项中可以看到显示为“剪切”，如图4-21所示。

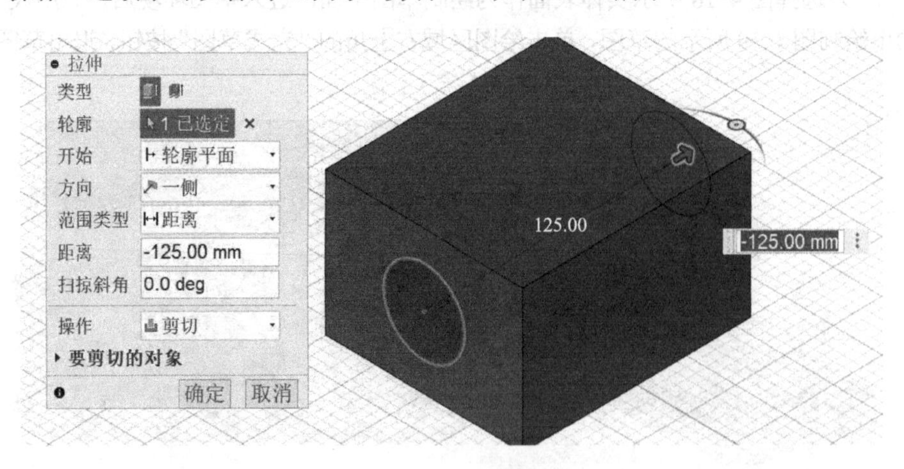

图4-21　拉伸切除

4.3 旋转特征

实体旋转特征主要用来创建具有回转性质的特征。旋转特征的草图包含一条构造线，草图轮廓以该构造线为轴旋转，即可建立旋转特征。另外，也可以选择草图中心线作为旋转轴建立旋转特征。轮廓不能与中心线交叉。如果草图包含一条以上的中心线，应选择想要用作旋转轴的中心线。在 Fusion 360 中，创建实体旋转特征的命令为“旋转”。

4.3.1 旋转实体

“旋转”特征是指将草绘界面绕指定的旋转中心线旋转一定的角度后创建的实体特征。

1）首先绘制一个草图，包含一条直线作为特征旋转所绕的轴和一个闭合的草图作为旋转实体的截面。实体旋转特征的草图中要有轴线才可以完成旋转。

2）单击“创建”面板中的“旋转”按钮，出现“旋转”对话框，如图 4-22 所示。选择封闭草图轮廓，选择直线作为旋转轴。单击“确定”按钮完成操作。

3）在已有实体中创建旋转特征，在“旋转”对话框中的“操作”一栏中选择“剪切”，即可完成旋转切除。

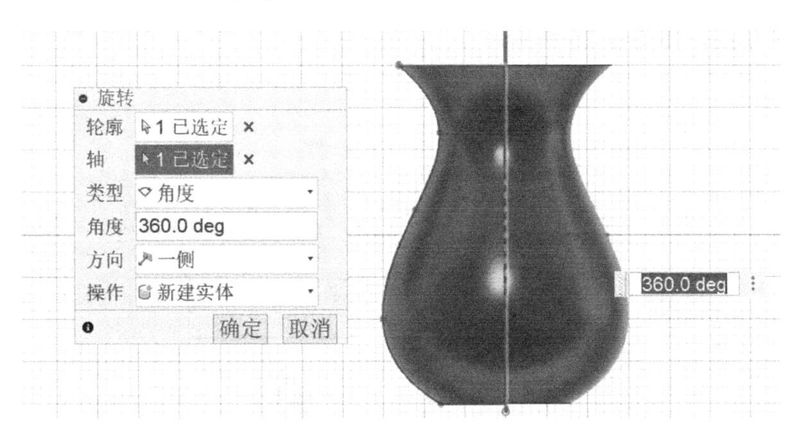

图 4-22 “旋转”对话框

4.3.2 实例：回转手柄

绘制图 4-23 所示的回转手柄，其尺寸参考操作步骤中所给的数值。

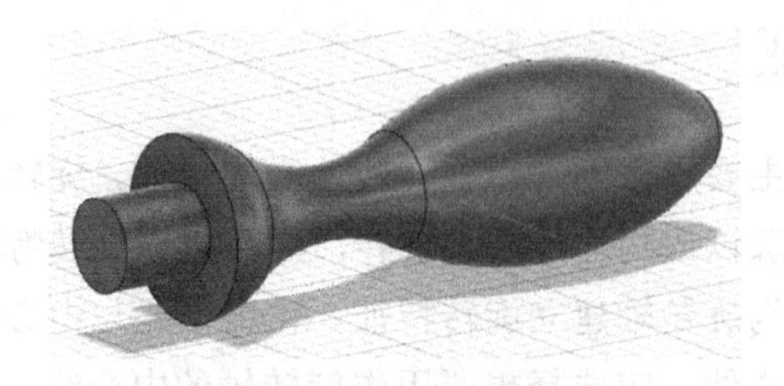

图 4-23　回转手柄

1）单击“绘制草图”按钮，进入草图绘制工作区。

2）选择 XY 基准面作为绘图平面，使用“直线”和“圆”命令绘制草图，如图 4-24 所示。

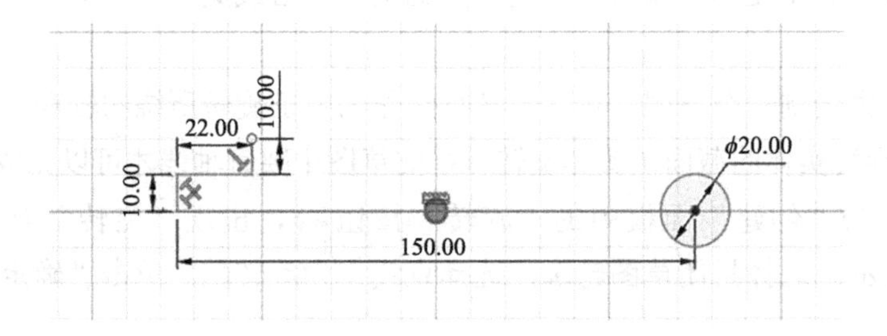

图 4-24　绘制草图

3）继续使用“三点圆弧”和“相切圆弧”命令，结合尺寸约束和几何约束命令绘制草图，如图 4-25 所示。

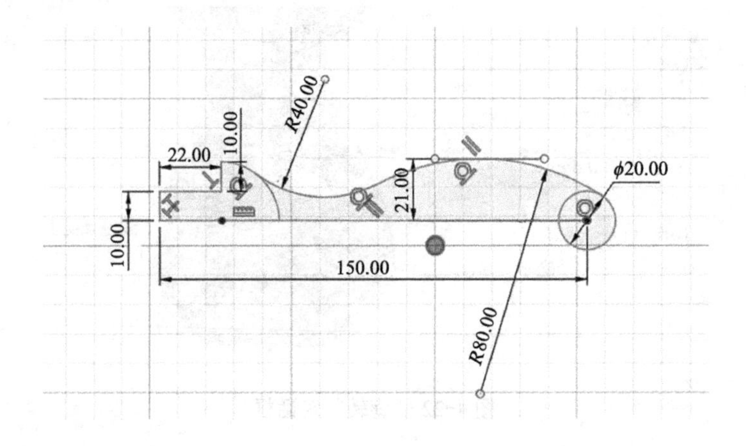

图 4-25　绘制圆弧

4）使用“直线”命令和“修剪”命令，将图形封闭并进行合理修剪，结果如图 4-26 所示。单击绘图区域右上角的“完成草图”按钮，退出草图。

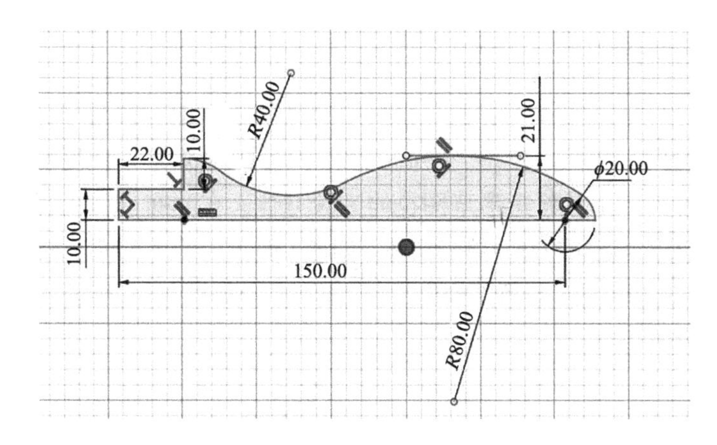

图 4-26 修剪草图

5）单击“旋转”按钮，弹出图 4-27 所示的“旋转”对话框，选择图 4-28 所示的直线作为旋转轴，单击“确定”按钮，即可生成图 4-29 所示的回转手柄。

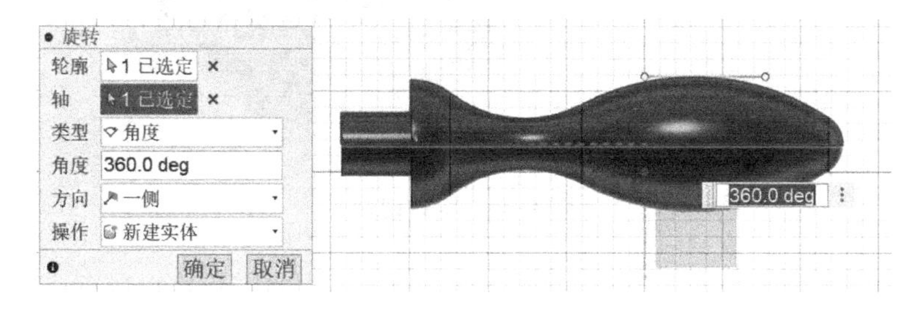

图 4-27 “旋转”对话框

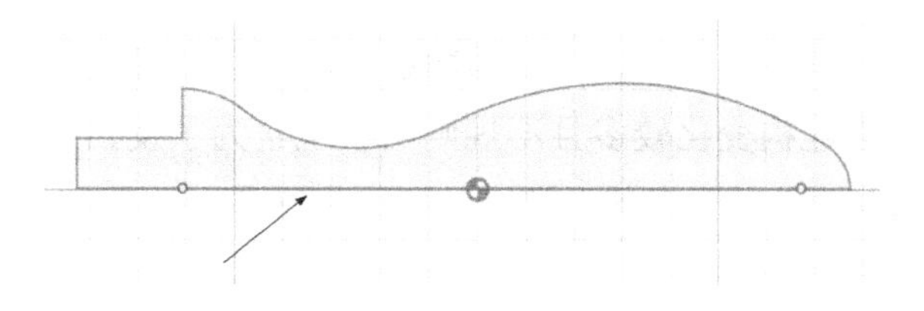

图 4-28 旋转轴

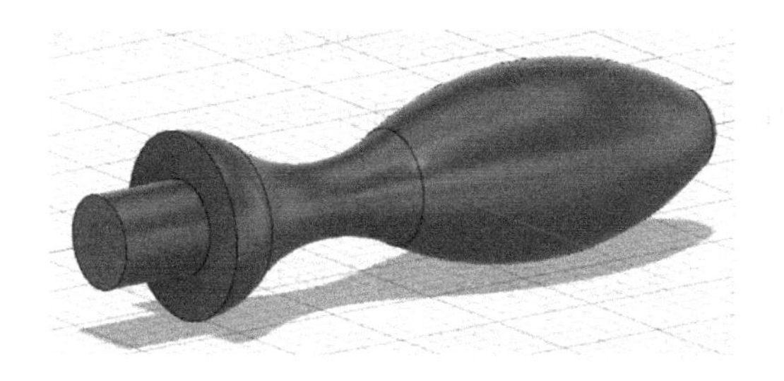

图 4-29 回转手柄

4.3.3 旋转切除

新建设计，单击实体“创建”面板中的“创建草图”按钮，选择画布中的上视图作为绘图基准面，使用“中心矩形”命令绘制矩形，使用实体“创建”面板中的“拉伸”工具将矩形草图拉伸为长方体。在画布的前视图创建一个草图用来旋转切除上述长方体。单击实体“创建”面板中的“旋转”按钮，弹出“旋转”对话框，选择草图，设置“操作”为“剪切”，如图 4-30 所示。单击“确定”按钮，完成旋转切除。

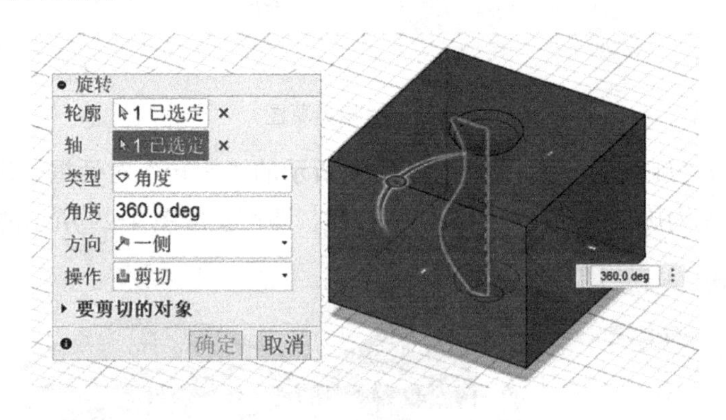

图 4-30　旋转切除

4.4　扫掠特征

基体扫掠特征是指一个或几个截面轮廓沿着一条或多条路径扫掠成实体或切除实体，常用于建构变化较多且不规则的模型。为了使扫掠的模型更具有多样性，通常会加入一条甚至多条引导线以控制其外形。

4.4.1 扫掠要素

创建扫掠特征时，必须同时具备扫掠路径和扫掠截面轮廓。当扫描特征的中间界面要求变化时，应定义扫描特征的引导线。

1. 扫掠路径

扫掠路径描述了轮廓运动的轨迹，有下面几个特点：

1）扫掠特征只能有一条扫描路径。

2）可以使用已有模型的边线或曲线，可以是草图中包含的一组草图曲线，也可以是曲线特征。

3）可以开环，也可以闭环。

4）扫掠路径的起点必须位于轮廓的基准面上。

5）扫掠路径不能有自相交叉的情况。

2. 扫掠轮廓

使用草图定义扫掠特征的截面，对草图有下面几点要求：

1）基体或凸台扫掠特征的轮廓应为闭环。

2）曲面扫掠特征点轮廓可为开环或闭环。

3）都不能有自相交叉的情况。

4.4.2 扫掠实体

“扫掠”特征是指将草绘截面沿着与它不平行的一条路径扫掠后所创建的实体特征。

1）首先生成轮廓草图和路径草图。轮廓草图必须是封闭的；路径草图可以是封闭的，也可以是不封闭的。

2）单击“创建”下拉菜单中的“扫掠”按钮，弹出“扫掠”对话框，在图 4-31 所示的“扫掠”对话框中，分别指定“轮廓”和“路径”。设定好相关选项，然后单击“确定”按钮，即可完成操作。

3）在已有实体中进行扫掠特征，在“扫掠”对话框中的“操作”一栏中选择“剪切”，即可完成扫掠切除。

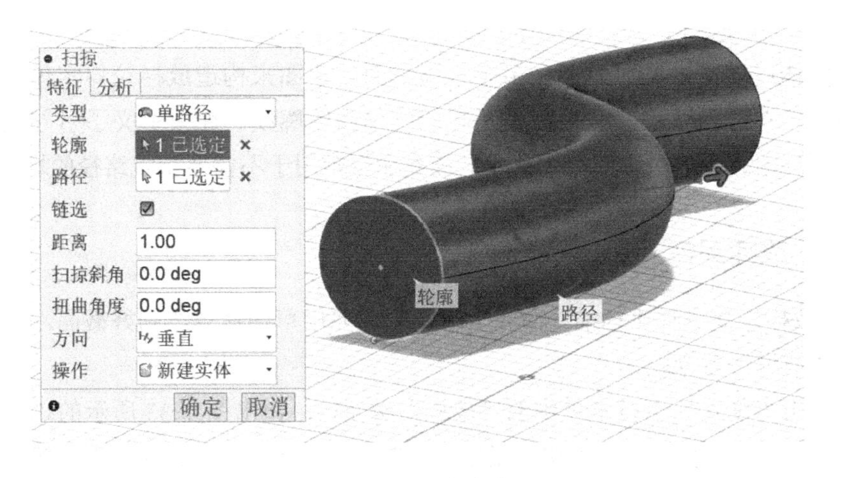

图 4-31　扫掠实体

4.4.3 扫掠切除

新建设计，单击实体“创建”面板中的“创建草图”按钮，选择画布中的上视图作为绘图基准面，使用“中心矩形”命令绘制矩形，使用实体“创建”面板中的“拉伸”工具将矩形草图拉伸为长方体。在图 4-32 所示的实体上表面创建一个轮廓和一个路径草图用来扫掠切除该长方体。单击实体“创建”面板中的“扫掠”按钮，弹出“扫掠”对话框，选择路径和轮廓草图，设置“操作”为“剪切”，如图 4-32 所示。单击“确定”按钮，完成旋转切除。

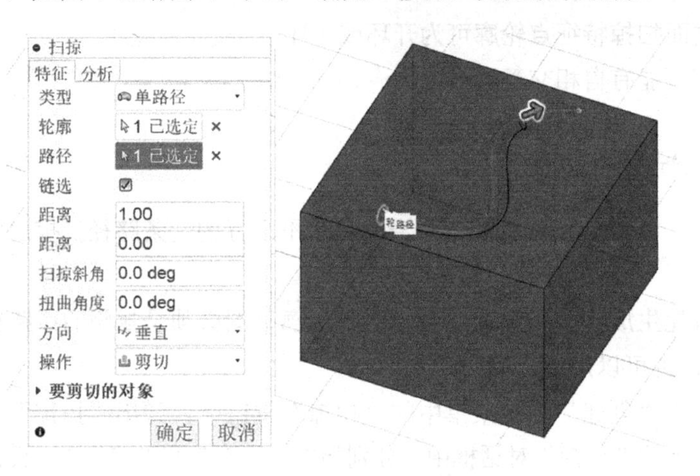

图 4-32　扫掠切除实体

4.5 放样特征

实体放样命令是通过拟合多个不同平面的草图来构造放样拉伸实体的。可以定义多个截面草图，截面必须是封闭的平面轮廓线。如果定义了引导线，所有截面草图必须与引导线草图相交。该类命令常用于不需要指定路径的场合。

4.5.1 放样实体

“放样”命令与“扫描”命令类似，一般先用草图命令绘制好截面，然后再执行“放样”命令。

单击“创建”下拉菜单中的“放样”按钮，弹出图 4-33 所示的“放样”对话框。在“放样”对话框中，指定“轮廓”，设定好其他相关选项，然后单击“确定”按钮，即可完成操作。

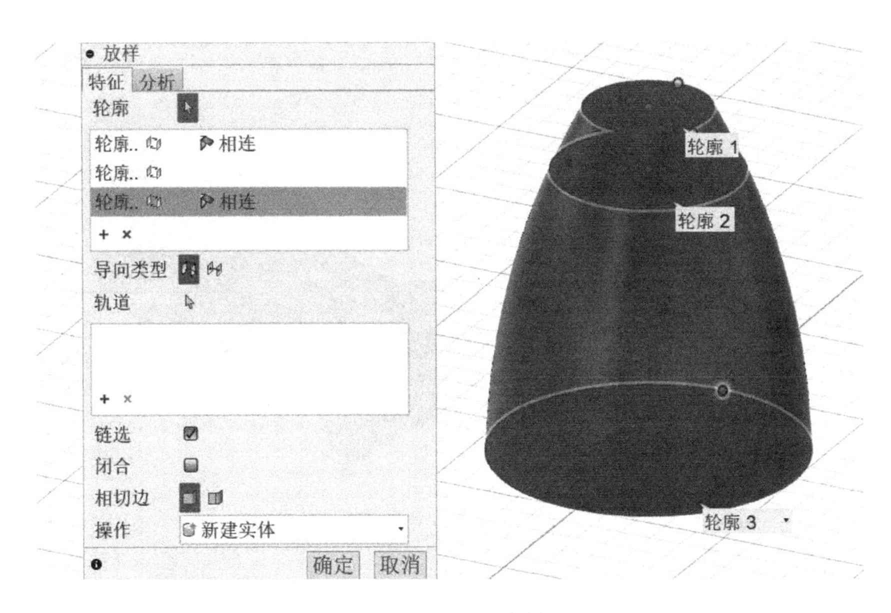

图 4-33　放样实体

4.5.2　实例：把手

1）单击“创建草图”按钮，在不同的基准面中绘制图 4-34 所示的草图（构造基准面见 4.6 节），单击绘图区域右上角的“退出草图”按钮，退出草图。

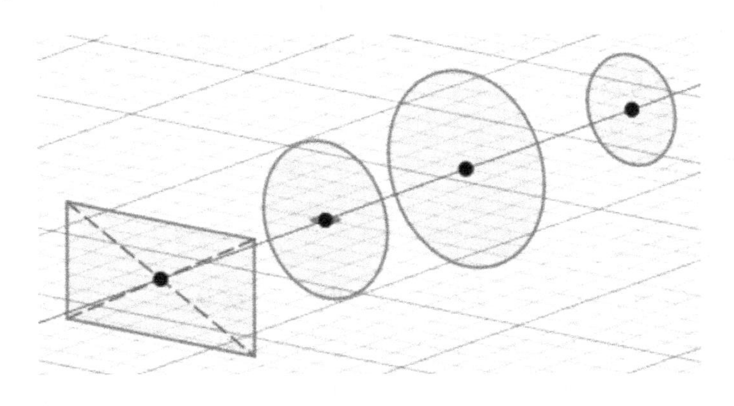

图 4-34　绘制草图

2）单击“创建”下拉菜单中的“放样”，弹出图 4-35 所示的“放样”对话框，选定四个截面轮廓，设定好其他相关参数，然后单击“确定”按钮，即可完成操作。

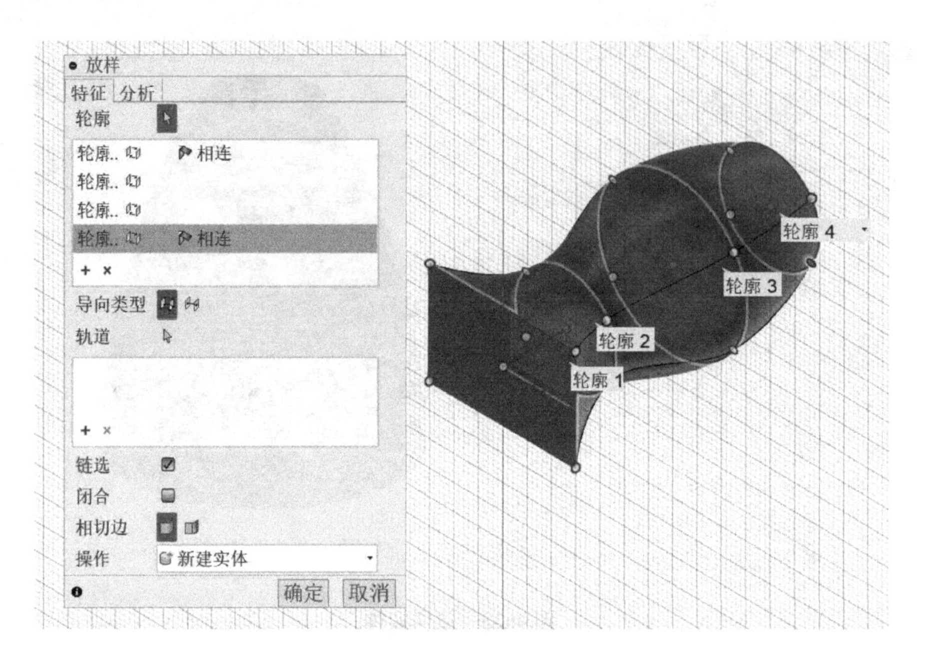

图 4-35　放样“把手”

4.6　参考几何体

参考几何体也叫基准特征，是指零件建模的参考特征，它的主要用途是为实体特征提供参考，也可以作为绘制草图时的参考面。草图、实体及曲面都需要一个或多个基准来确定其空间 / 平面的具体位置。基准可以分为基准面、基准轴、坐标系及参考点等。

4.6.1　基准面

1. 默认基准面

Fusion 360 自带 XY 面、XZ 面、YZ 面三个默认的正交基准面，用户可在这三个基准面上绘制草图。Fusion 360 默认的三个基准面如图 4-36 所示。

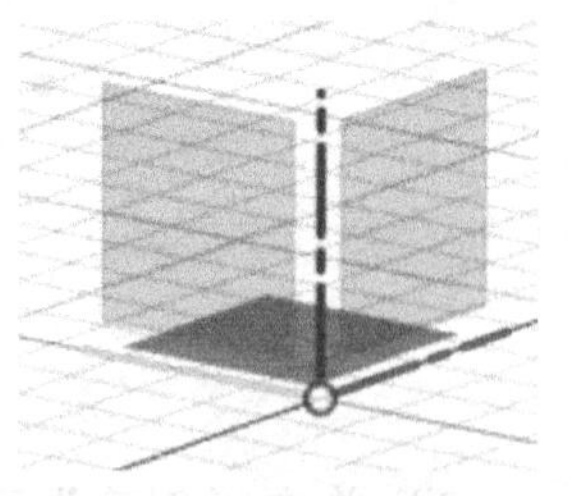

图 4-36　默认基准面

2. 新建基准面

单击“构造”面板中的“偏移平面”按钮，弹出图 4-37 所示的“偏移平面”对话框，拖拽箭头确定基准面偏移距离，单击“确定”按钮，完成偏移平面操作。

构造平面的方式还有图 4-38 所示的若干种，不一一赘述。

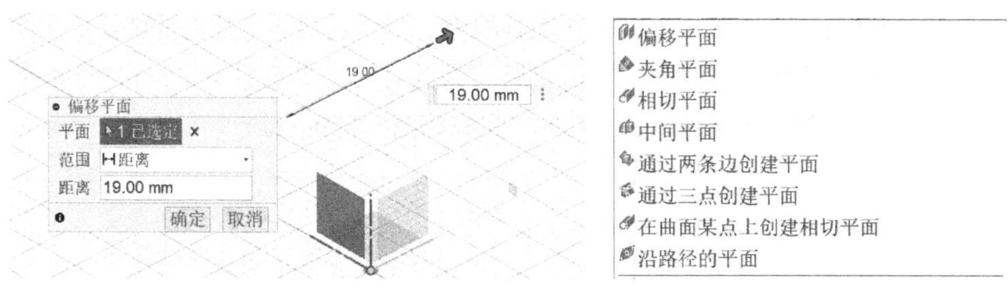

图 4-37 “偏移平面”对话框　　图 4-38 构造平面命令

4.6.2 基准轴

1. 默认基准轴

Fusion 360 自带 X、Y、Z 三个默认的正交基准轴，用户可利用三个基准轴作为操作命令的方向基准。Fusion 360 默认的三个基准轴如图 4-39 所示。

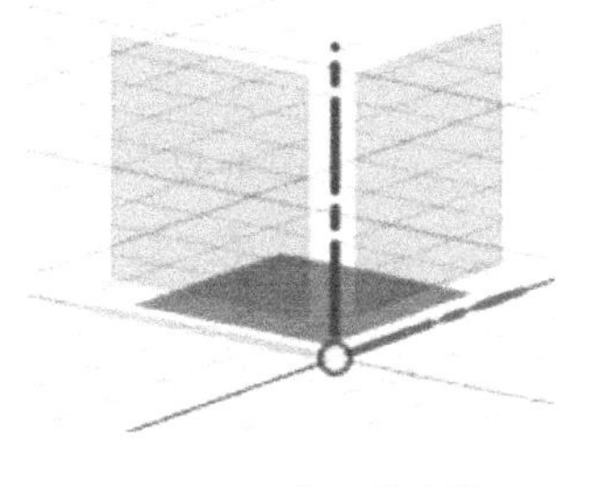

图 4-39 默认基准轴

2. 新建基准轴

单击“构造”下拉菜单中的“通过两个平面创建轴”，弹出图 4-40 所示的“通过两个平面创建轴”对话框，选择两个平面，单击“确定”按钮，完成创建轴的操作。

构造轴的方式还有图 4-41 所示的若干种，不一一赘述。

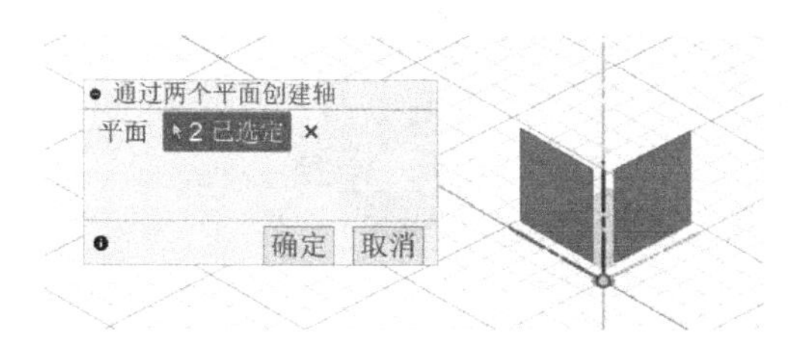

图 4-40 “通过两个平面创建轴”对话框

通过圆柱体/圆锥体/圆环体创建轴
在平面某点上创建垂直轴
通过两个平面创建轴
通过两点创建轴
通过边创建轴
在平面某点上创建面垂直轴

图 4-41 构造轴命令

4.7 综合实战

4.7.1 实例一：法兰

1）当前的工作空间默认为“设计”。将浏览器中“原点”默认的隐藏状态改成显示状态，画布中间出现坐标轴，如图 4-42 所示。

2）选择其中一个基准面，单击工具栏中的“创建草图”按钮进行草图绘制。选择草图工具栏中的圆，以画布原点为圆心，绘制直径为 5.5in 的圆，如图 4-43 所示。单击绘图区域右上角的“完成草图”按钮。

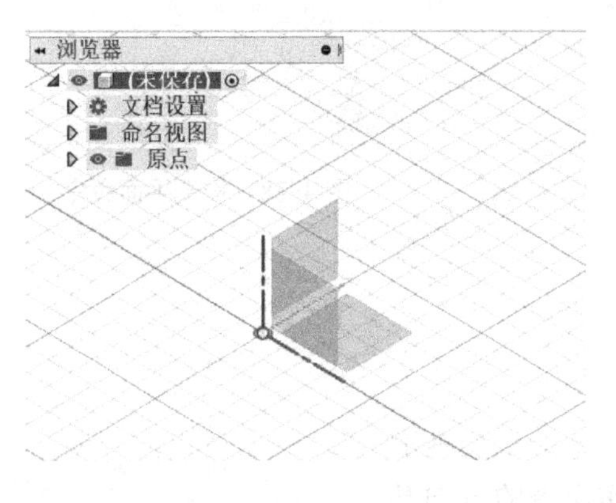

图 4-42　设计工作区

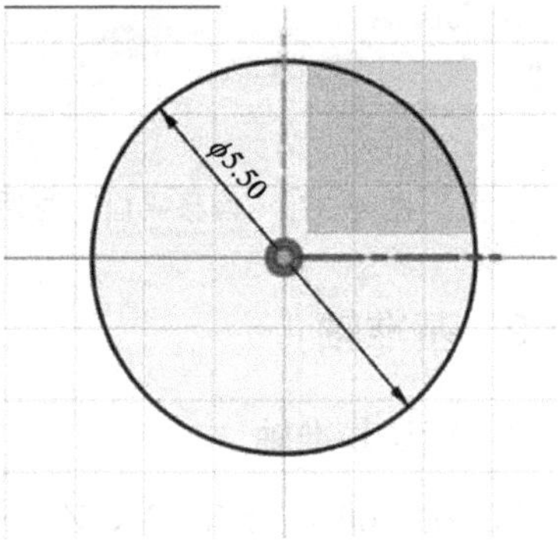

ϕ5.50

图 4-43　绘制圆

3）单击实体工具栏中的“拉伸”按钮，在弹出的“拉伸”对话框中，拉伸尺寸设置为 0.75in，单击“确定”按钮，如图 4-44 所示。

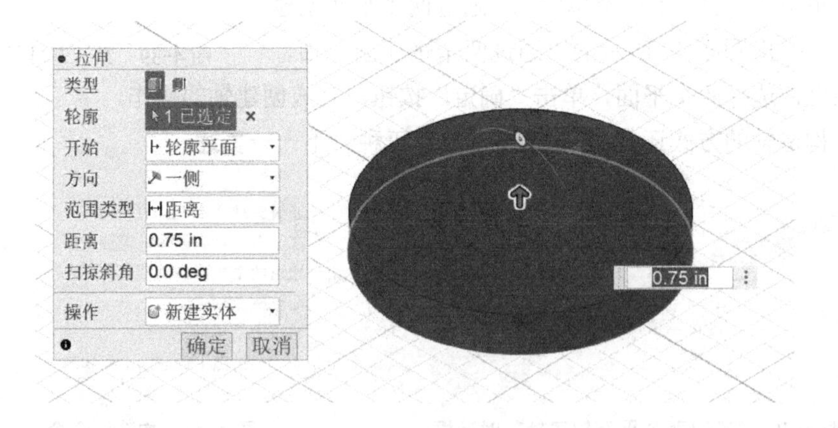

图 4-44　拉伸凸台

4）选择圆柱体的顶面，以顶面为基准面，单击“创建草图”按钮继续绘制直径为 2.75in 的圆，拉伸尺寸为 1.5in，如图 4-45 所示。

5）选择顶面为基准面，绘制直径为 1.5in 的圆，选择“拉伸”，用鼠标左键拖动箭头向下，图 4-46 所示菜单中的“操作”自动显示为“剪切”。

6）选择大圆柱体顶面为基准面，绘制直径为 0.5in 的圆。在“创建”下拉菜单中选择“草图尺寸”，如图 4-47 所示。约束该圆心与画布圆心的距离为 2.125in。

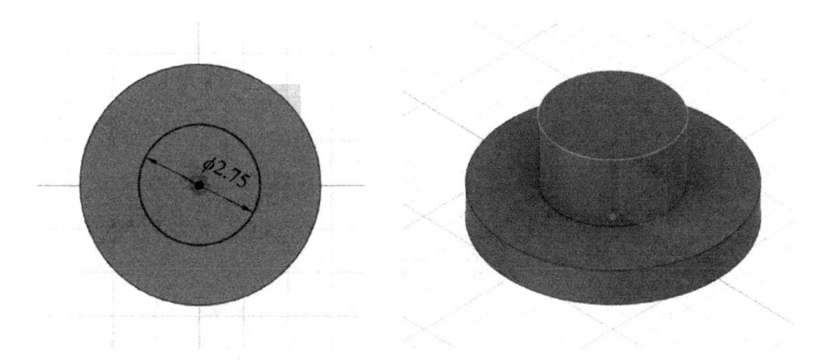

图 4-45　绘制凸台

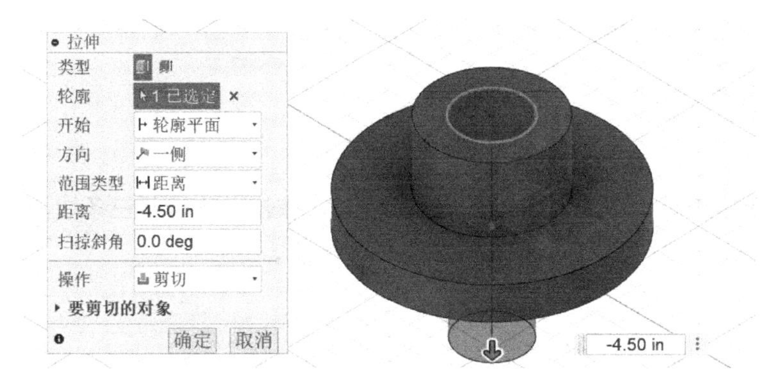

图 4-46　剪切实体

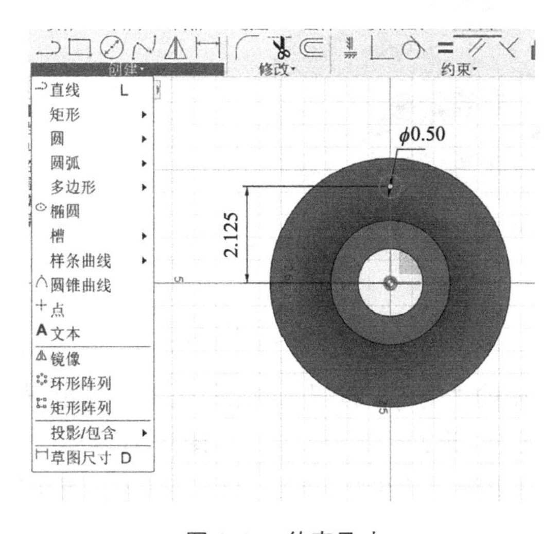

图 4-47　约束尺寸

7）单击工具栏中的“创建”下拉菜单，选择“环形阵列”，数量为4。单击工具栏中的“拉伸”按钮，依次选择四个圆，拖住箭头向下移动，完成剪切，单击“确定”按钮，如图4-48所示。

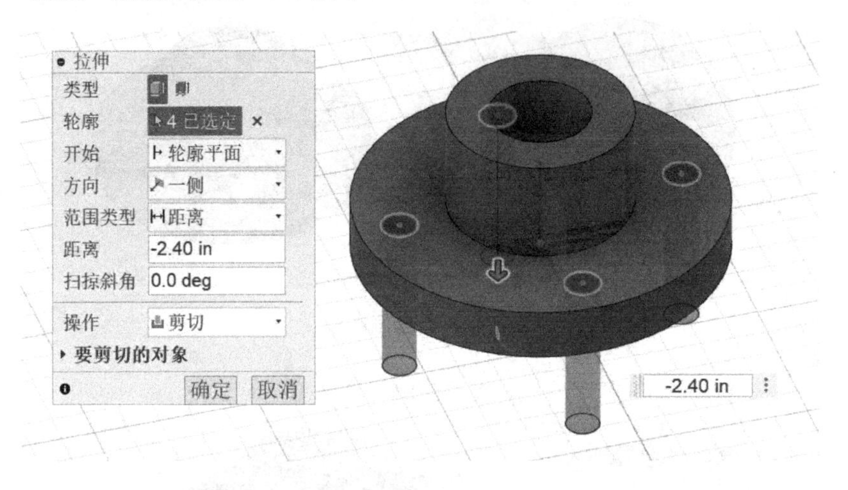

图4-48　剪切实体

8）单击工具栏中的“圆角工具”按钮，依次单击选择三条边，输入圆角半径0.25in，单击“确定”按钮，如图4-49所示。

图4-49　添加圆角

9）单击工具栏中的“倒角”按钮，倒角值设为0.08in，如图4-50所示。

10）拖拽时间轴可以退回到某个步骤，如图4-51所示。

11）单击时间轴上的“草图”按钮，在浏览器中会有标记。双击可更改草图。更改其他特征同理，如图4-52所示。

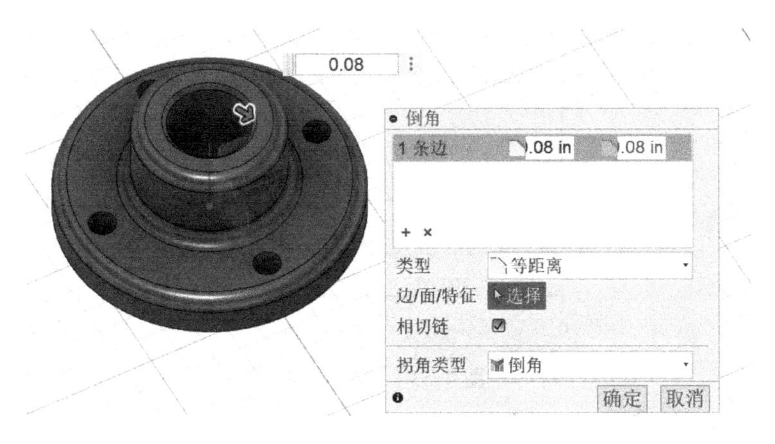

图 4-50　添加倒角

图 4-51　时间轴

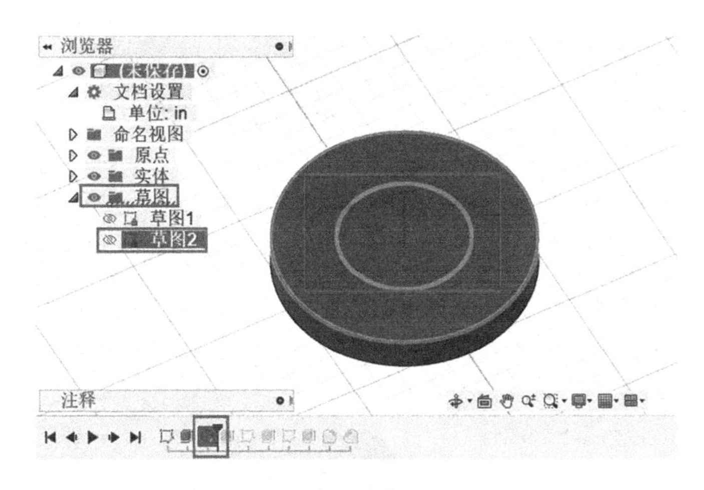

图 4-52　更改草图

4.7.2　实例二：水壶壶盖

创建水壶壶盖使用“旋转实体”“拉伸切除”“放样实体”“圆角”“分割线”等工具就可以完成。具体步骤如下：

1）启动 Fusion 360，新建文件，并将其保存为“水壶壶盖”。

2）单击“创建草图”按钮进入绘制草图环境。绘制图 4-53 所示草图。

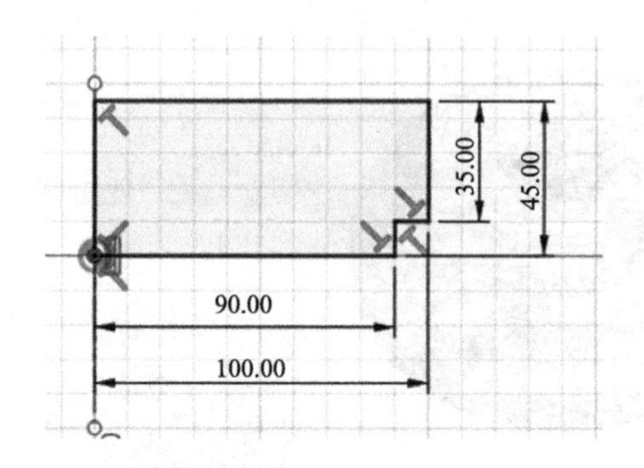

图 4-53　绘制草图

3）单击实体“创建”面板中的“旋转”按钮，弹出图 4-54 所示的对话框，选择轮廓，形成旋转实体。

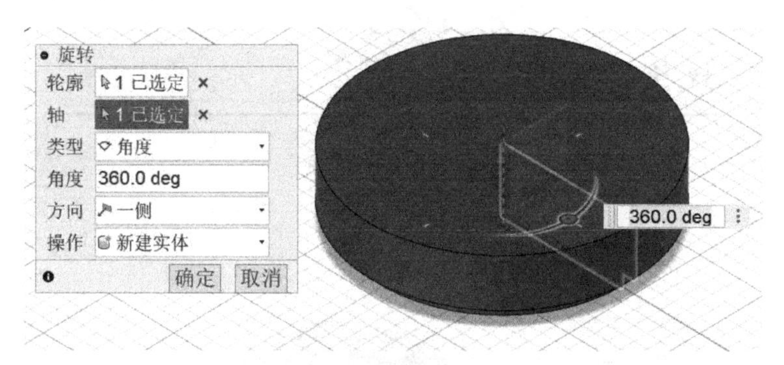

图 4-54　旋转凸台

4）单击“修改”面板中的“圆角”按钮，将旋转生成的凸台进行圆角处理，选取三个边，如图 4-55 所示。

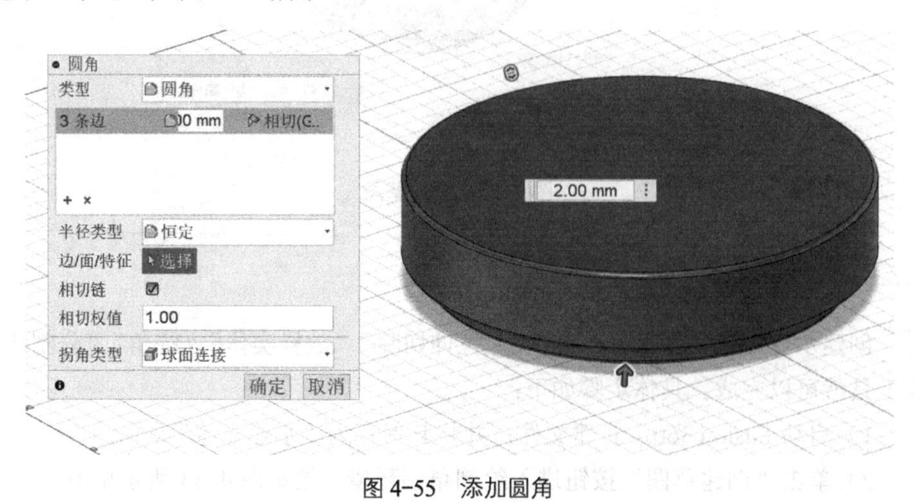

图 4-55　添加圆角

5）在“创建”面板中单击“创建草图”按钮，选择凸台地面作为绘图基准，使用“圆”工具绘制直径为 160mm 的圆。单击实体“创建”面板上的“拉伸”工具，设置切除深度为 35mm，如图 4-56 所示。

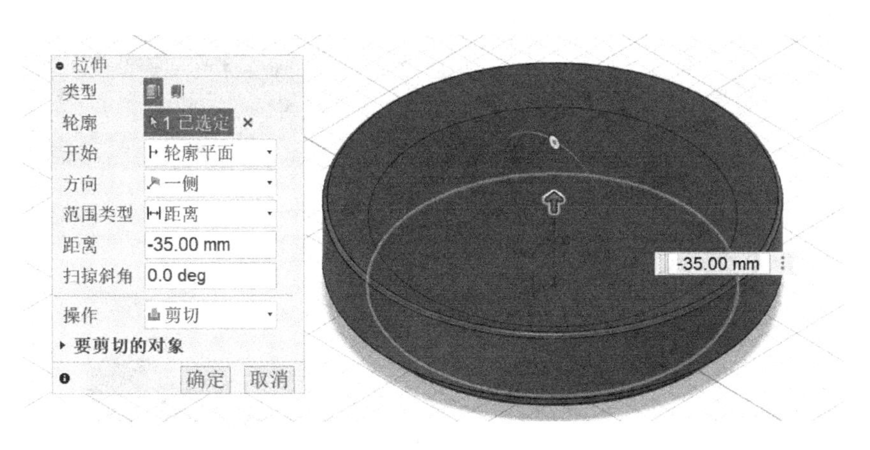

图 4-56　旋转对话框

6）进入草图绘制环境，选择前视图作为绘制草图基准面，草图如图 4-57 所示。单击绘图区域右上角的“完成草图”按钮。

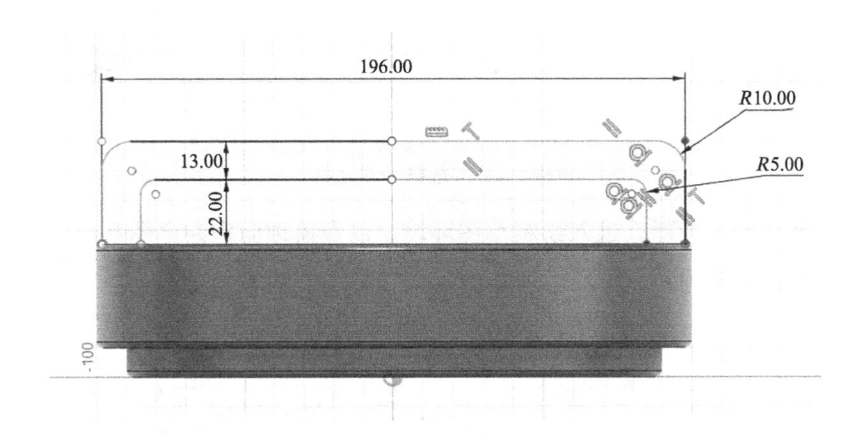

图 4-57　绘制把手草图

7）进入草图绘制环境，选择凸台上盖作为绘图基准面，草图如图 4-58 所示，对草图进行镜像操作。单击绘图区域右上角的“完成草图”按钮。

8）单击“创建”面板中的“放样”按钮，弹出“放样”对话框，选择两个轮廓和两个轨道，如图 4-59 所示，单击“确定”按钮完成放样操作。

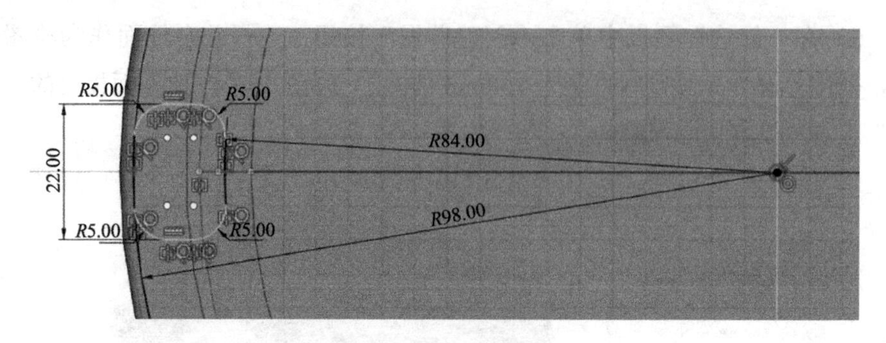

图 4-58　绘制把手草图

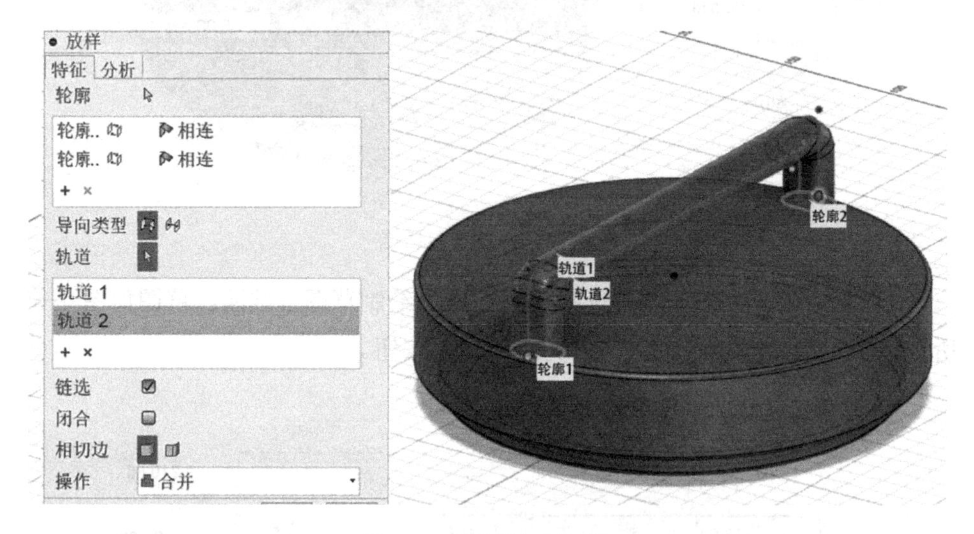

图 4-59　“放样”对话框

9）选择壶盖顶面，进入绘制草图环境，以壶盖顶面作为草图基准面，绘制图 4-60 所示的草图。

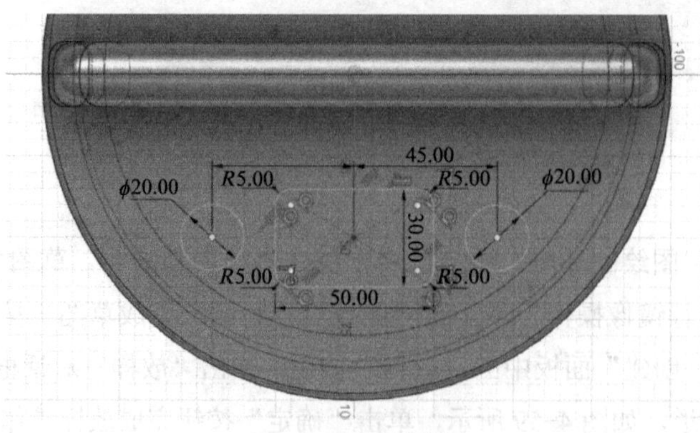

图 4-60　绘制草图

10）单击实体“创建”面板中的“拉伸”按钮，将草图向下剪切 1mm，如图 4-61 所示。

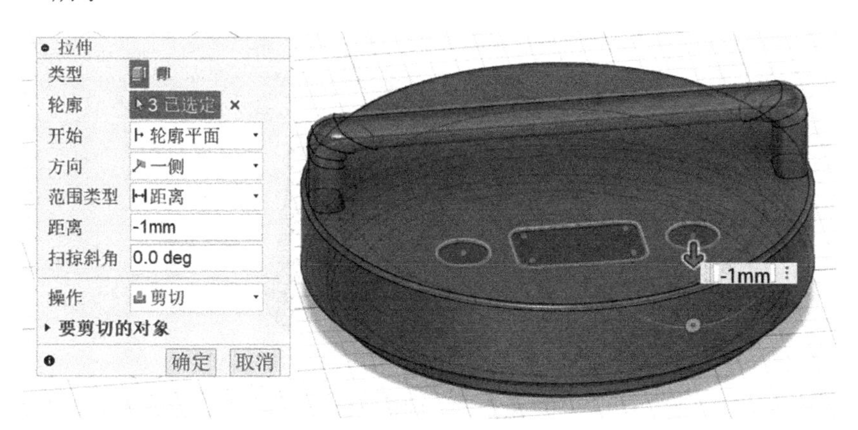

图 4-61 剪切实体

水壶壶盖完成效果如图 4-62 所示。

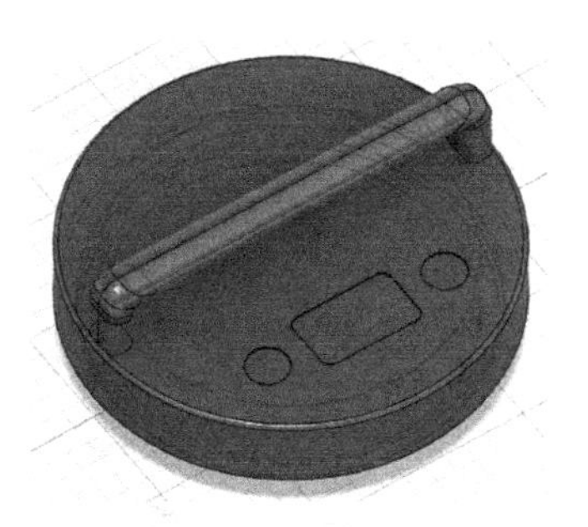

图 4-62 水壶壶盖完成效果

4.7.3 实例三：水壶壶身

创建水壶壶身比较简单，使用“旋转”“拉伸”“放样”“圆角”工具就可以完成。

1）启动 Fusion 360，新建文件，将其保存为“水壶壶身”。

2）单击“创建”面板中的“创建草图”按钮，选择画布中的前视图作为草图绘制基准面，绘制图 4-63 所示草图。

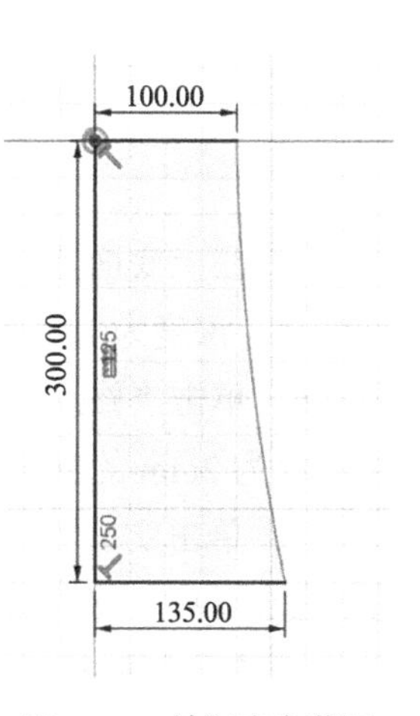

图 4-63 绘制壶身草图

3）单击实体“创建”面板中的“旋转”按钮，弹出图所示的“旋转”对话框，选择旋转草图，选择转轴，效果如图 4-64 所示。

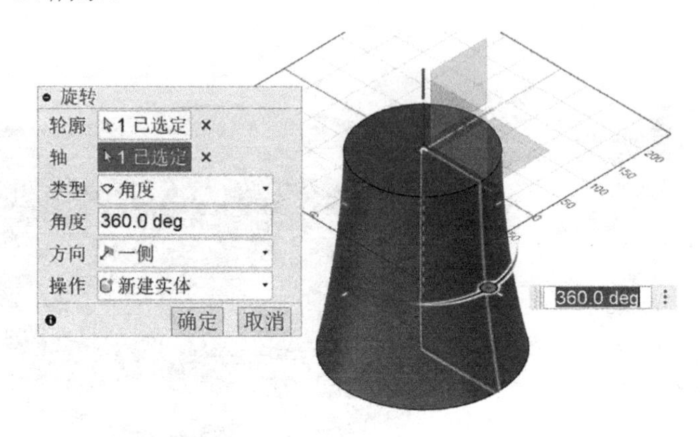

图 4-64　旋转凸台

4）在实体的上底面上绘制一个直径为 160mm 的圆，使用“拉伸”工具切除一个高度为 290mm 的圆柱体。结果如图 4-65 所示。

图 4-65　剪切实体

5）在上底面上绘制一个直径为 180mm 的圆，使用“拉伸”工具在上底面切除一个深度为 10mm 的槽，结果如图 4-66 所示。

6）单击“修改”面板上的“圆角”按钮，选择切出来的阶梯边缘，生成一个半径为 2mm 的圆角，结果如图 4-67 所示。

7）单击实体“创建”面板中的“草图创建”按钮，选择前视图作为绘图基准面，单击“草图创建”面板中的“样条曲线”按钮，绘制一条样条曲线。单击“修改”面板中的“等距实体”按钮，选择样条曲线作为灯具对象，绘制草图如图 4-68 所示。

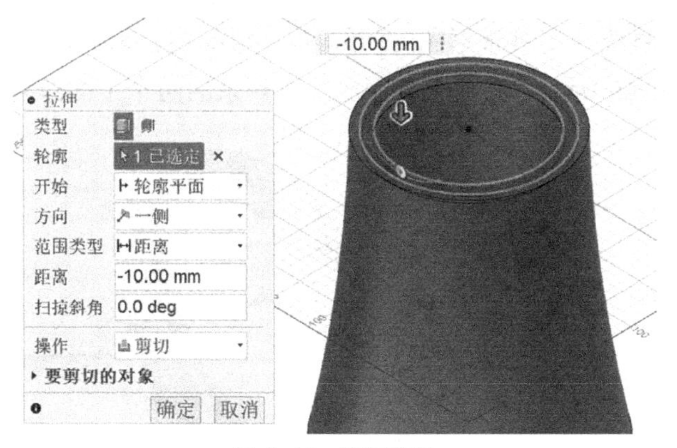

图 4-66　剪切实体

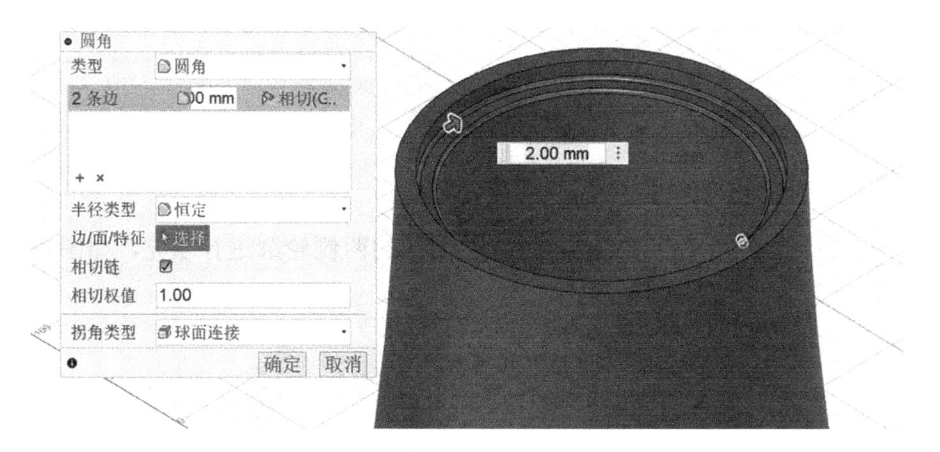

图 4-67　添加圆角

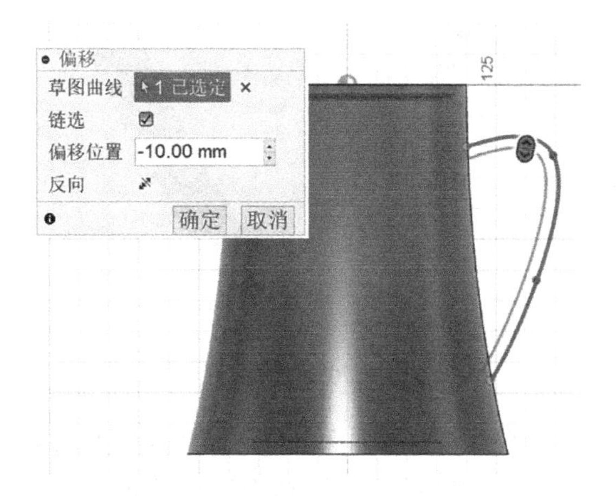

图 4-68　绘制把手草图

8）利用“直线”工具将草图封闭起来，利用“拉伸曲面”工具将草图拉伸为曲面，如图 4-69 所示。将两个弧面删除，剩余的两个平面作为绘图基准面。

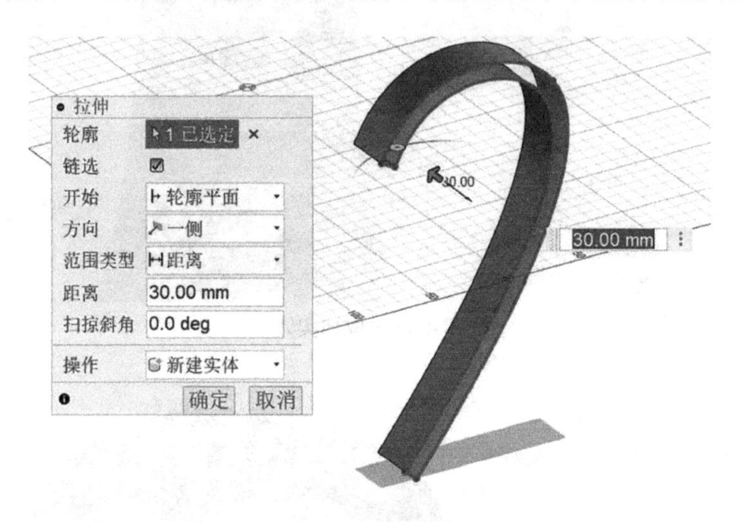

图 4-69　拉伸曲面

9）利用“面片”工具将步骤 8）中曲面的两侧轮廓进行填充，如图 4-70 所示。

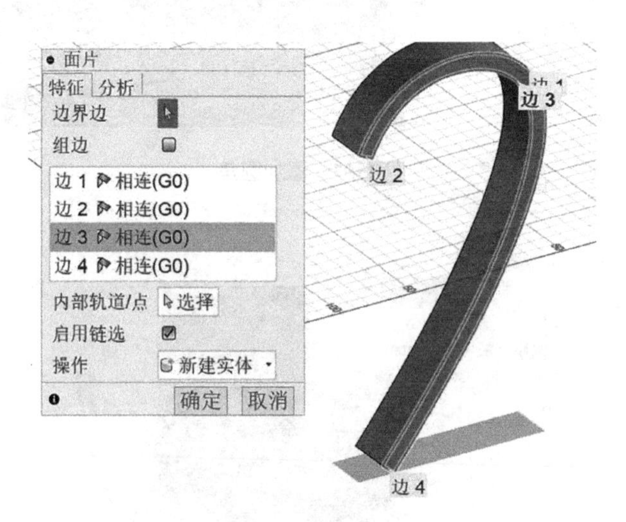

图 4-70　填充面片

10）利用“曲面缝合”工具将曲面缝合形成实体，如图 4-71 所示。

11）添加圆角如图 4-72 所示，选择把手两侧的边线倒半径为 10mm 的圆角。

图 4-71　缝合曲面

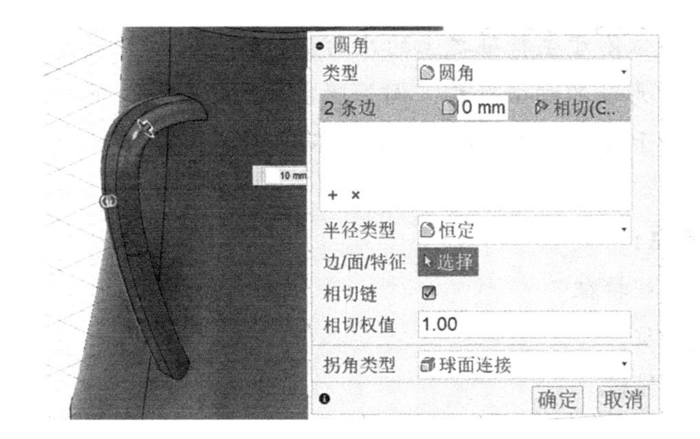

图 4-72　添加圆角

12）结果如图 4-73 所示。

图 4-73　壶身

第5章 特征编辑

辅助特征是依附于主特征之上的几何形状特征，是对主特征的局部修饰，反映了零件几何形状的细微结构，例如圆角、倒角、筋、抽壳、孔等特征。辅助特征的创建对于实体特征的完整性是必不可少的。

本章重点：

- 常规工程特征。
- 阵列特征。
- 复制与镜像。

5.1 常规工程特征

5.1.1 圆角

圆角特征在零件设计中有重要作用，在零件上加入圆角特征，有助于在其上产生平滑变化的效果。可以在一个面的所有边线、所选的多组面、边线或者边线环生成圆角特征。

Fusion 360 根据不同的参数设置可以生成以下几种圆角特征：

1）等半径圆角：选中此类型，可以生成相同半径的圆角。

2）变半径圆角：选中此类型，可以生成变半径的圆角。

3）面圆角：选中此类型，可以在两个相邻面的相交处进行倒圆角。

4）完全圆角：选中此类型，可以在 3 个首尾相邻的面的中间面倒圆角，倒圆角后长度不变。

1. 等半径圆角

等半径圆角特征是指对所选边线以相同的圆角半径进行倒圆角的操作，这是圆角特征中最常用的方式。等半径圆角的操作步骤如下：

单击“修改”面板中的“圆角”按钮，或选择“修改”下拉菜单中的“圆角”命令，弹出图 5-1 所示的“圆角”对话框，在“类型”中选择“圆角”，在“半径类型”中选择“恒定”，选择实体边线，输入圆角半径数值，选择相切类型为“相切”。

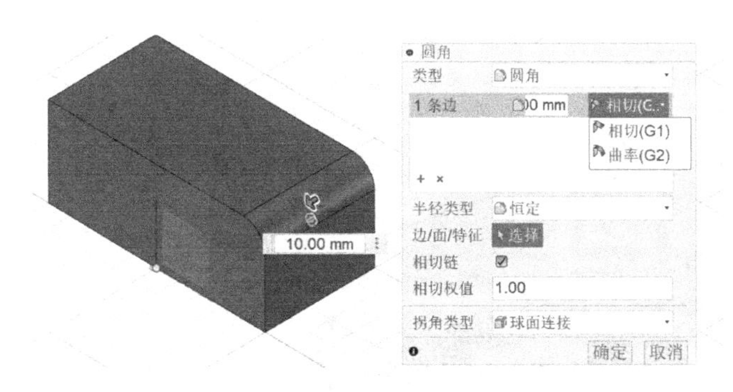

图 5-1 “圆角”对话框

2. 变半径圆角

变半径圆角特征通过对圆角处理的边线上的多个点设定不同的圆角半径来生成圆角，从而制造出圆角半径变化的效果。

单击“修改”面板中的“圆角”按钮，或选择“修改”下拉菜单中的“圆角”命令，弹出图 5-2 所示的“圆角”对话框，选择“圆角”类型，选择“变量”半径类型，选择一条边更改起点和终点的半径值。

系统默认在边线起点和终点设置圆角半径，也可以在边线中间选取点设置圆角半径，如图 5-3 所示。

圆角过渡类型有两种：

1）平滑过渡：生成一个圆角，当一个圆角边线与一个邻面结合时，圆角半径从一个半径平滑地变化为另一个半径。

2）直线过渡：生成一个圆角，圆角半径从一个半径线性地变化成另一个半径，但是不与邻近圆角的边线相结合。

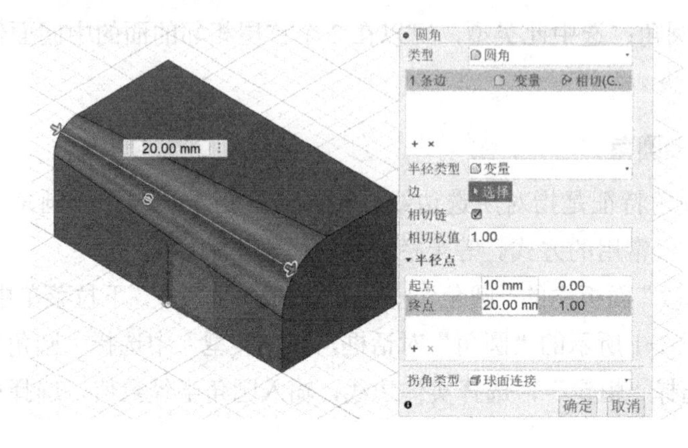

图 5-2 “圆角”对话框

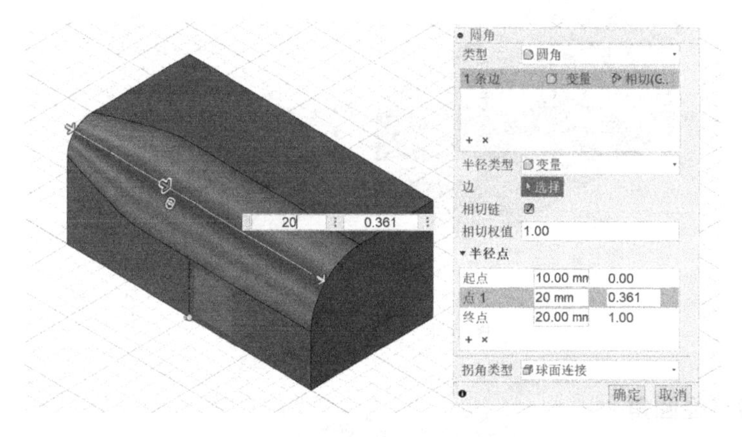

图 5-3 选取中间点设置变半径

3. 面圆角

面圆角是通过选择两个相邻的面来定义圆角的。

单击“修改”面板中的“圆角”按钮，弹出“圆角”对话框，在类型中选择“规则圆角”，在规则选项框中选择“在面 / 特征之间”，在“面 / 特征 1”和“面 / 特征 2”中分别选择两个面，拖拽箭头更改圆角半径值，如图 5-4 所示。

4. 完全圆角

完全圆角可以选择三个相邻的面来定义圆角，该方式不需要指定圆角半径。

单击“修改”面板中的“圆角”按钮，弹出“圆角”对话框，在“类型”中选择“全圆角”，先选择一个中心面，按住 <Ctrl> 键选择侧 1 面和侧 2 面，如图 5-5 所示。

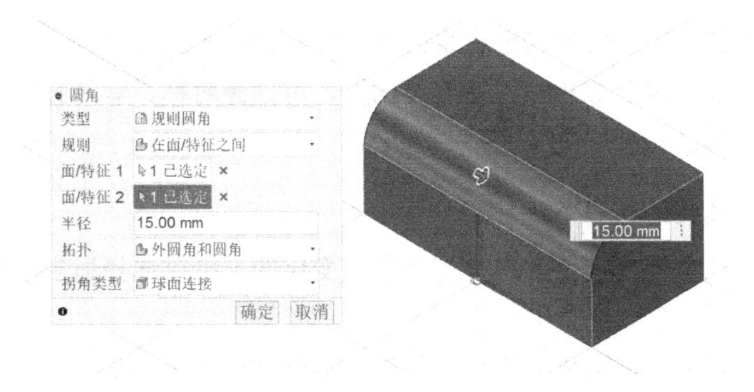

图 5-4 “圆角”对话框

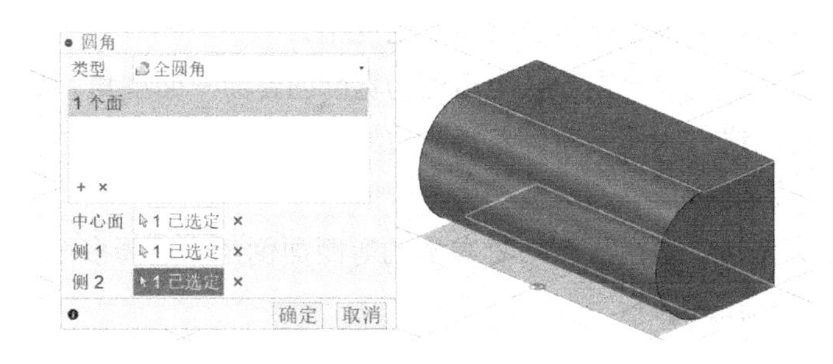

图 5-5 “圆角”对话框

5.1.2 倒角

“倒角”命令是在两个面之间沿公共边构造斜角平面。在设计零件时，最好在模型接近完成时构造倒角特征。

单击“修改”下拉菜单中的“倒角”按钮，弹出“倒角”对话框，如图 5-6 所示。

图 5-6 “倒角”对话框

“倒角”对话框的各个参数含义如下：

1. 倒角类型

1）角度 - 距离：设置距离和角度。

2）距离 - 距离：输入选定倒角边线上每一侧距离的非对称值，或选择对称以指定单个值。

3）顶点：在左旋顶点每侧输入 3 个距离值，或单击相等距离并指定一个数值。

4）等距离：通过偏移选定边线相邻的面来求解等距离倒角。

5）面 - 面：混合非相邻、非连续的面，可创建对称、非对称、包络控制线和弦宽度倒角。

2. 要倒角化的项目

1）显示的选项会根据倒角类型而发生变化的，可以选择适当的项目来进行倒角操作。

2）切线延伸：将倒角延伸到与所选实体相切的面或边线。

3. 倒角参数

1）显示的选项会根据倒角类型而发生变化。

2）弦宽度：在用户设置的弦距离处为宽度创建面 - 面倒角。

3）包络控制线：为面 - 面倒角设置边界。

4）等距离：为从顶点的距离应用单一值。

5）多距离倒角：适用于带对称参数的等距面倒角。选择多个实体，然后编辑距离标注至所需的值。

4. 倒角选项

1）通过面选择：启用通过隐藏边线的面选择边线。

2）保持特征：保持特征来保留诸如切除或拉伸之类的特征，这些特征在应用倒角时通常被移除。

5.1.3 抽壳

抽壳特征是从零件内部去除多余的材料而形成的内空实体特征。创建抽壳特征时，一般首先需要选取开口面（系统允许多个开口面），然后输入剥壳厚度，即可完成抽壳特征的创建。抽壳时通常指定各个表面厚度相等，也可单独指定某些表面的厚度，这样抽壳特征完成后，各个零件表面厚度不等。

单击“修改”工具栏中的“抽壳”按钮，系统显示“抽壳”对话框，如图 5-7 所示。对话框中各选项含义如下：

1）面 / 实体：抽壳参考面，抽壳操作从这个平面开始。按住 <Ctrl> 键可以选择多个面。

2）方向：有“内侧”“外侧”“双侧”三个选项。

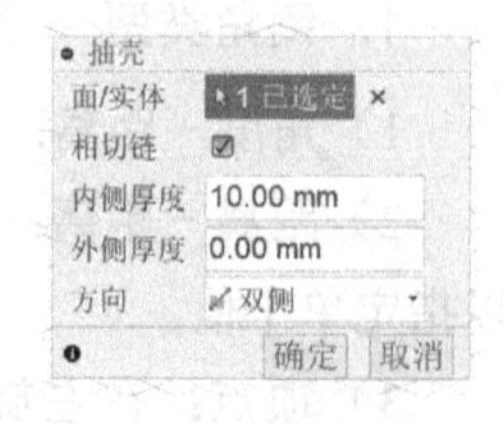

图 5-7 “抽壳”对话框

3）抽壳厚度：选择“内侧”，抽壳方向会显示输入“内侧厚度”；选择“外侧”，抽壳方向会显示输入“外侧厚度”；选择“双侧”，抽壳方向会显示输入“内侧厚度”和“外侧厚度”。

5.1.4 筋

创建筋特征时，首先要确保将要创建的筋连接的实体为合并的整体，不同实体之间是无法用加强筋连接的。创建决定筋形状的草图，需要指定筋的厚度、位置、筋的方向和拔模斜度。

选择相应的基准面作为绘图平面，绘制加强筋的草图，单击右上角的“完成草图”按钮。单击“创建”下拉菜单中的“加强筋”，弹出图 5-8 所示的“加强筋”对话框。选择草图轮廓，选择双向拉伸厚度，选择范围类型为“距离”，拖拽箭头或输入深度数值。

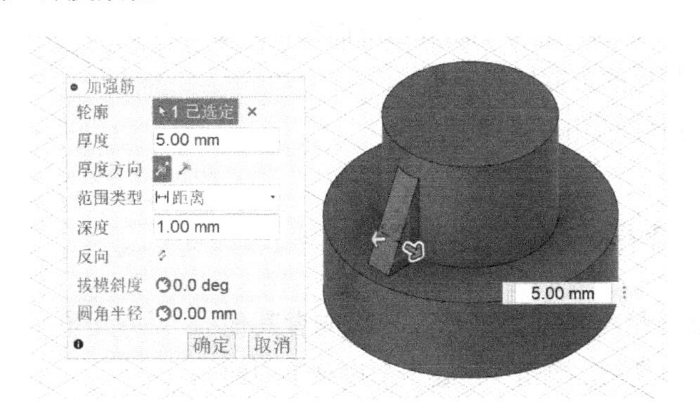

图 5-8 “加强筋”对话框

筋的草图既可以简单到只有一条直线形成筋的中心，也可以复杂到详细描述筋的外形轮廓。根据所绘制的草图不同，所创建的筋特征既可以垂直于草图平面，也可以平行于草图平面进行拉伸。

5.1.5 拔模

拔模特征是铸件上普遍存在的一种工艺结构，是指在零件指定的面上按照一定的方向倾斜一定角度，使零件更容易从型腔中取出。在 Fusion 360 中，可以在拉伸特征操作中同时设置拔模斜度，也可以使用“拔模”命令创建一个独立的特征。

单击“修改”面板中的“拔模”按钮，系统会弹出“拔模”对话框。先选定拉伸方向，再选定拔模面，输入拔模数值，如图 5-9 所示，单击“确定”按钮。

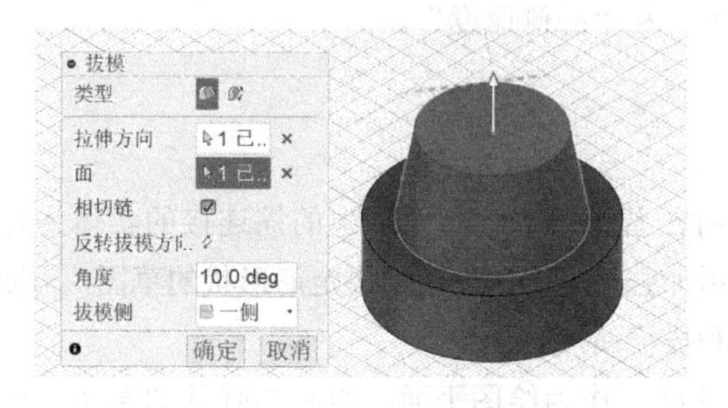

图 5-9　“拔模”对话框

“拔模”对话框中常用参数含义如下：

1）角度：设置拔模斜度（垂直于中性面进行测量）。

2）拉伸方向：选择一个平面或基准面特征。如果有必要，单击“反转拔模方向”图标，向相反的方向倾斜拔模。

3）面：选择图形中要拔模的面。

5.2　阵列特征

阵列特征是指将特征沿矩形、环形或者其他曲线进行均匀的复制。单击“创建”下拉菜单中的“阵列”，可对特征进行不同的阵列操作，如图 5-10 所示。

图 5-10　阵列类型

5.2.1　矩形阵列

矩形阵列是指在一个方向或两个相互垂直的方向生成的阵列特征。

阵列对象可以是特征、面或者实体。在“矩形阵列”对话框中，选择阵列类型为“实体”，选定阵列方向；输入阵列数量；拖拽箭头或直接输入数值可以更改阵列距离；两个相互垂直的方向类型可以选择“单向”或“双向”，如图 5-11 所示。

“矩形阵列”对话框常用参数含义如下：

1）阵列方向：为方向 1 的阵列设置方向。选择线性边线、直线、轴、尺寸、平面和曲面、圆锥面和曲面、圆形边线和参考平面。

2）间距：设置阵列实例之间的距离。

3）实例数：设置实例数。此数量包括原始特征。

4）对象：设置控制阵列的参考几何图形。

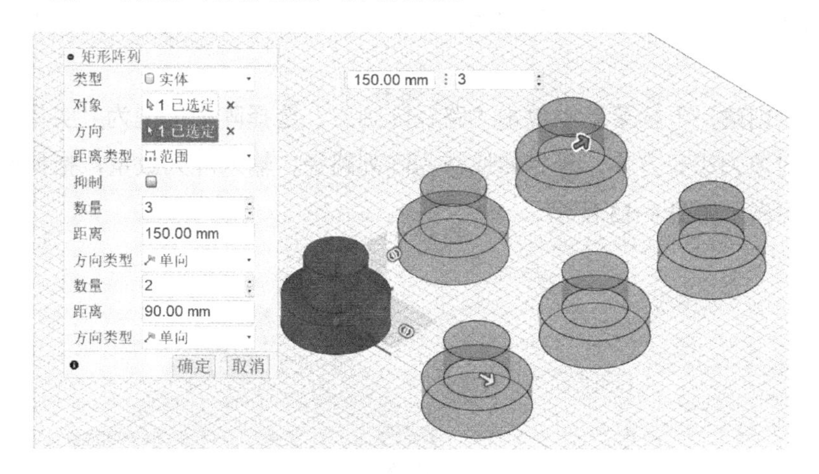

图 5-11 “矩形阵列”对话框

5.2.2 环形阵列

环形阵列是指阵列特征围绕一个基准轴进行复制，它主要用于圆周方向特征均匀分布的情形。

在“创建”下拉菜单中单击“环形阵列”，选择阵列类型为“实体”；选择实体对象；选择环形阵列基准轴；设置阵列实例数量；拖拽箭头更改阵列距离，如图 5-12 所示。

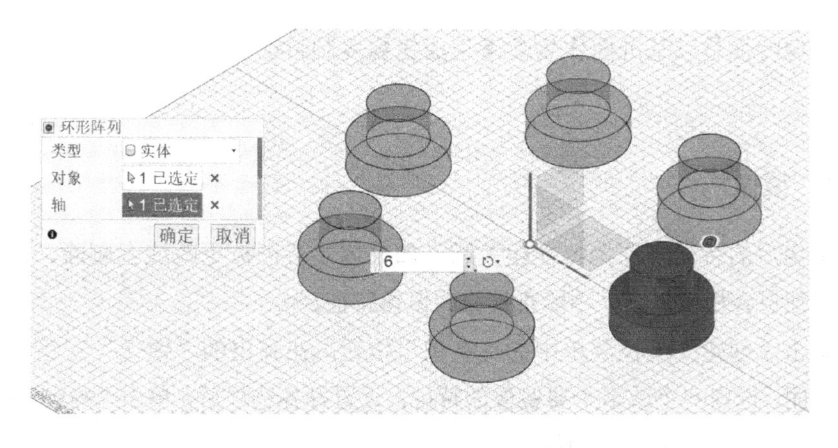

图 5-12 “环形阵列”对话框

5.2.3 路径阵列

路径阵列特征是指沿着指定的曲线方向进行特征复制。

创建一个具有一个曲面的实体，在该曲面上新建一个小长方体作为单独的实体。

在“创建”下拉菜单中单击“路径阵列”，选择阵列类型为“实体”，选择阵列对象为小长方体，选择曲线作为阵列路径，输入阵列数量，拖拽箭头更改阵列距离，如图 5-13 所示。

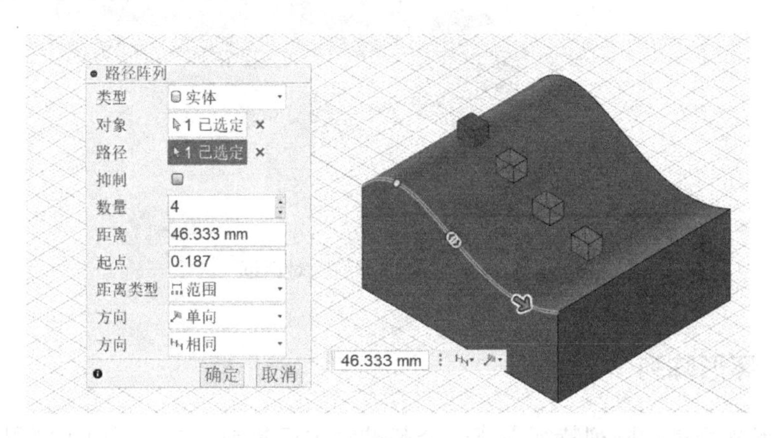

图 5-13 “路径阵列”对话框

5.3 复制与镜像特征

镜像特征是以基准面作为参考生成镜像复制特征，一般用于零件上的对称结构。

5.3.1 镜像

镜像后的特征与原始特征相关联，如果原始特征被更改或者删除，则镜像复制特征也会相应更新，不能直接修改镜像特征。

单击“创建”下拉菜单中的“镜像”按钮，在弹出的“镜像”对话框中指定镜像面，选取一个或多个要镜像的特征，设置好各选项后，单击“确定”按钮，完成镜像操作，如图 5-14 所示。

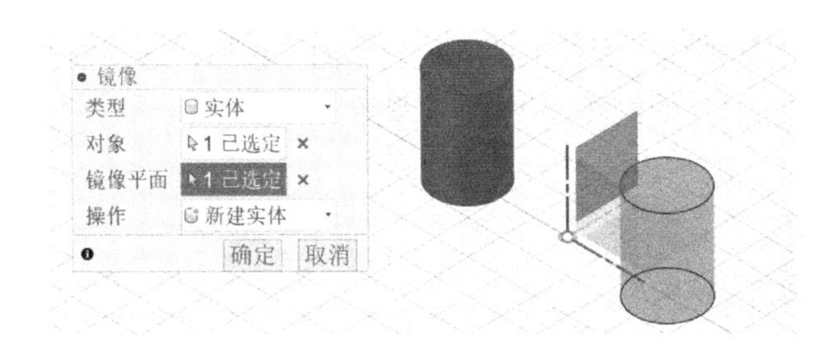

图 5-14 “镜像”对话框

5.3.2 复制

单击“修改”下拉菜单中的“移动 / 复制”按钮，弹出图 5-15 所示的“移动 / 复制”对话框，选择需要复制的实体，单击“创建副本”，拖拽箭头移动以及旋转，确定位置，单击“确定”按钮，完成复制操作。

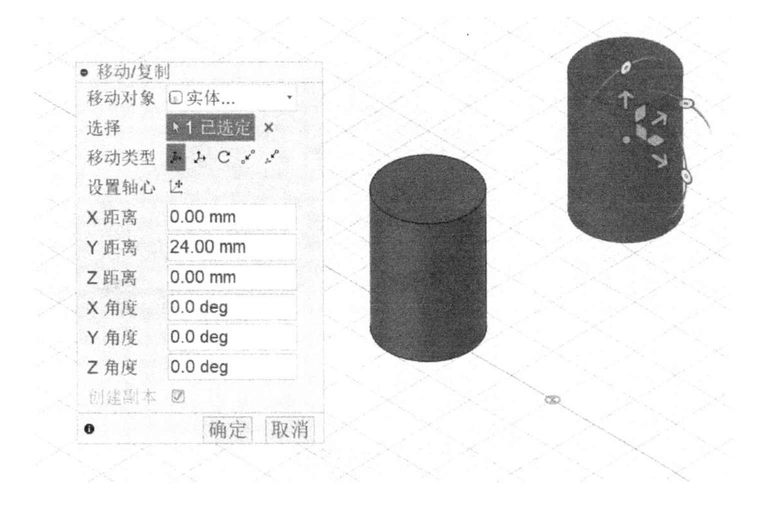

图 5-15 “移动 / 复制”对话框

5.4 综合实战

5.4.1 实例一：轴承座

绘制一个轴承座如图 5-16 所示。轴承座的绘制过程主要通过拉伸及切除完成主要的实体操作，再通过筋、孔、阵列等操作完成细节特征的创建。

1）单击“实体创建”面板上的“创建草图”按钮，选择前视图作为绘图平面，使用“矩形工具”绘制图 5-17 所示草图。

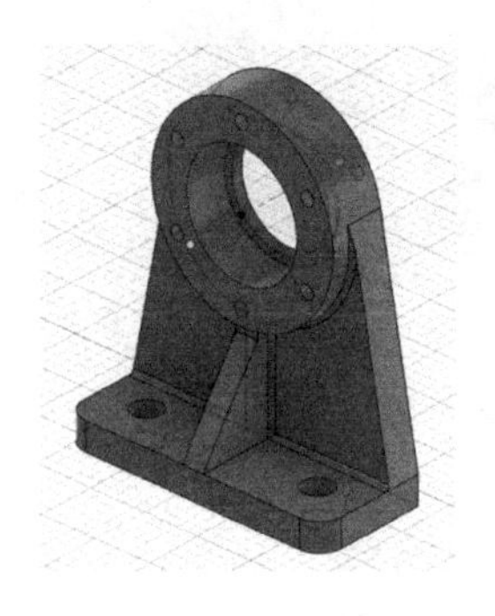

图 5-16　轴承座

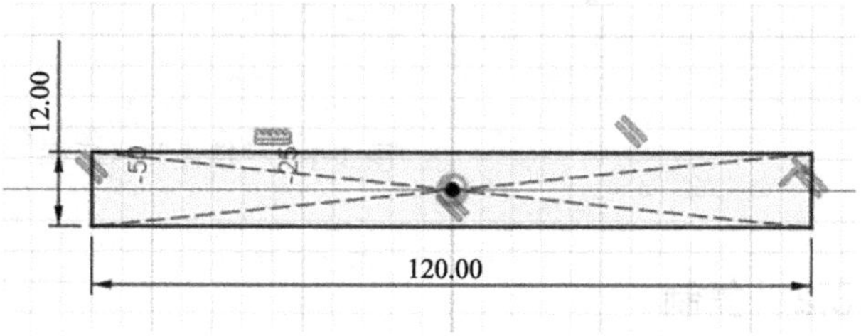

图 5-17　绘制中心矩形

2）单击实体“创建”面板上的“拉伸”按钮，弹出图 5-18 所示“拉伸”对话框，设置拉伸深度为 50mm，单击“确定”按钮。

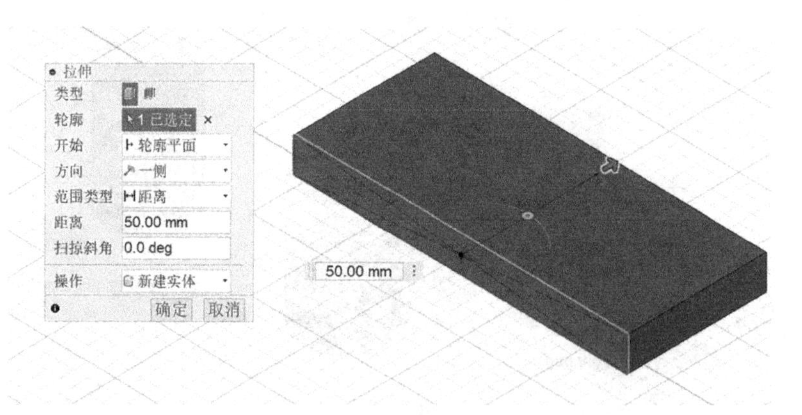

图 5-18　拉伸实体

3）选中拉伸后凸台的正视图，单击“创建草图”按钮，绘制图 5-19 所示的草图。

4）单击实体“创建”面板上的“拉伸”按钮，设置拉伸深度为 –15mm，拉伸方向如图 5-20 所示。单击“确定”按钮，完成拉伸。

5）选择拉伸后凸台的正视图，单击实体“创建”面板中的“创建草图”，使用“圆”工具，绘制直径为 85mm 的圆，如图 5-21 所示。

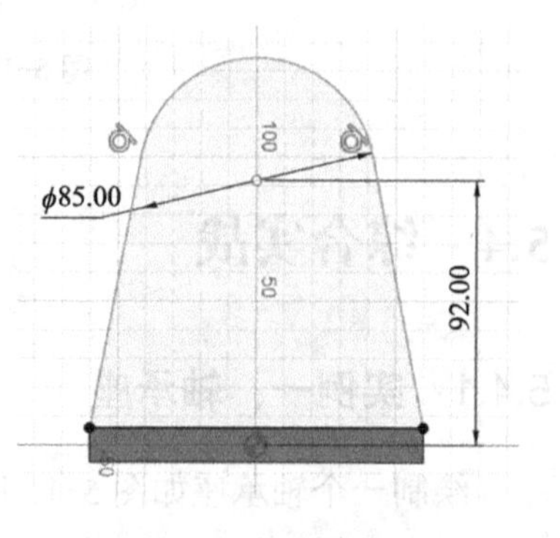

图 5-19　绘制草图

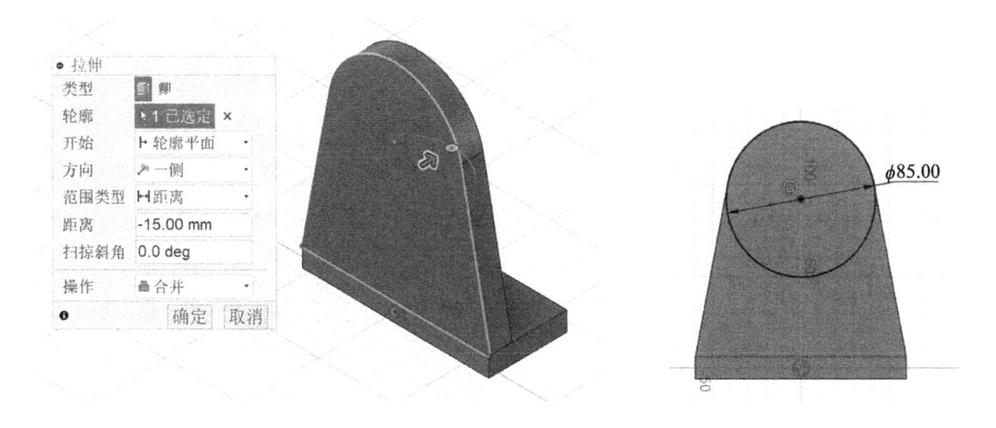

图 5-20　拉伸实体　　　　图 5-21　绘制圆

6）单击实体“创建”面板上的“拉伸”按钮，弹出图 5-22 所示的“拉伸”对话框，设置拉伸距离为 10mm，拉伸方向如图 5-22 所示，单击“确定”按钮，完成拉伸。

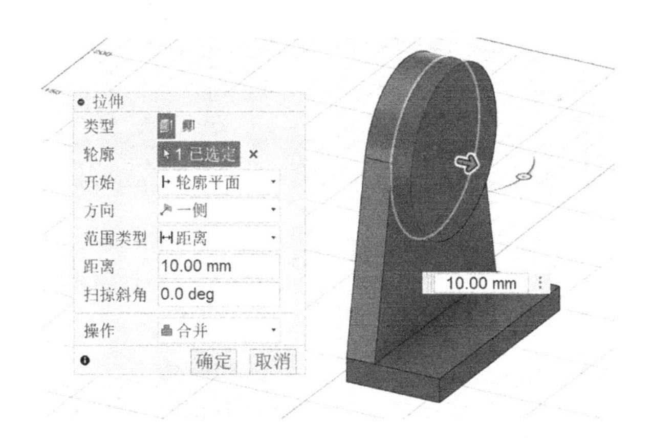

图 5-22　拉伸圆柱

7）在圆柱凸台正视图的圆心处新建一个点。单击实体“构造”面板上的“构造”按钮，弹出图 5-23 所示“偏移平面”对话框，添加构造面，选择地面为参考面，设置到达圆的圆心，单击“确定”按钮，完成构造平面。

8）选中新构造的平面，单击“创建草图”，使用“直线”工具绘制图 5-24 所示的草图。

9）单击实体“创建”面板上的“旋转”按钮，设置中心线为旋转轴，选择草图为旋转轮廓，单击“确定”按钮，草图如图 5-25 所示。

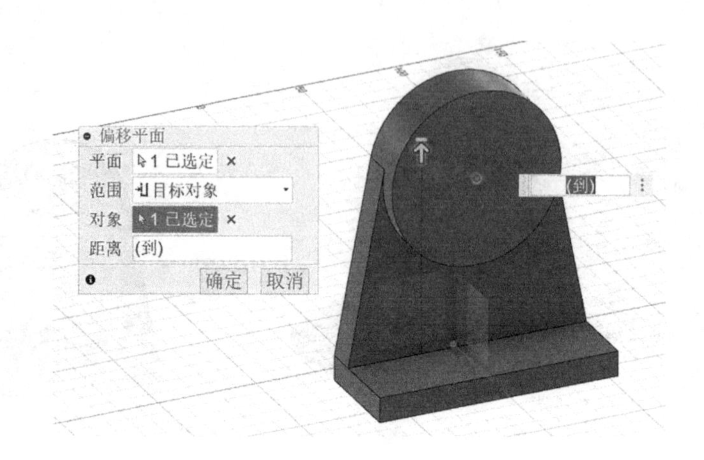

图 5-23　偏移平面

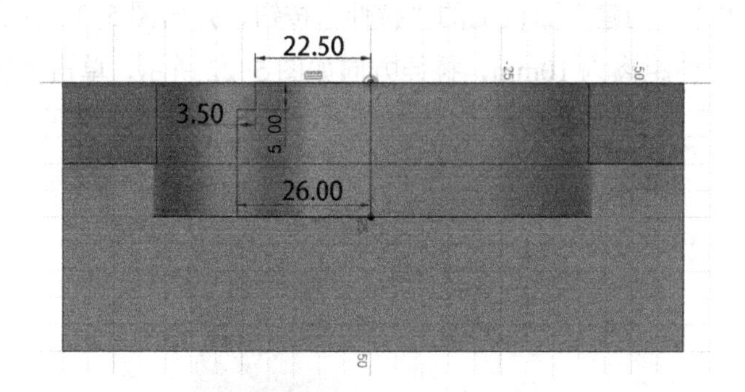

图 5-24　绘制草图

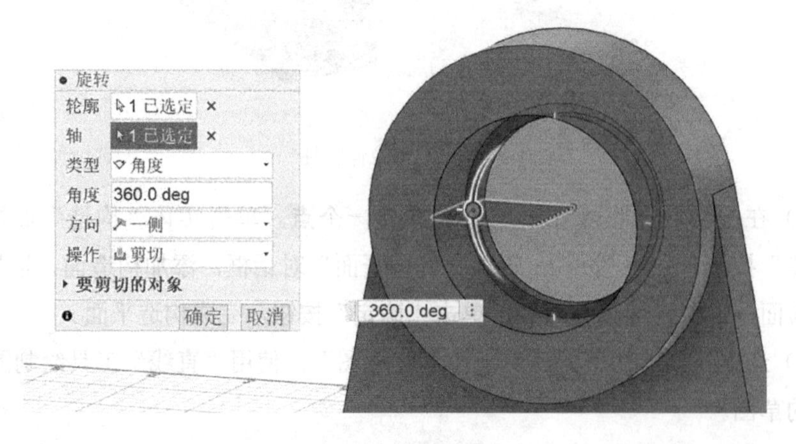

图 5-25　旋转切除

10）选中左视图，单击“草图绘制”按钮，使用“直线”工具绘制图 5-26

所示草图，单击绘图区域右上角的“完成草图”按钮。

11）单击实体“创建”下拉菜单中的“加强筋”按钮，弹出图 5-27 所示“加强筋”对话框，设置厚度为 10mm，单击“确定”按钮完成操作。

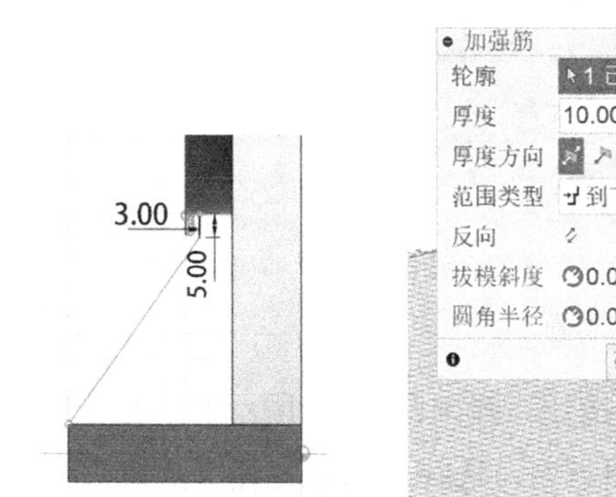

图 5-26 绘制“筋”草图

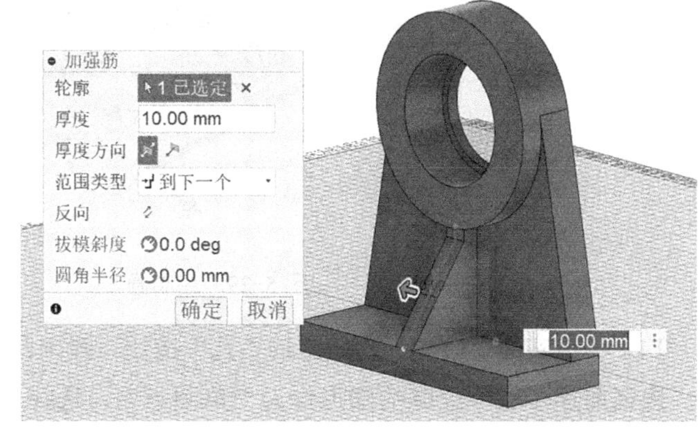

图 5-27 “加强筋”对话框

12）单击实体“修改”面板上的“圆角”按钮，选择两条边线，设置圆角半径为 10mm，如图 5-28 所示，单击“确定”按钮完成操作。

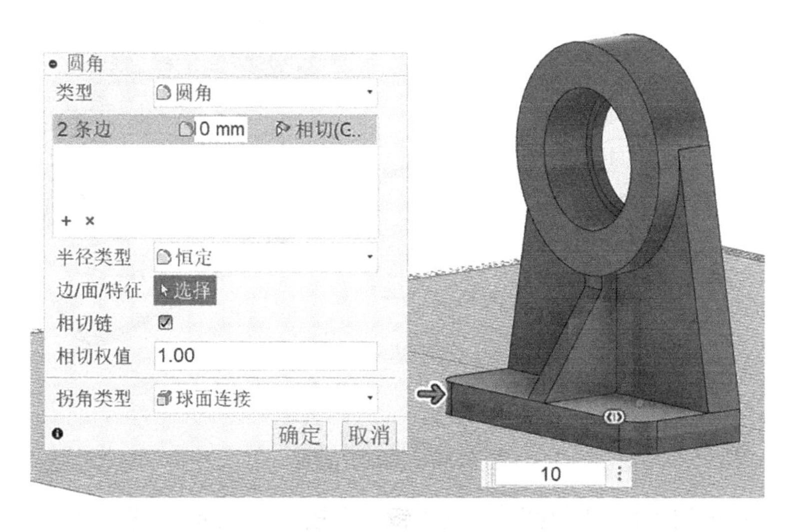

图 5-28 添加圆角特征

13）单击“创建草图”，选择图 5-29 所示实体表面作为草图绘制平面，绘制图示尺寸位置的圆。

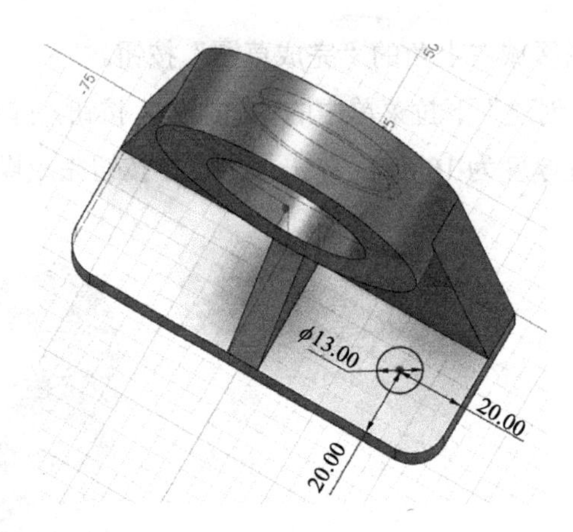

图 5-29　绘制圆

14）单击实体“创建”面板上的“孔”按钮，弹出图 5-30 所示的“孔”对话框，选择前述步骤中绘制的圆形作为“草图点”，选择“简单直孔”，单击“确定”按钮完成操作。

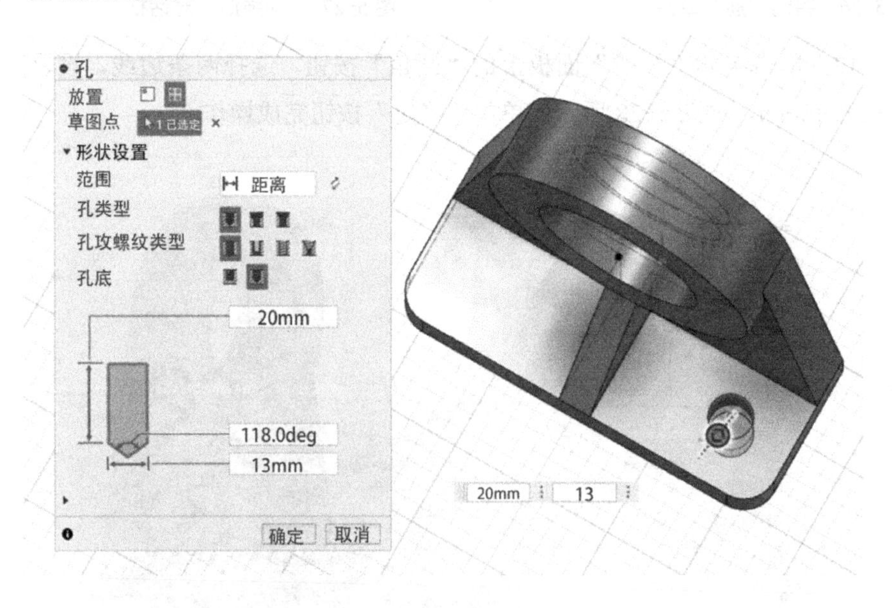

图 5-30　添加孔特征

15）单击“创建”下拉菜单中的“镜像”按钮，选择“左视基准面”作为镜像面，单击“确定”按钮完成操作，如图 5-31 所示。

16）单击实体“创建”面板中的“创建草图”按钮，选择图 5-32 所示面，绘制一个直径为 6mm 的圆。

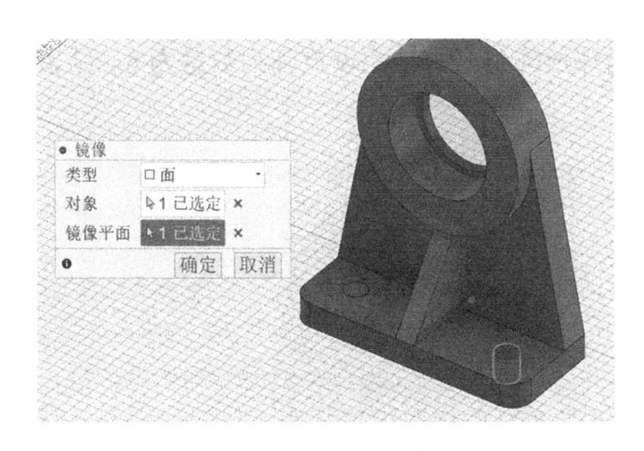

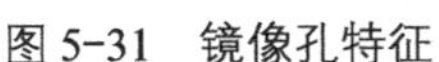
图 5-31　镜像孔特征

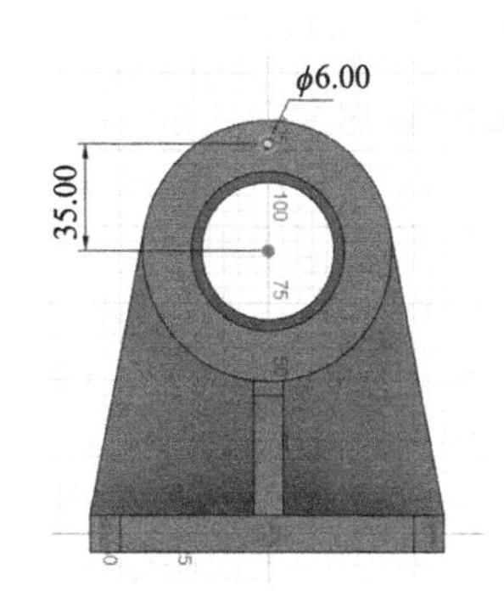

图 5-32　绘制圆

17）单击实体“创建”面板中的“孔”按钮，选择步骤 16）中所绘的圆，设置孔类型为“简单”，单击“确定”按钮完成打孔，如图 5-33 所示。

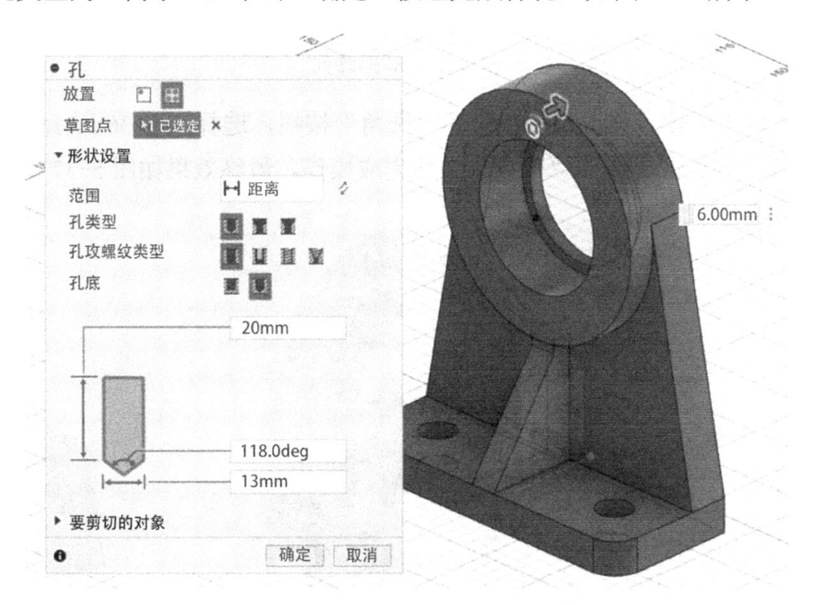

图 5-33　添加孔特征

18）单击“创建草图”按钮，使用“直线”工具，单击右键选择左视图作为绘图基准面，绘制图 5-34 所示轴，单击“完成草图”按钮，完成草图的绘制。

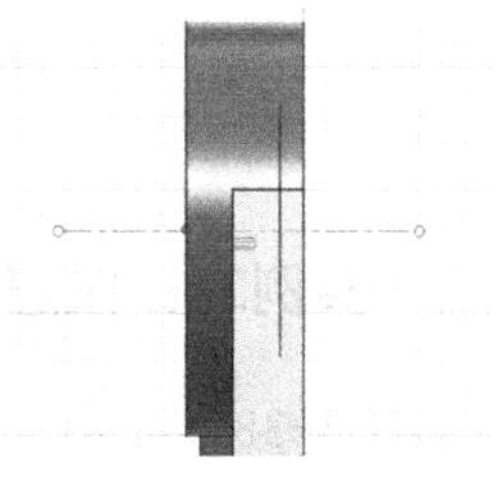
图 5-34　绘制中心轴

19）单击实体“创建”下拉菜单中的“环形阵列”按钮，设置环形阵列对象类型为“面”，选择孔作为阵列对象，选择中心轴作为环形阵列中心轴，设置阵列数量为 6，结果如图 5-35 所示。

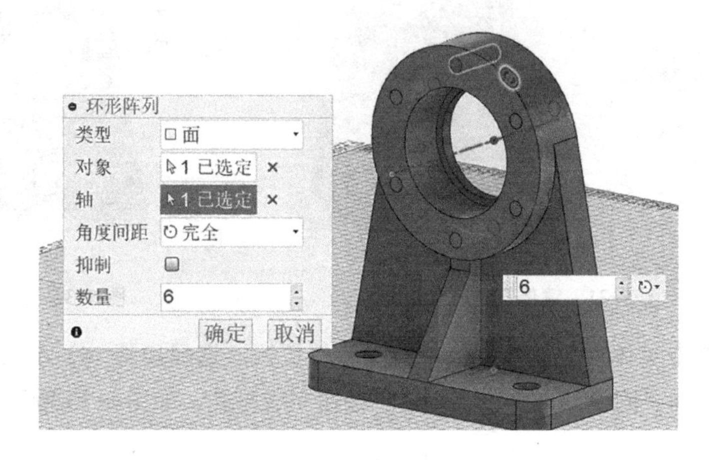

图 5-35　环形阵列

20）单击实体“修改”面板中的“圆角”按钮，选择图 5-36 所示边线，设置圆角半径为 2mm，单击“确定”按钮完成操作。最终效果如图 5-37 所示。

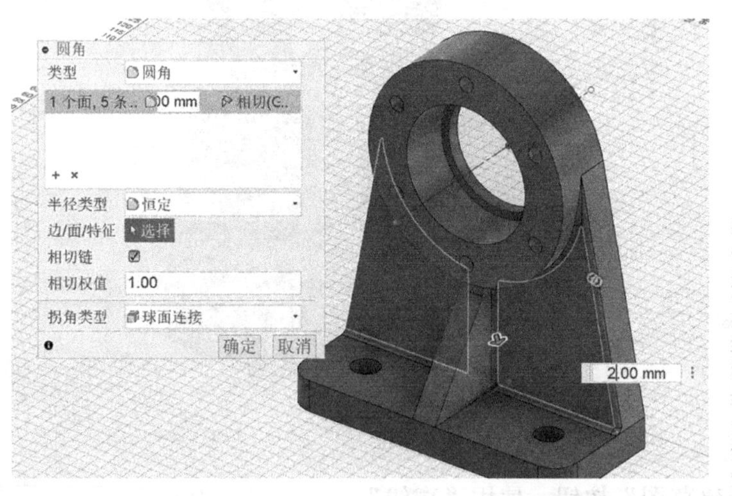

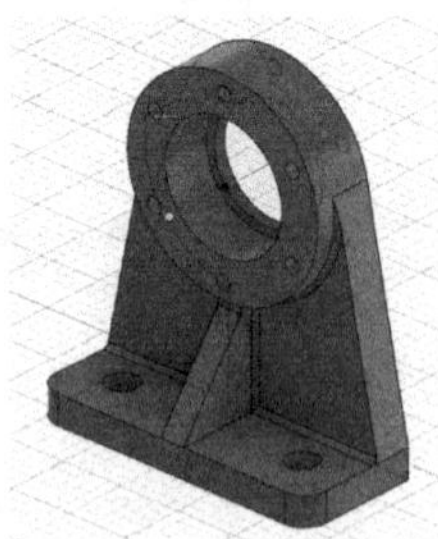

图 5-36　添加圆角　　　　图 5-37　最终效果

5.4.2　实例二：减速器上箱体

如图 5-38 所示的上箱体的主体结构为拉伸特征，通过多次拉伸后可生成大概轮廓的实体，再通过抽壳，将多余的实体去除从而生成内部的空壳，另外通过孔等特征来完成细节实体部分。

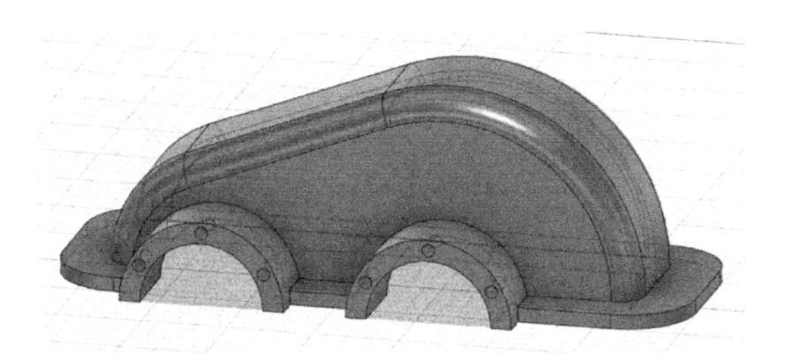

图 5-38　减速器上箱体

1）选择画布中的前视基准面，单击实体“创建”面板上的“草图创建”按钮，绘制图 5-39 所示草图。

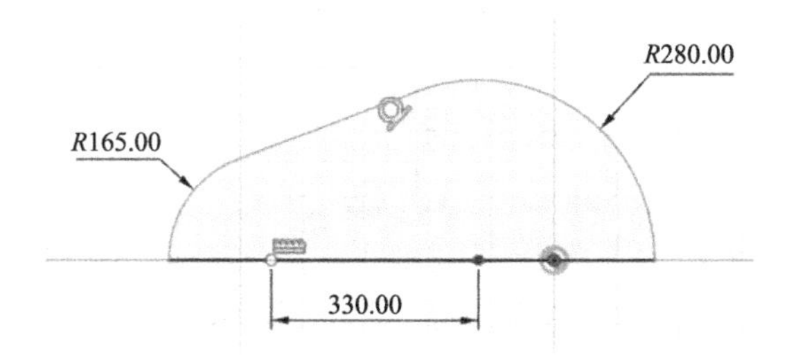

图 5-39　创建草图

2）单击实体“创建”面板上的“拉伸”按钮，设置拉伸距离为 220mm，单击“确定”按钮完成操作，如图 5-40 所示。

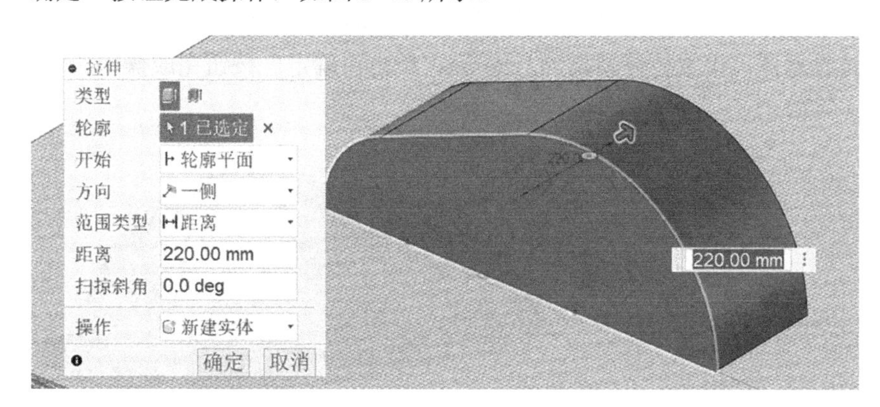

图 5-40　拉伸实体

3）单击实体“修改”面板上的“圆角”按钮，弹出图 5-41 所示“圆角”对话框，选择边线，设置圆角半径为 40mm，单击“确定”按钮完成操作。

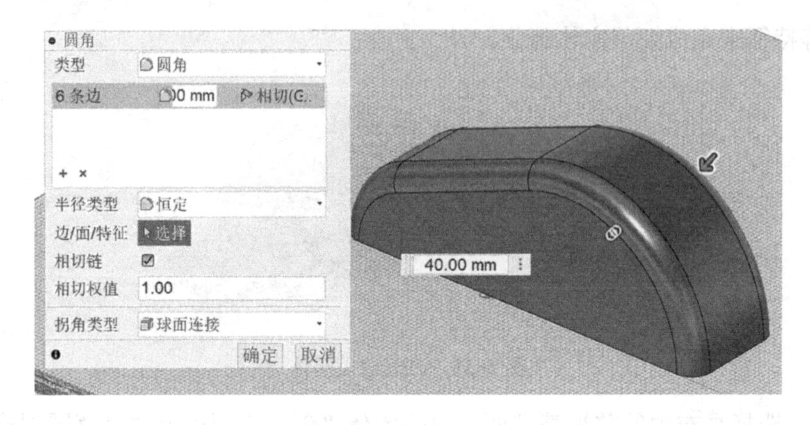

图 5-41　添加圆角特征

4）单击实体“创建”面板上的“创建草图”按钮，绘制图 5-42 所示草图。

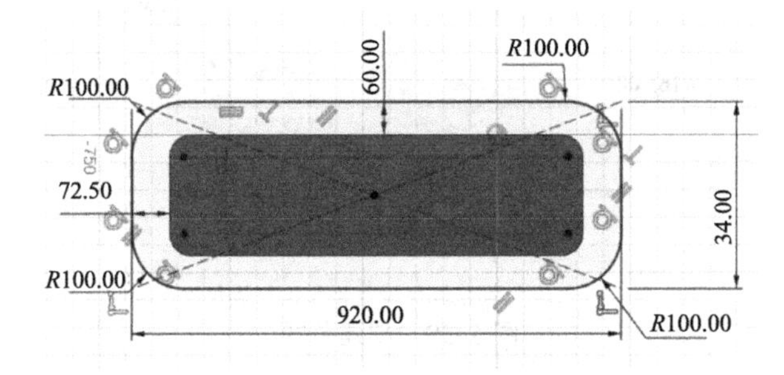

图 5-42　绘制草图

5）单击实体“创建”面板上的“拉伸”按钮，弹出图 5-43 所示“拉伸”对话框，选择草图，设置拉伸距离为 –20mm，单击“确定”按钮完成操作。

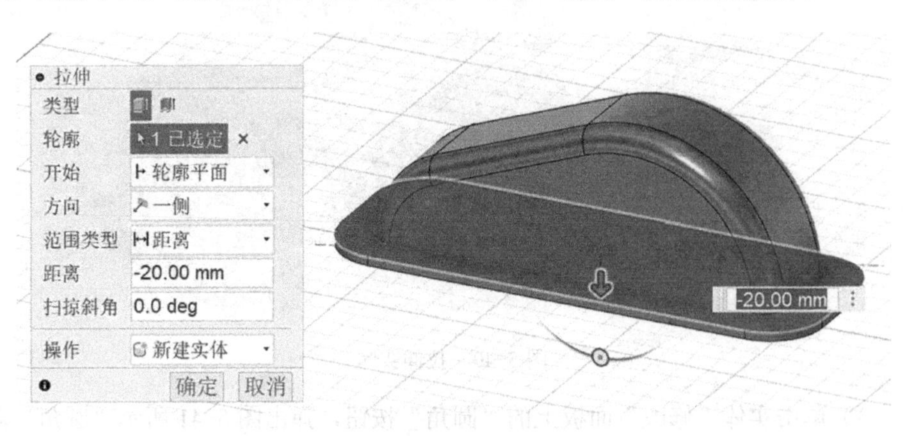

图 5-43　拉伸实体

6）单击实体“修改”面板上的“抽壳”按钮，弹出图 5-44 所示“抽壳”对话框，设置“内侧厚度”为 20mm，移除面为底面，单击“确定”按钮完成操作。

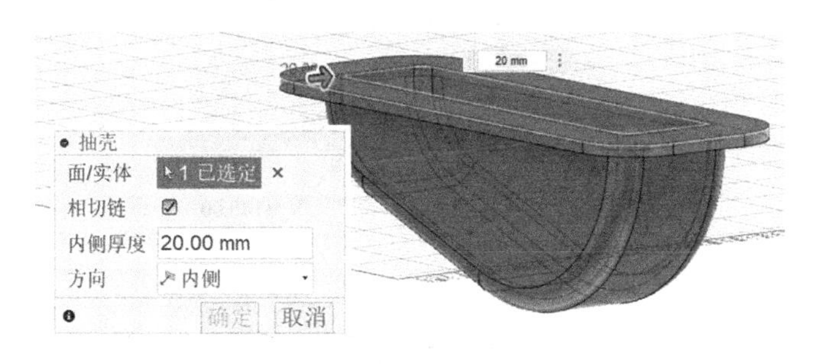

图 5-44　抽壳

7）选择实体的正视图，单击“创建草图”按钮，绘制两个直径为 240mm 的半圆，如图 5-45 所示。

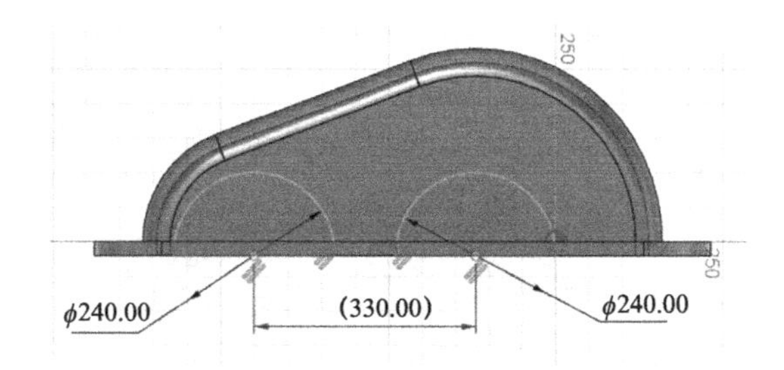

图 5-45　绘制草图

8）单击实体“创建”面板上的“拉伸”按钮，设置拉伸距离为 100mm，单击“确定”按钮完成操作，如图 5-46 所示。

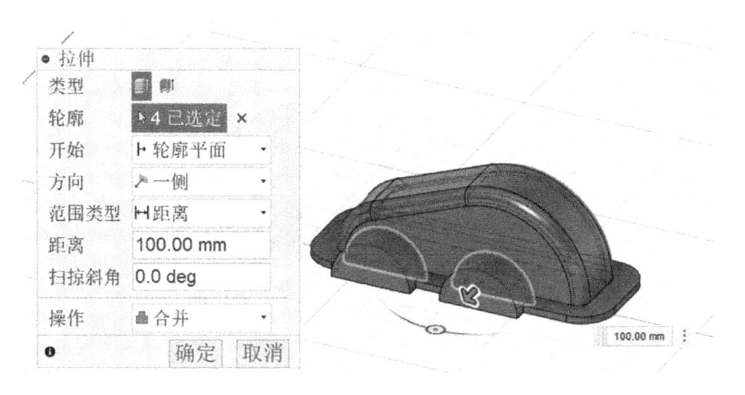

图 5-46　拉伸实体

9）单击“创建草图”按钮，绘制两个直径为 180mm 的圆，如图 5-47 所示。

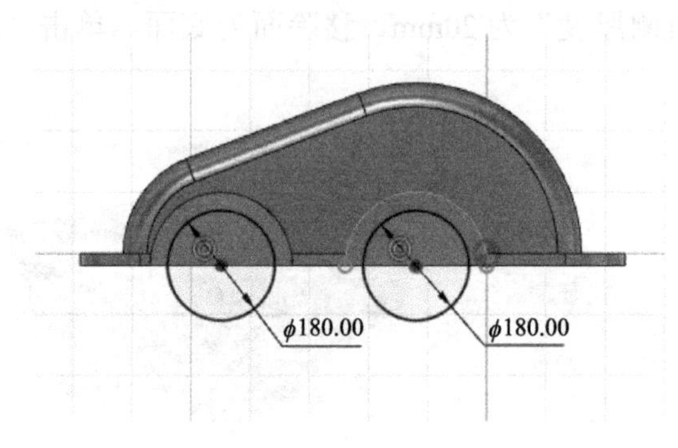

图 5-47　绘制圆

10）单击实体“创建”面板上的“拉伸”按钮，选择草图，拖拽箭头预览剪切实体结果，单击“确定”按钮完成剪切，如图 5-48 所示。

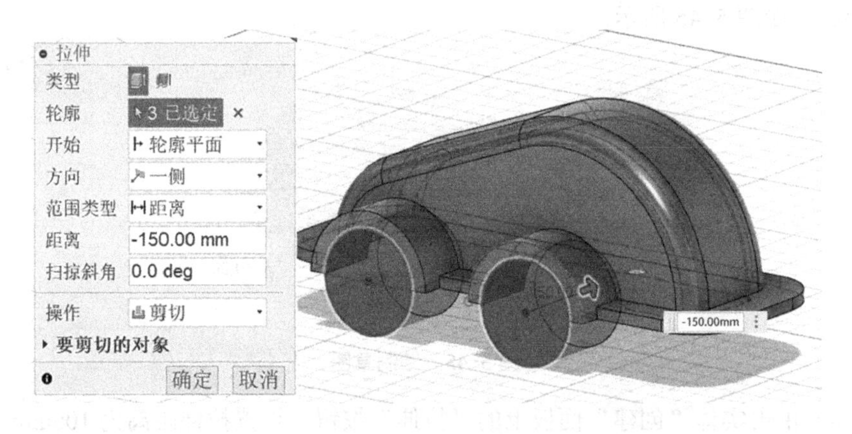

图 5-48　拉伸切除

11）单击实体“创建”面板上的“创建草图”按钮，如图 5-49 所示。

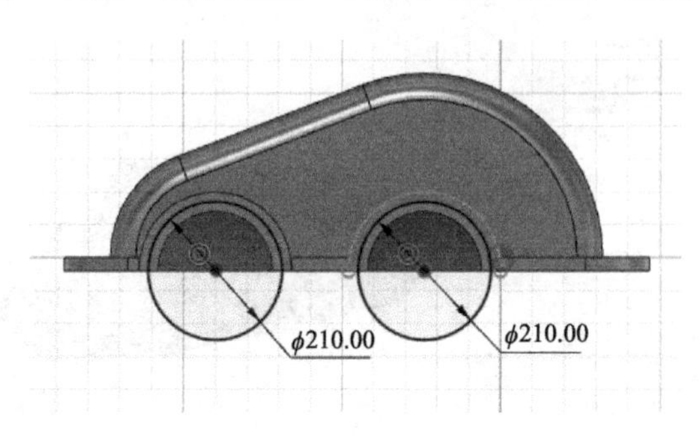

图 5-49　创建草图

12）单击实体“创建”面板上的“创建草图”按钮，绘制图 5-50 所示直径为 18mm 的圆。

13）单击实体“创建”面板上的“孔”按钮，弹出“孔”对话框，设置图 5-51 所示参数。

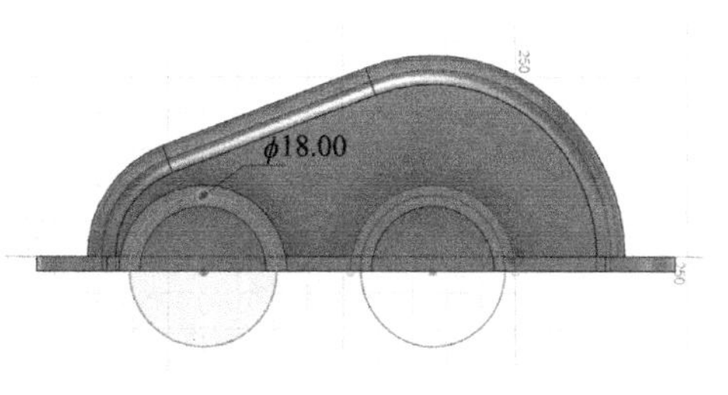

图 5-50　绘制草图

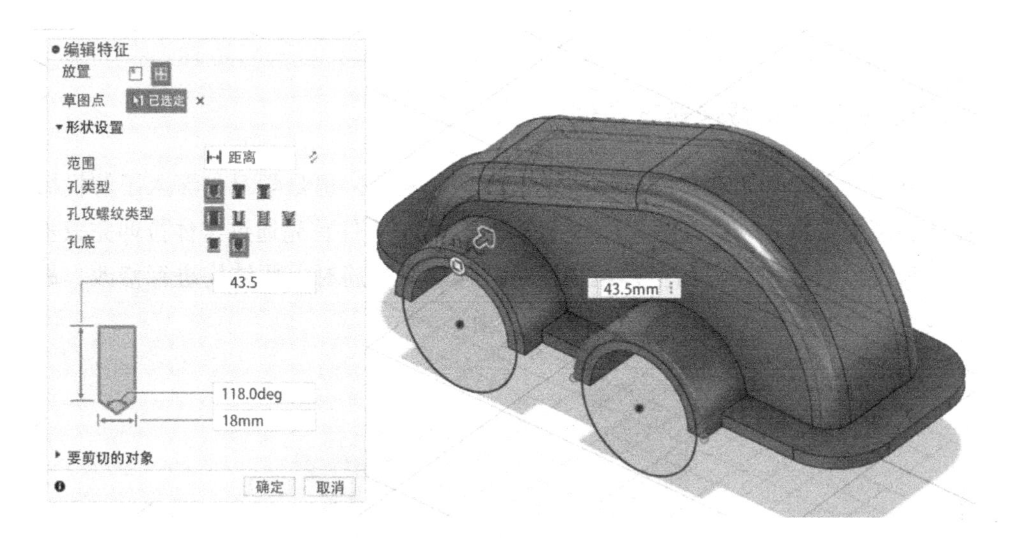

图 5-51　添加孔特征

14）单击实体“创建”上的“环形阵列”，弹出图 5-52 所示“环形阵列”对话框，设置参数，单击“确定”按钮完成操作。

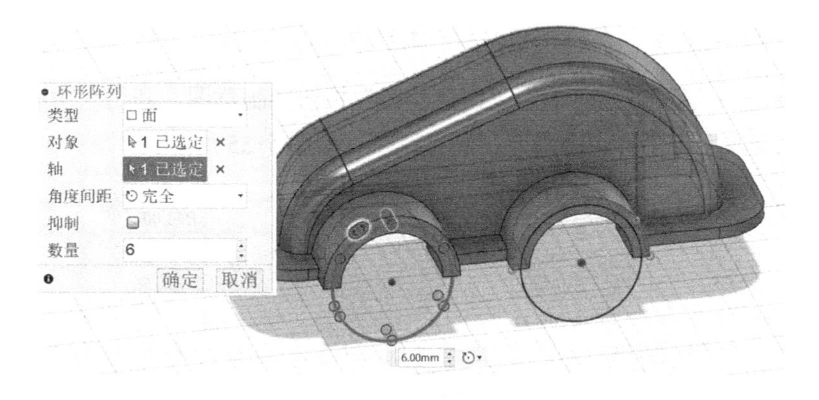

图 5-52　环形阵列

15）另一侧实体的操作步骤与上述步骤相同，结果如图 5-53 所示。

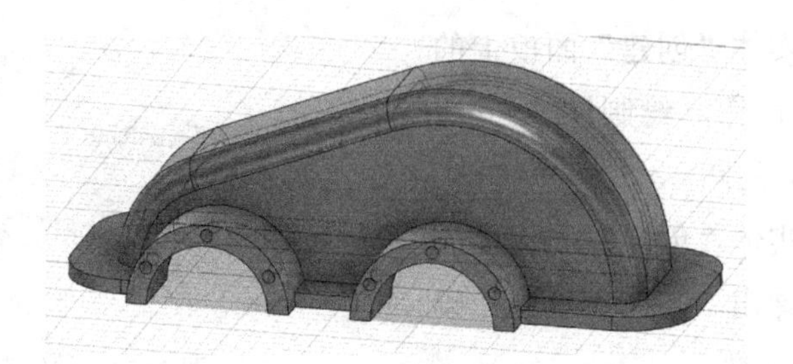

图 5-53　最终结果

5.4.3　实例三：减速器下箱体

减速器下箱体是在常用机械中非常普遍的实体，也是学习与深入了解机械设计必画的实体之一，其结构如图 5-54 所示。该零件首先通过实体拉伸完成基本外形，再通过抽壳得到主体结构，由拉伸切除、筋对主要结构进行修改，最后利用孔特征、圆周阵列等完成其修饰工作。

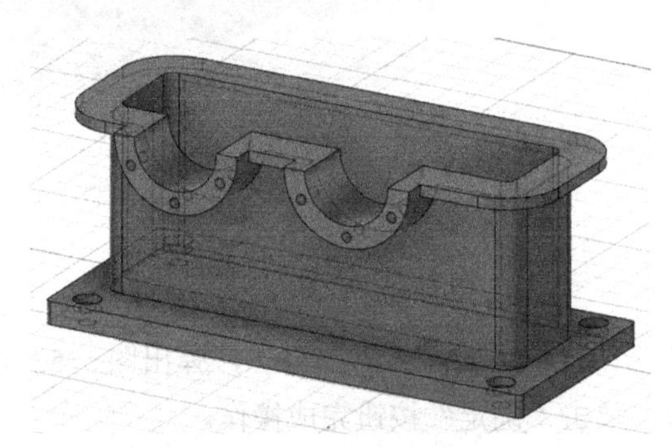

图 5-54　减速器下箱体

1）选中上视基准面，单击“创建草图”按钮绘制草图，利用“中心矩形”工具绘制矩形，将矩形中心确定在画布原点，如图 5-55 所示。

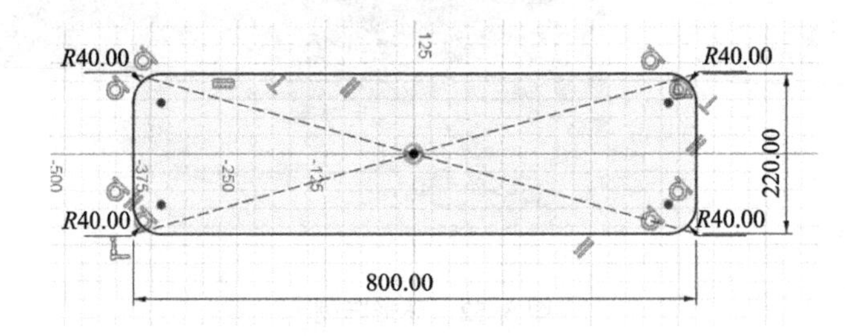

图 5-55　绘制草图

2）单击实体“创建”面板上的“拉伸”按钮，弹出图 5-56 所示“拉伸”对话框，选择草图，设置拉伸距离为 300mm，单击“确定”按钮。

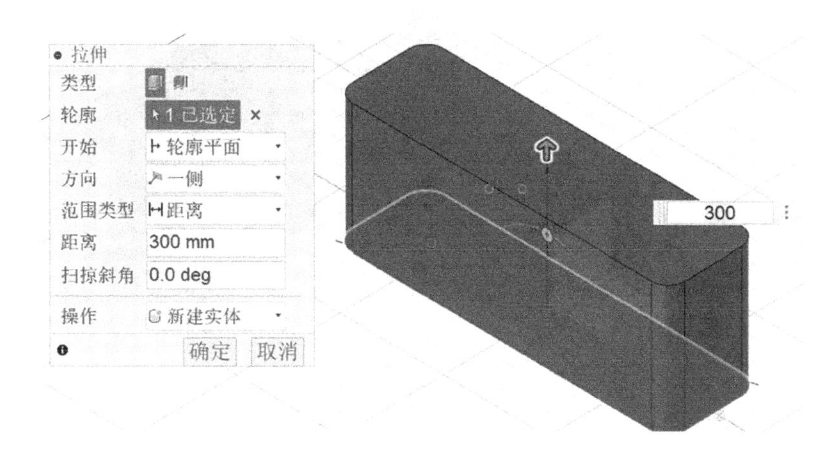

图 5-56　拉伸实体

3）选中所得实体上表面，单击“创建草图”按钮，绘制图 5-57 所示草图。

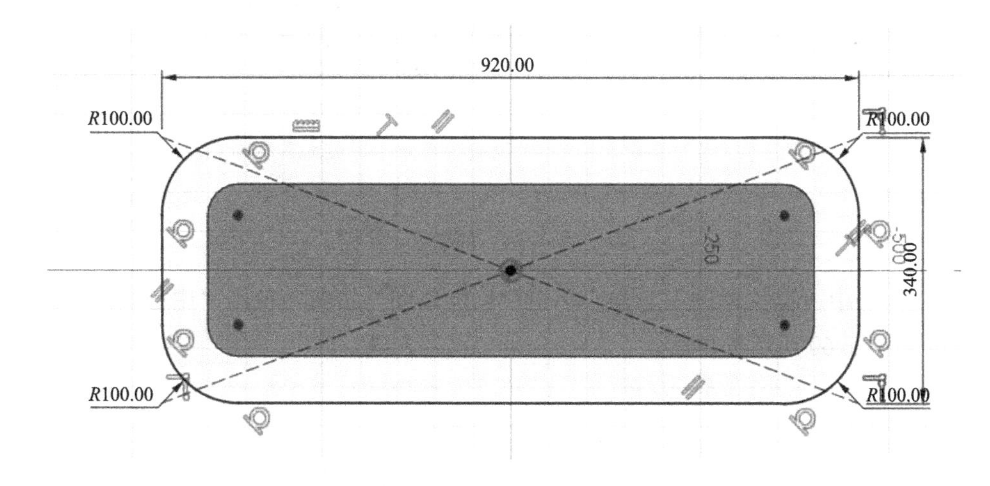

图 5-57　绘制草图

4）单击实体“创建”面板上的“拉伸”按钮，弹出“拉伸”对话框，设置拉伸距离为 20mm，单击“确定”按钮完成草图绘制。注意这里的“操作”需要选择为“合并”，如图 5-58 所示。

5）单击实体“修改”面板上的“抽壳”按钮，弹出图 5-59 所示对话框，设置壁厚为 20mm，移除面为上表面。单击“确定”按钮完成操作。

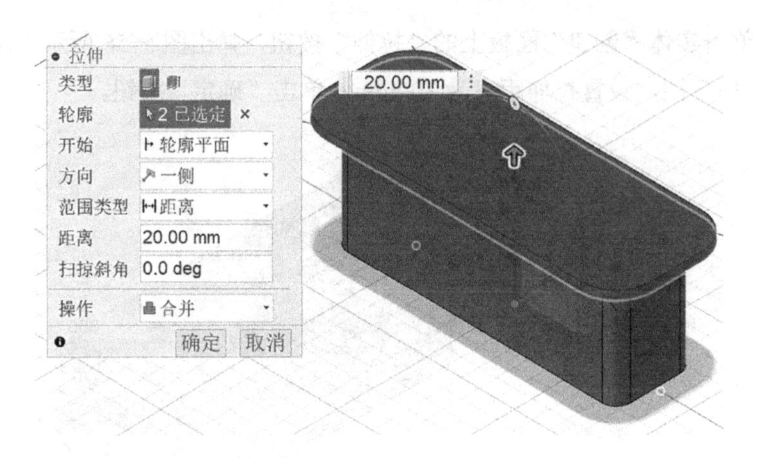

图 5-58　拉伸实体

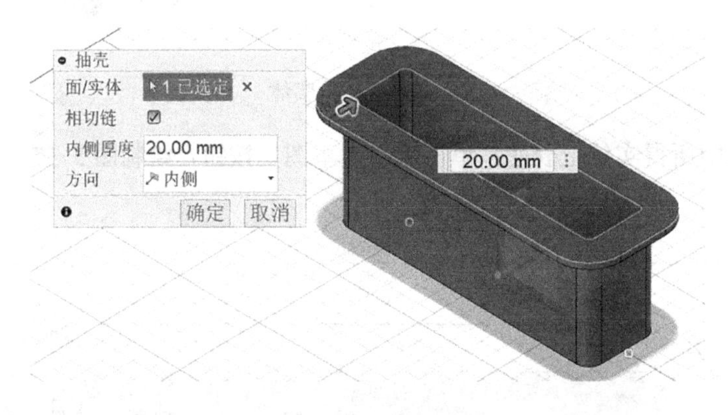

图 5-59　抽壳

6）选中所得实体的下表面，单击“创建草图”按钮，使用“中心矩形”工具绘制图 5-60 所示的草图。

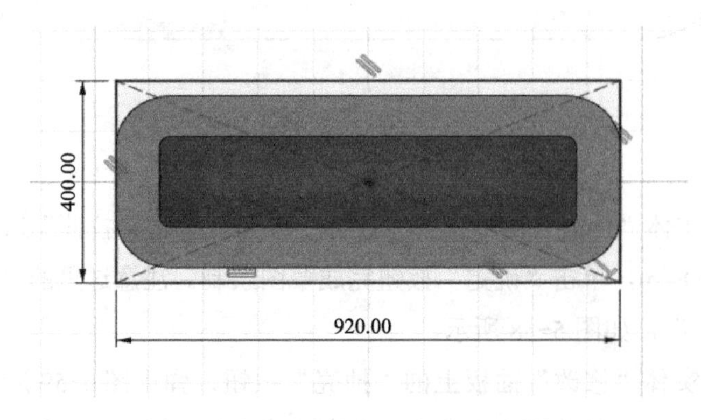

图 5-60　绘制草图

7）单击实体“创建”面板上的“拉伸”按钮，设置拉伸距离为 40mm，单击“确定”按钮完成底板的拉伸，如图 5-61 所示。

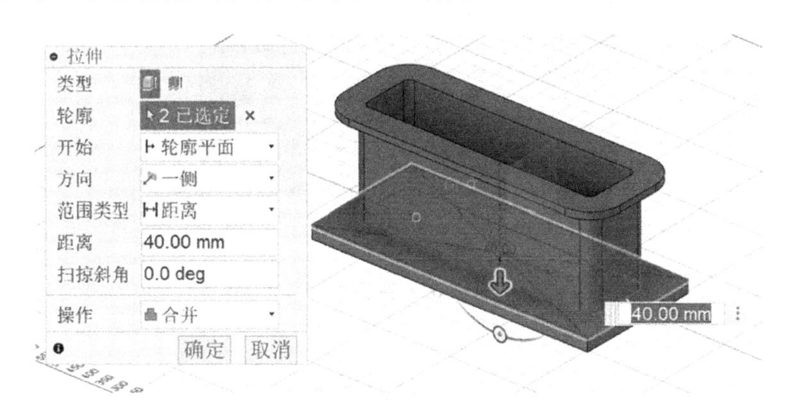

图 5-61　拉伸实体

8）单击“修改”面板上的“圆角”工具，弹出图 5-62 所示对话框，选择四个角，设置圆角半径为 10mm，单击“确定”按钮完成操作。

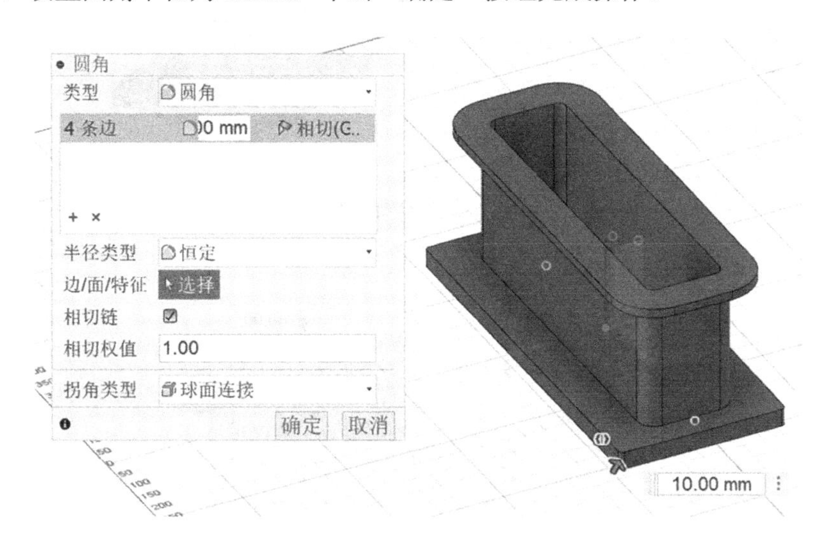

图 5-62　添加圆角

9）单击“创建草图”按钮，选中实体的正视图，绘制图 5-63 所示草图。

10）单击实体“创建”面板上的“拉伸”按钮，弹出图 5-64 所示“拉伸”对话框，设置拉伸深度为 100mm，单击“确定”按钮完成操作。

11）选中所拉伸的凸台面，单击“创建草图”按钮，绘制图 5-65 所示的草图。

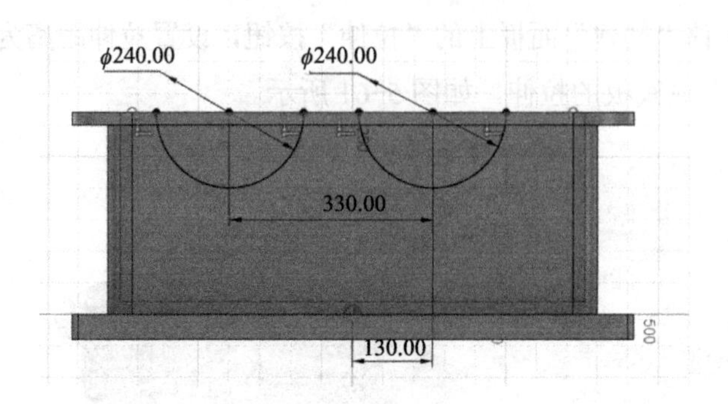

图 5-63　绘制草图

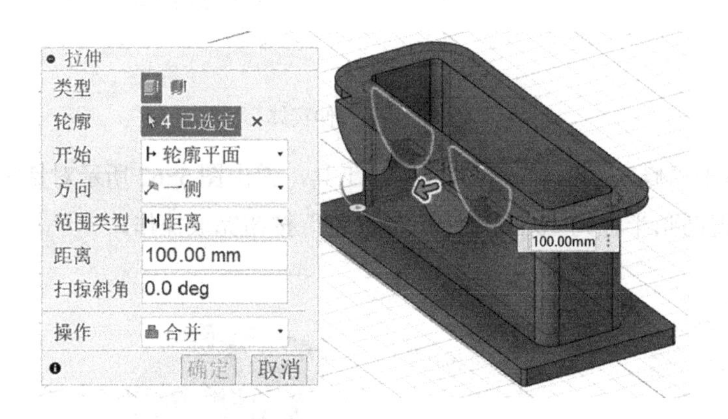

图 5-64　拉伸实体

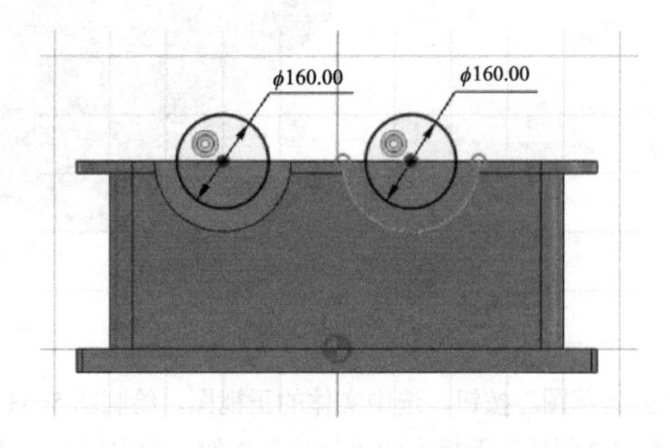

图 5-65　绘制草图

12）单击实体“创建”面板上的“拉伸”按钮，进行拉伸切除，如图 5-66 所示。

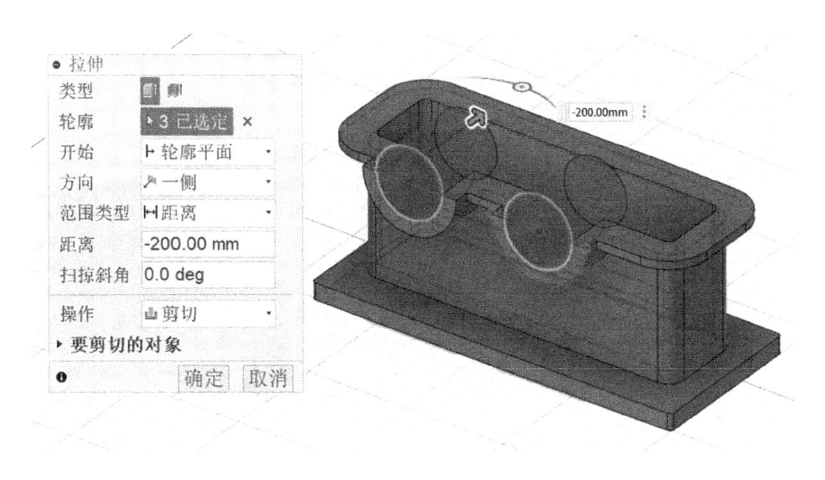

图 5-66　拉伸切除

13）选择图 5-67 所示面（底板的上表面）作为草图绘制基准面，绘制图 5-67 所示的四个圆。

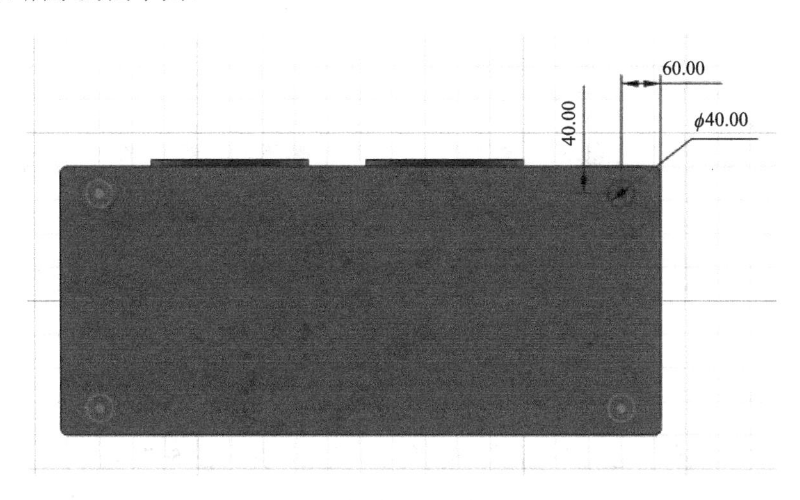

图 5-67　绘制圆

14）单击实体“创建”面板上的“孔”按钮，弹出图 5-68 所示对话框，选择四个圆的位置，选择孔类型为“沉头孔”，设置孔直径为 30mm，孔深度为 40mm，柱坑深度为 15mm，柱坑直径为 50mm，单击“确定”按钮完成操作。

15）单击“创建草图”按钮，选择图 5-69 所示基准面，使用“圆”工具，绘制两个直径为 200mm 的圆。

16）单击“创建草图”按钮，选择图 5-70 所示基准面，使用“圆”工具绘制直径为 18mm 的圆。

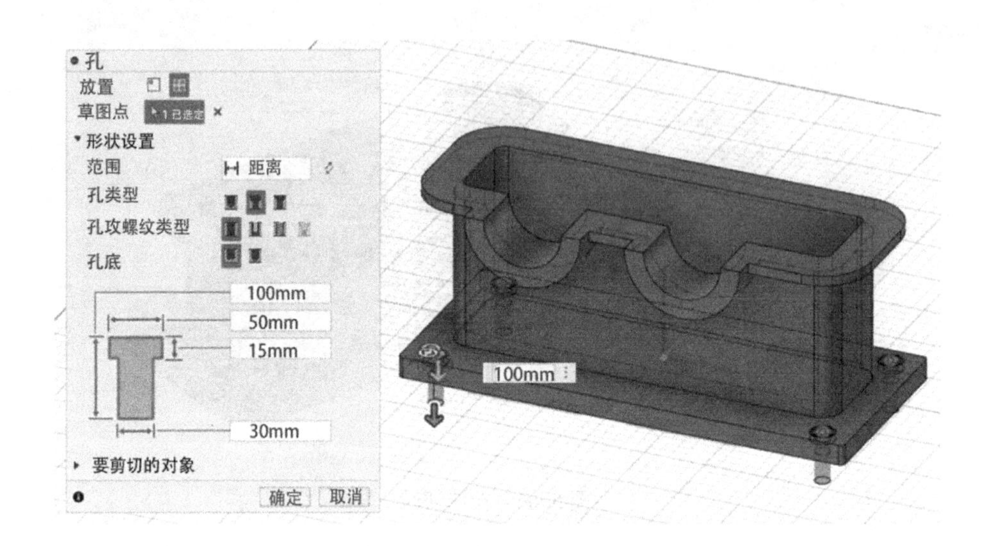

图 5-68　添加孔特征

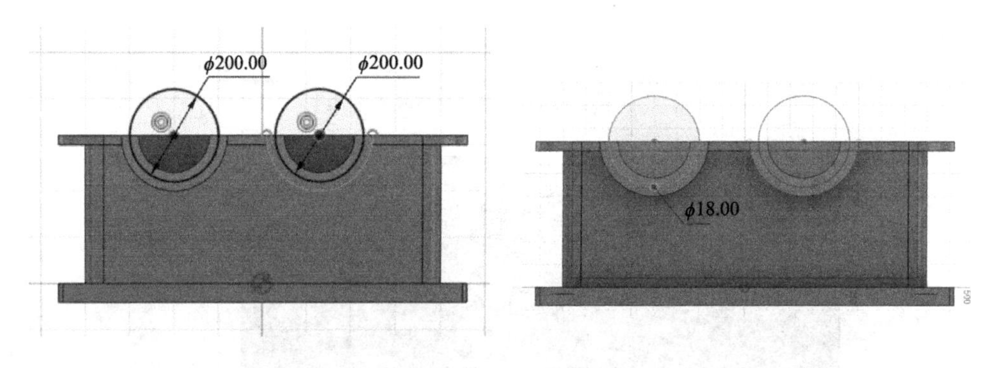

图 5-69　绘制两个大圆

图 5-70　绘制一个小圆

17）单击实体“创建”面板上的“孔”按钮，弹出图 5-71 所示的“孔”对话框，设置参数如下：孔直径为 18mm，孔类型为简单，孔攻螺纹类型为简单，孔深度为 43.5mm。单击“确定”按钮完成操作。

18）单击实体“创建”面板上的“环形阵列”按钮，弹出图 5-72 所示的“环形阵列”对话框，设置参数如下：阵列类型为“面”，阵列对象选择图 5-71 中创建的孔内壁面，阵列轴选择圆，保证阵列在实体上的数量为 3，单击“确定”按钮完成环形阵列。

19）另一侧的环形阵列打孔步骤与图 5-71、图 5-72 做法相同，不再赘述。最终结果如图 5-73 所示。

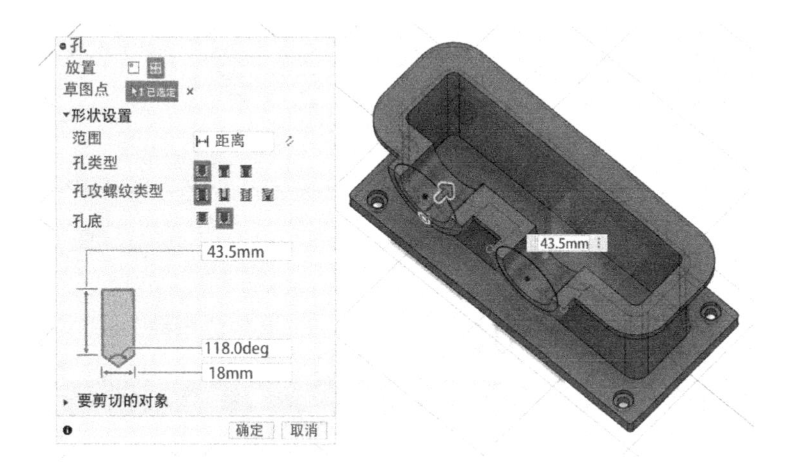

图 5-71　添加孔特征

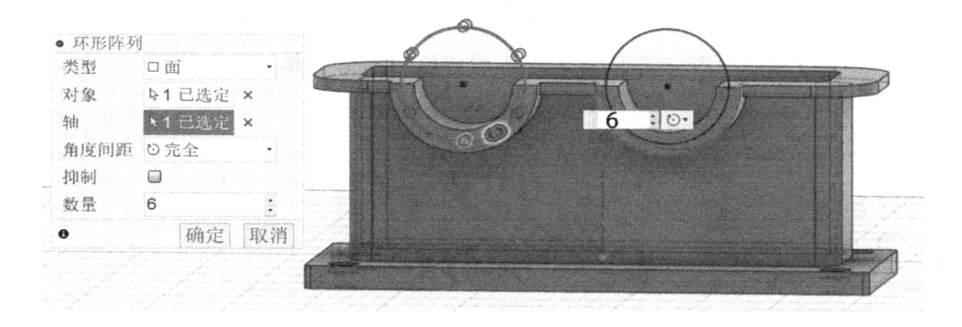

图 5-72　环形阵列

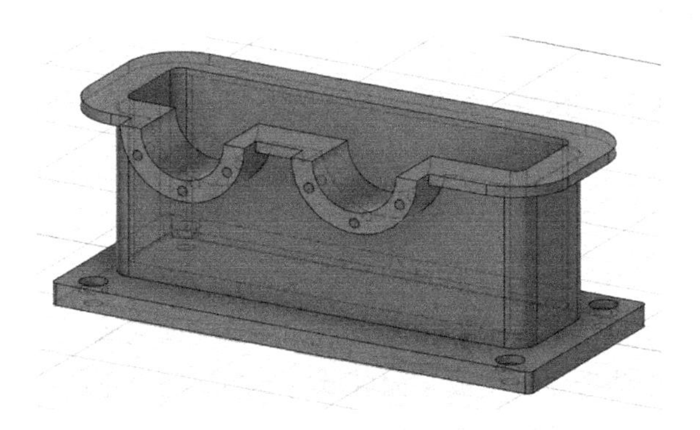

图 5-73　最终结果

第6章 曲面特征

在产品设计中，曲面是十分常用的造型语言。Fusion 360 在提供了强大的三维实体特征功能的同时，也提供了丰富的曲线、曲面特征。

本章重点：

- 常规曲面。
- 编辑曲面。

6.1 常规曲面

在 Fusion 360 中，在实体环境下建立的实体特征切换到曲面环境下会变成曲面特征。

6.1.1 面片

“面片”的作用是使用草图或一组边线来生成平面区域。

可以从以下这些选项中生成平面区域：非相交闭合草图、一组闭合边线、多条共有平面分型线，或者一对平面实体，比如曲线或边线。

举例操作如下：

1）生成一个非相交、单一轮廓的闭环草图。

2）单击“曲面”面板中的“面片”按钮，弹出“面片”对话框。

3）在对话框的“边界边”中选择草图，生成一个“面片”，如图 6-1 所示。

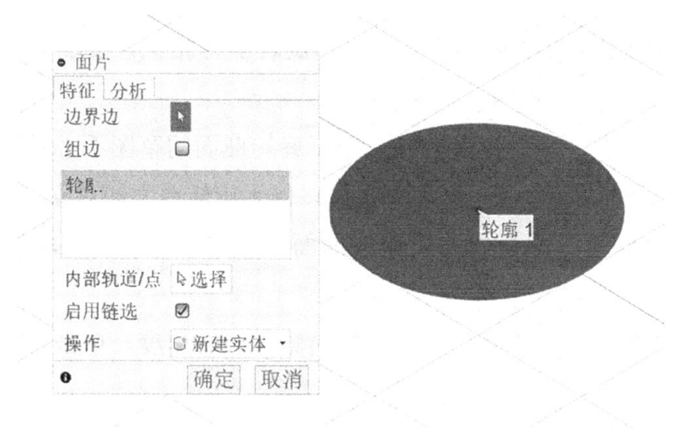

图 6-1 “面片”对话框

6.1.2 拉伸曲面

拉伸曲面的创建方法和实体特征中的拉伸实体相似，不同点在于曲面拉伸操作的草图对象可以封闭也可以不封闭，生成的是曲面不是实体。拉伸曲面可以采取下面的操作：

1）首先绘制一个草图。

2）单击“曲面”面板中的“拉伸曲面”按钮，弹出“拉伸”对话框。

3）选择草图，设置拉伸方向和拉伸距离。如果有必要，可以设置双向拉伸，单击“确定”按钮生成拉伸曲面，如图 6-2 所示。

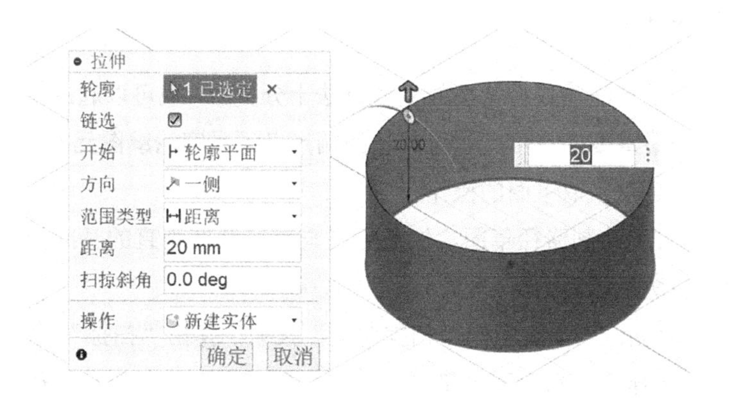

图 6-2 “拉伸”对话框

6.1.3 旋转曲面

旋转曲面的创建方法和实体特征中的旋转实体相似，要旋转曲面，可以采取下面的操作：

1）绘制一个草图，绘制旋转轴。用于旋转曲面的草图不必像用于旋转实体的草图一样必须为封闭草图，开环草图可以作为旋转曲面的对象。

2）单击“创建”面板中的“旋转曲面”按钮，弹出“旋转”对话框，如图 6-3 所示。

3）选择“轮廓”和“轴”，设置旋转轴和旋转角度，单击“确定”按钮完成操作。

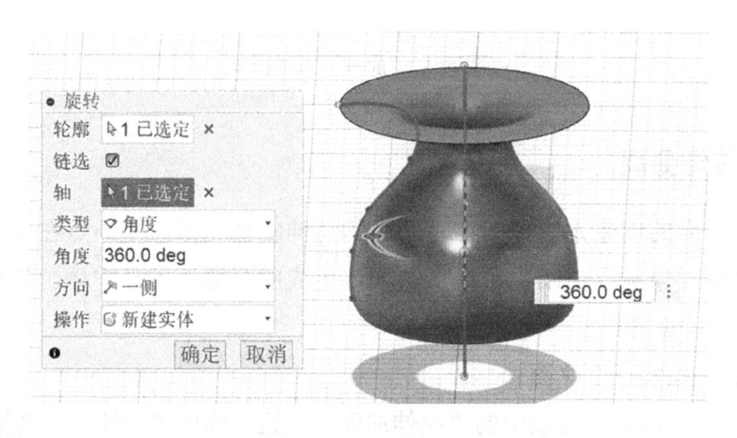

图 6-3 “旋转”对话框

6.1.4 扫掠曲面

扫掠曲面的方法与扫掠特征的生成方法十分类似，也可以通过引导线扫掠。在扫描面中，最重要的一点就是引导线的端点必须贯穿轮廓图元。

扫掠曲面可以采取下面的操作：

1）一般首先绘制路径草图，然后定义与路径草图垂直的基准面，并在新基准面上绘制轮廓草图。

2）单击“创建”面板上的“扫掠曲面”按钮，弹出“扫掠”对话框。

3）一次选择“轮廓”和“路径”，也可以设置扫掠距离、扫掠斜角、扭曲角度等其他相关参数，单击“确定”按钮完成扫掠，如图 6-4 所示。

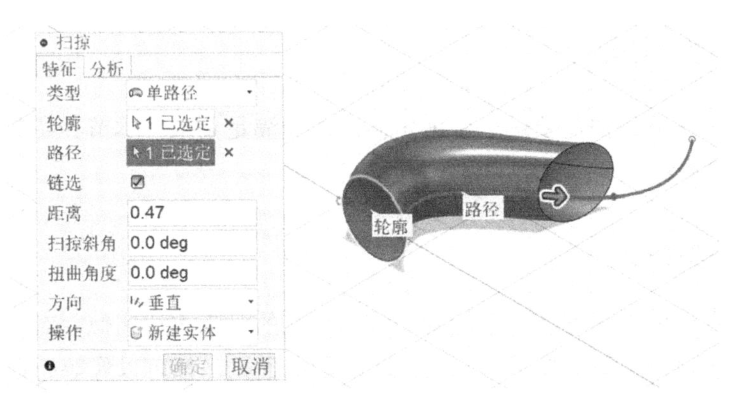

图 6-4 “扫掠”对话框

6.1.5 放样曲面

放样曲面的创建方法和实体特征中的放样方法相似，放样曲面是通过曲线之间进行过渡而生成曲面的方法。如果需要放样曲面，可以采取下面的操作：

1）在一个基准面上绘制放样轮廓草图。

2）建立另外几个基准面，并在上面依次绘制另外的放样轮廓草图。这几个基准面不一定平行。如有必要，还可以生成引导线来控制放样曲面的形状。

3）单击“创建”面板中的“放样曲面”按钮，弹出“放样”对话框。

4）依次选择截面草图，其他选项与实体放样类似，进行相关设置后，单击“确定”按钮完成放样曲面的生成，如图 6-5 所示。

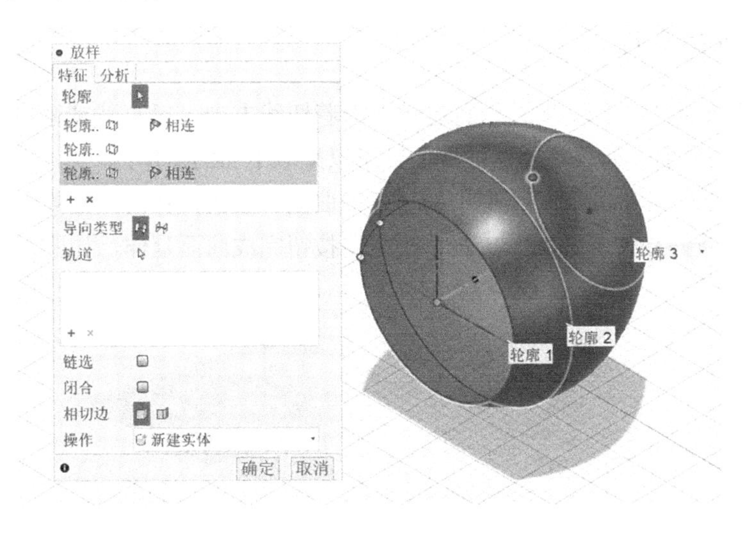

图 6-5 “放样”对话框

6.2 编辑曲面

创建曲面后往往需要进一步编辑修改才能满足要求，本节介绍常用的曲面编辑修改命令。

6.2.1 偏移曲面

偏移曲面的创建方法与草图中的等距曲线的对应方法相似，对于已经存在的曲面（不论是模型的轮廓面，还是生成的曲面），都可以像等距曲线一样生成偏移曲面。

如果需要偏移曲面，可以采取下面的操作：

1）单击“创建”下拉菜单中的“偏移”，弹出“偏移”对话框。

2）选择需偏移的曲面，并且指定偏移距离，单击“确定”按钮即可完成曲面偏移，如图 6-6 所示。

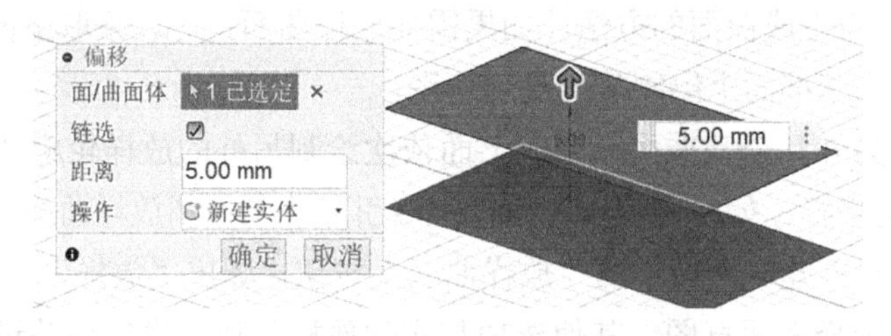

图 6-6 “偏移”对话框

6.2.2 延伸曲面

延伸曲面可以在现有的曲面边缘，沿着切线方向，以直线或随曲面的弧度产生附加的曲面。如果需要延伸曲面，可以采取下面的操作：

1）单击“修改”下拉菜单中的“延伸曲面”按钮，弹出“延伸”对话框。

2）设置好相关参数后，单击“确定”按钮完成曲面延伸，如图 6-7 所示。

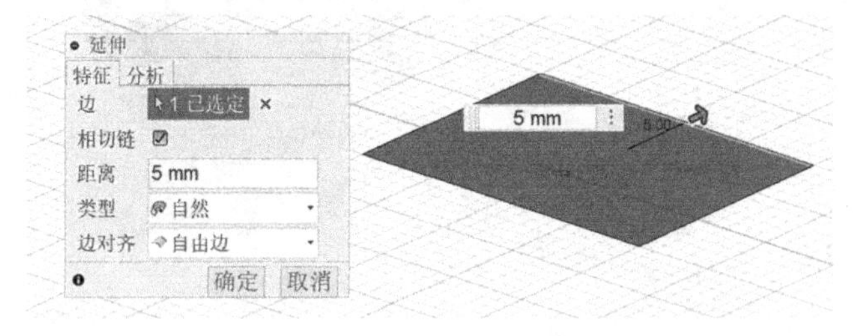

图 6-7 “延伸”对话框

3）对话框中“距离”的含义为指定延伸曲面的距离；“类型”的选项有“自然”“垂直”“相切”三种。

6.2.3 缝合曲面

缝合曲面是将两个或多个相连的曲面连接成一体。缝合后的曲面不影响用于生成它们的曲面。空间曲面经过剪裁、拉伸和圆角等操作，可以自动缝合，而不需要进行缝合曲面操作。如果要将多个曲面缝合为一个曲面，可以采取下面的操作：

1）单击“修改”面板中的“缝合曲面”按钮，弹出“缝合”对话框。

2）在图形区域选择要缝合的曲面，如果需要，可以更改缝合公差，单击“确定”按钮完成曲面缝合，如图 6-8 所示。

缝合后的曲面外观上没有任何变化，但是多个曲面已经可以作为一个实体来选择和操作了。

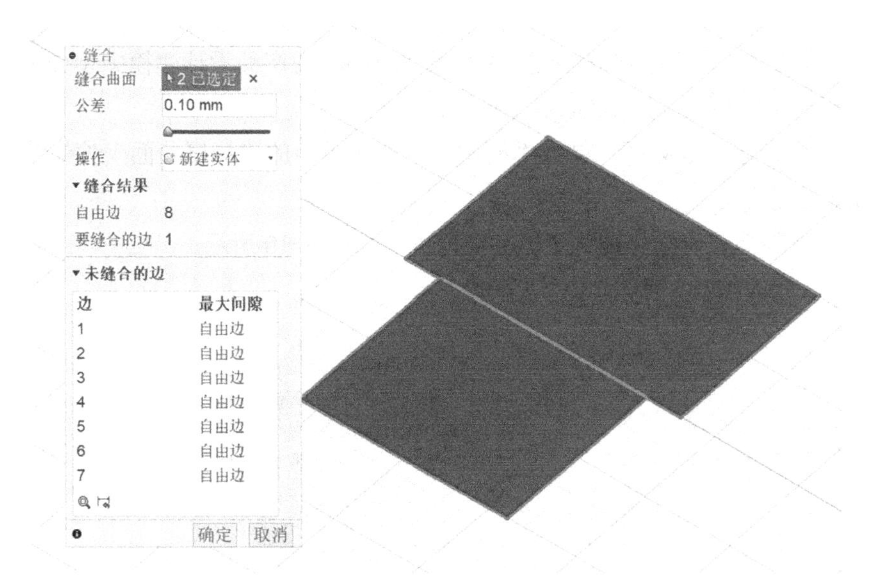

图 6-8 “缝合”对话框

6.2.4 剪裁曲面

剪裁曲面是指采用布尔运算的方法，在一个曲面与另一个曲面、基准面或草图交叉处修剪曲面，或者将曲面与其他曲面相互修剪。如果需要剪裁曲面，可以采取以下操作：

1）打开一个将要剪裁的曲面文件。

2）单击“修改”面板中的“剪裁曲面”按钮，弹出“修剪”对话框。

3）先选择修剪工具，再选择要删除的曲面，如图 6-9 所示。

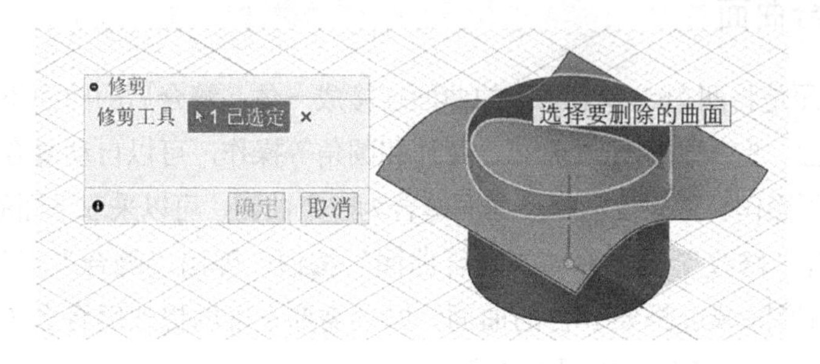

图 6-9 “修剪”对话框

6.2.5 加厚曲面

加厚曲面操作可以将曲面变为有厚度的实体，在产品设计建模中十分常用。如果需要加厚曲面，可以采取以下操作：

1）先新建一个曲面，单击“创建”下拉菜单中的“加厚曲面”按钮，弹出“加厚”对话框。

2）选择曲面，拖拽箭头更改曲面厚度，如图 6-10 所示。

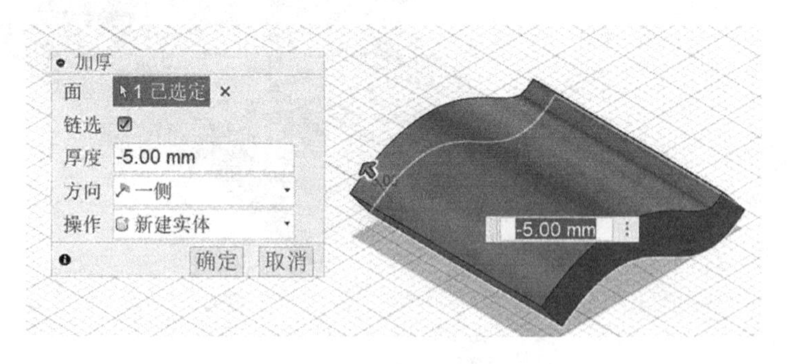

图 6-10 “加厚”对话框

6.3 综合实战

6.3.1 实例一：勺子

首先需要拉伸曲面形成基础曲面，再通过剪裁生成曲面的基本形状，另外通过曲面剪裁、曲面缝合及曲面加厚等生成勺子的实体。

1）单击“创建草图”，在左视图中使用“拟合曲线”绘制图 6-11 所示草图。

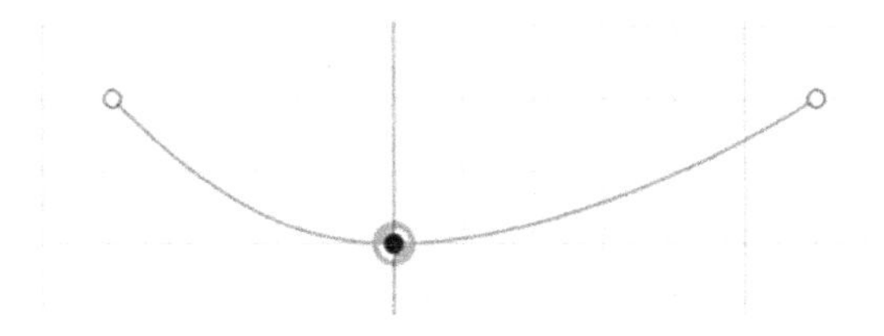

图 6-11　绘制曲线（一）

2）在前视图中使用“拟合曲线”绘制图 6-12 所示草图。

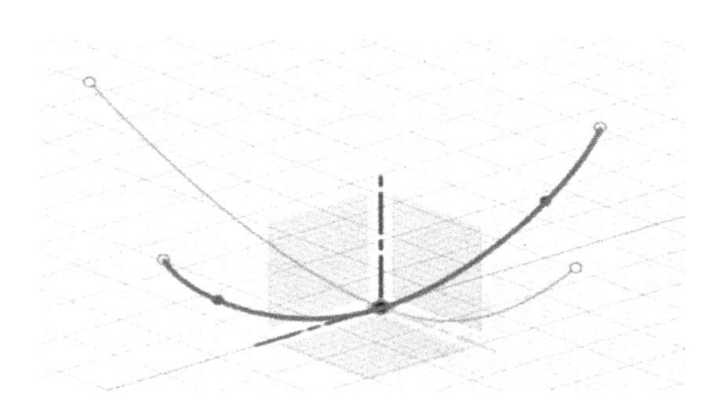

图 6-12　绘制曲线（二）

3）在左视图中绘制一条直线与步骤 1）中的曲线形成交叉，使用“点”工具把交叉点绘制出来，构造一个与前视图平行但与点重合的基准面，在该基准面上绘制图 6-13 所示的拟合曲线。

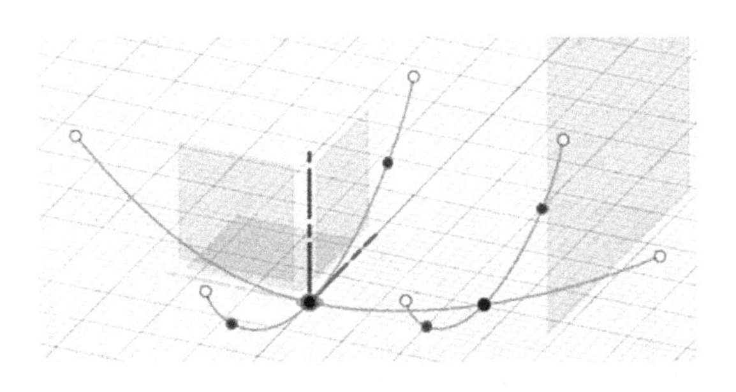

图 6-13　绘制曲线（三）

4）重复图 6-13 所示曲线绘制步骤，绘制图 6-14 所示的另一侧的曲线。

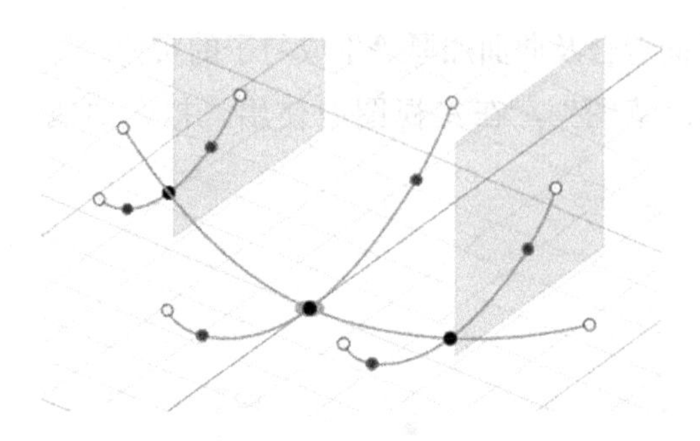

图 6-14　绘制曲线（四）

5）单击曲面“创建”面板上的“放样曲面”按钮，选择三个横向的曲线为轮廓，选择纵向的一条曲线为轨迹，结果如图 6-15 所示。

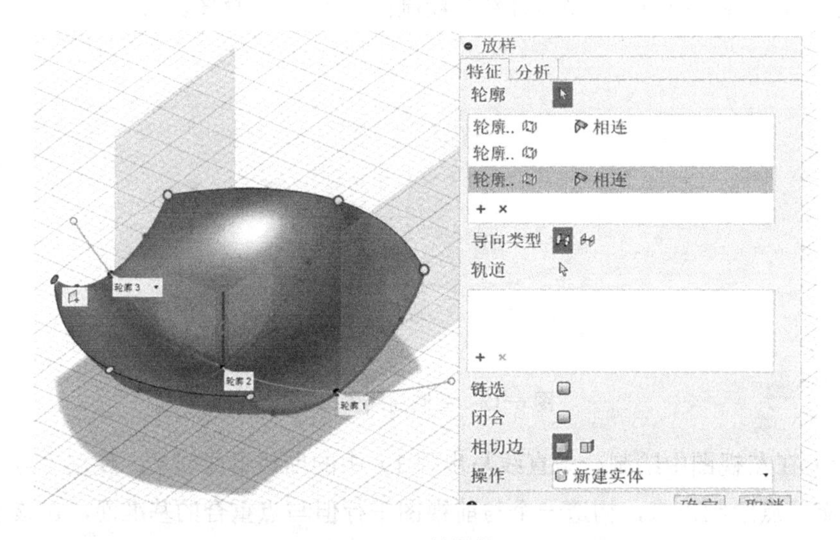

图 6-15　放样曲面

6）构造一个基准面与上视图平行，如图 6-16 所示。

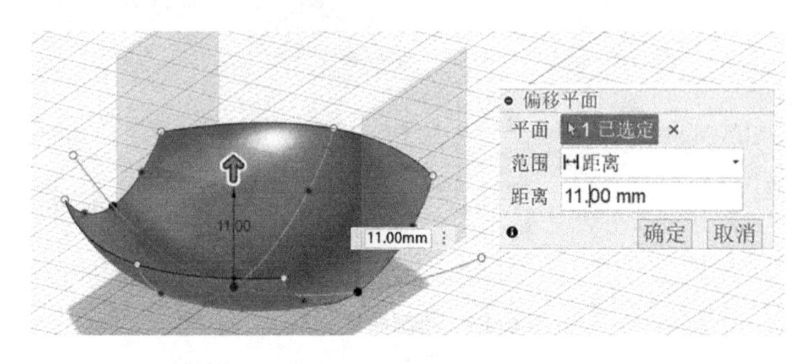

图 6-16　构造平面

7）在该基准面上绘制一个勺子的形状，如图 6-17 所示。

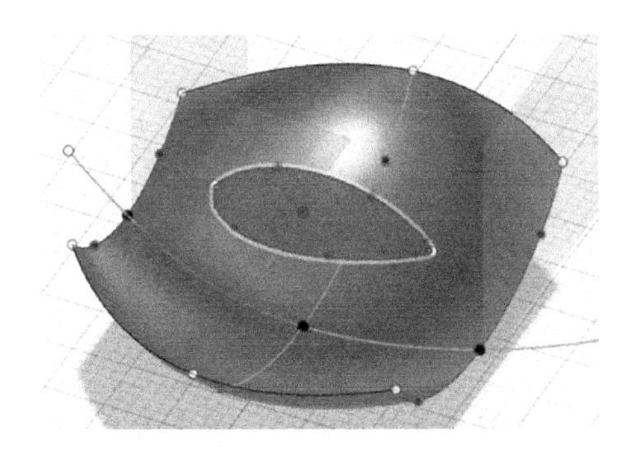

图 6-17　绘制草图

8）使用“拉伸曲面”工具，将草图垂直向下拉伸，与曲面形成交叉，如图 6-18 所示。

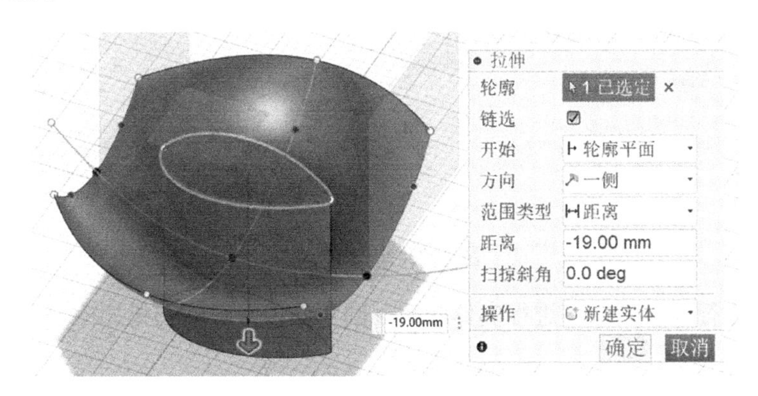

图 6-18　拉伸曲面

9）使用“剪裁曲面”工具剪掉多余曲面，如图 6-19 所示。

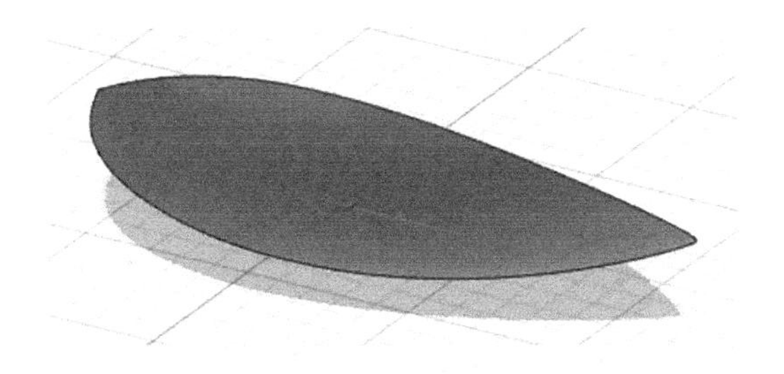

图 6-19　剪裁曲面

10）单击曲面“创建”面板中的“加厚”按钮，将曲面加厚到 1mm，如图 6-20 所示。

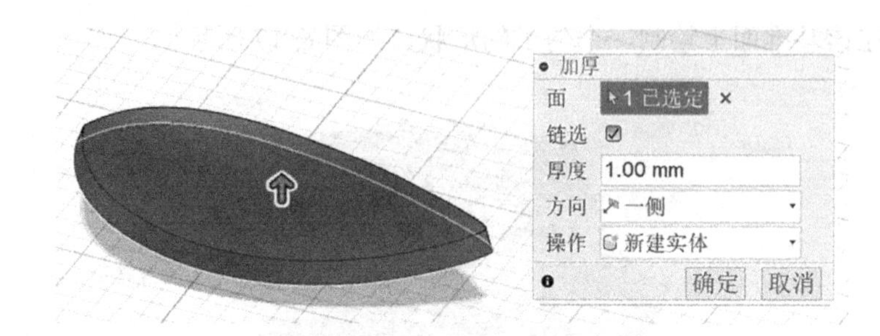

图 6-20　加厚曲面

11）绘制一个勺柄的草图，并拉伸实体，如图 6-21 所示。

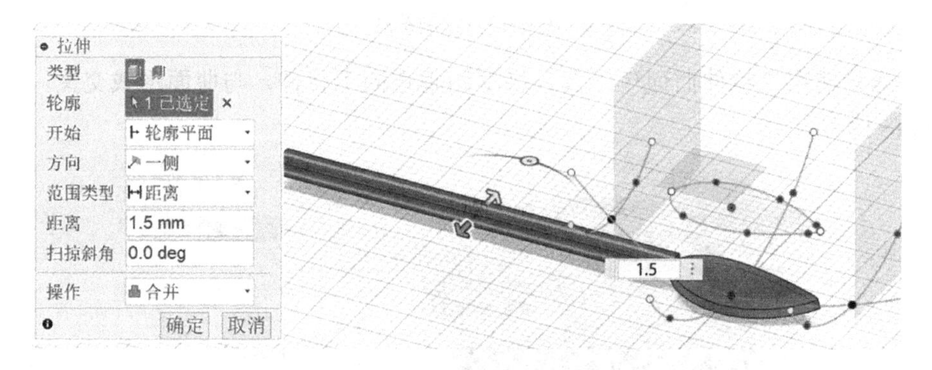

图 6-21　拉伸实体

12）进行细节处理，进行实体修改→圆角操作，最终结果如图 6-22 所示。

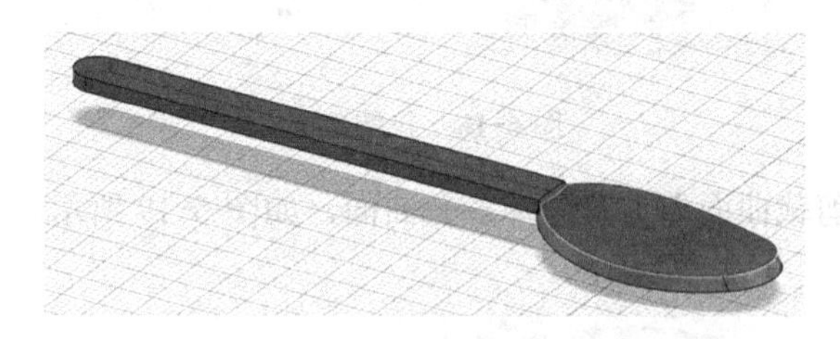

图 6-22　最终结果

6.3.2　实例二：水龙头

创建图 6-23 所示水龙头。水龙头是练习曲面操作的合适案例，主要生成过程为曲面扫描、放样、拉伸、剪裁等。该练习过程可加深对曲面工具的理解。

1）单击“创建草图”按钮，选择上视图绘制图 6-24 所示的直径为 50mm 的圆。

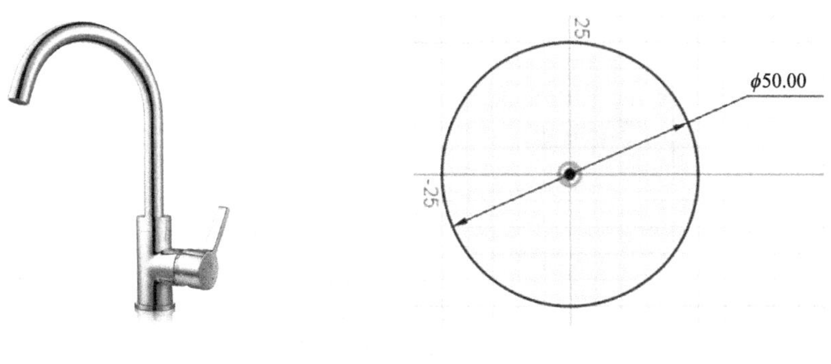

图 6-23　水龙头　　　　图 6-24　绘制圆

2）单击“拉伸”按钮，弹出图 6-25 所示对话框，选择草图，设置拉伸距离为 4mm。

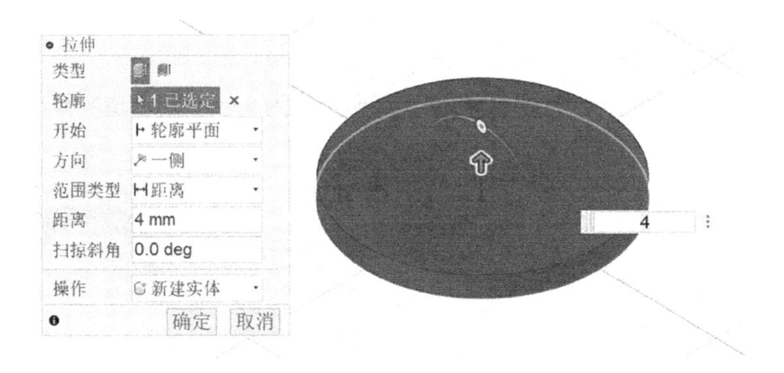

图 6-25　拉伸凸台

3）选择凸台的上顶面，绘制图 6-26 所示的直径为 45mm 的圆。

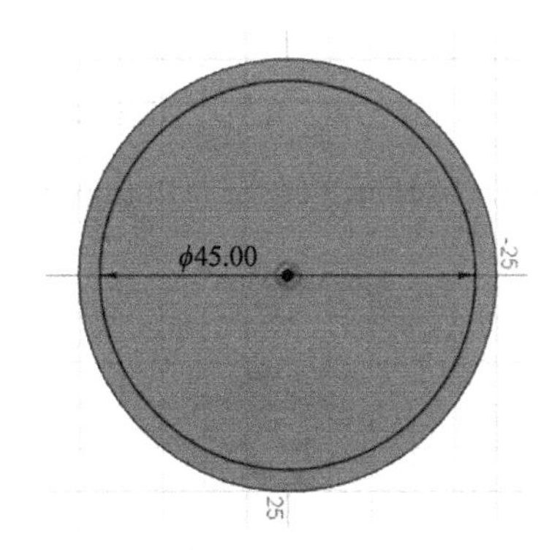

图 6-26　绘制圆

4）将圆拉伸为高为 100mm 的圆柱体，如图 6-27 所示。

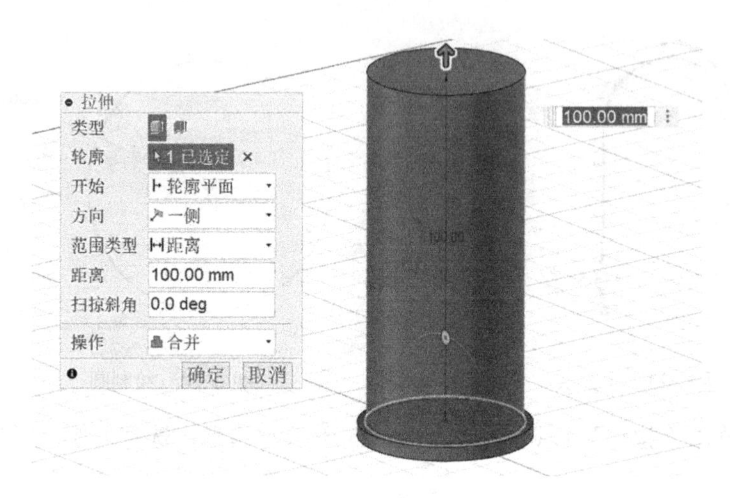

图 6-27　拉伸实体

5）选择右视图绘制图 6-28 所示草图。

6）使用“管道”工具利用草图创建截面尺寸为 25mm 的管道实体，如图 6-29 所示。

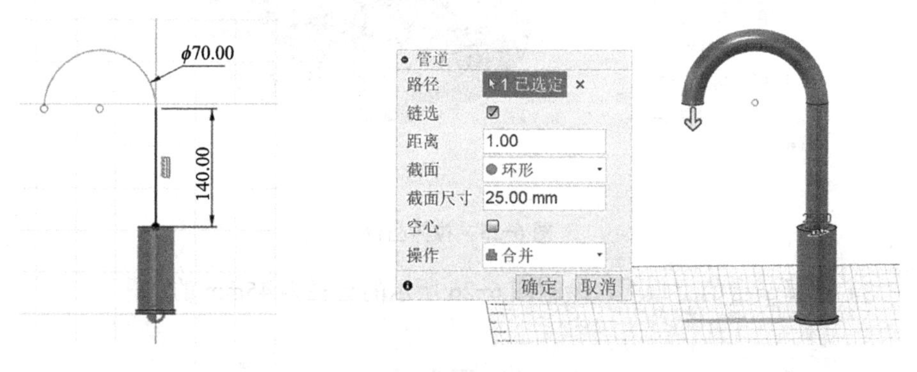

图 6-28　绘制草图　　　　图 6-29　管道特征

7）选择右视图绘制图 6-30 所示的直径为 40mm 的圆。

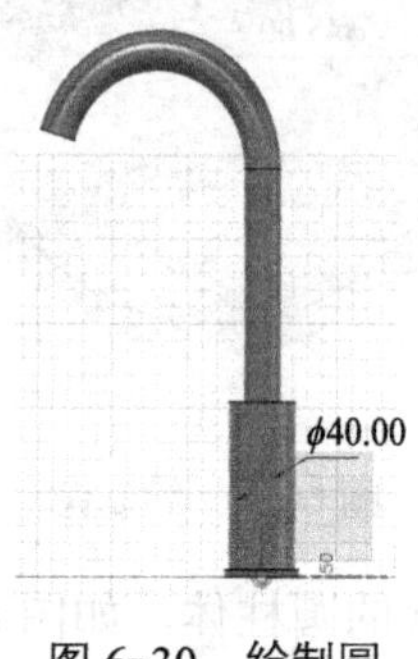

图 6-30　绘制圆

8）选择草图拉伸凸台，设置凸台高度为 40mm，如图 6-31 所示。

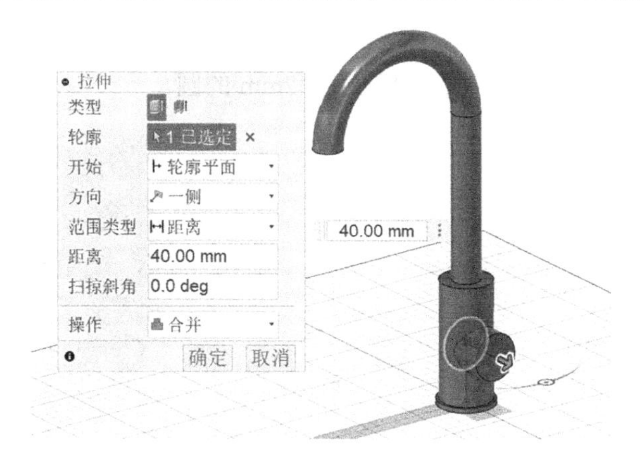

图 6-31　拉伸凸台

9）在图 6-32 所示平面上绘制直径为 33mm 的圆。

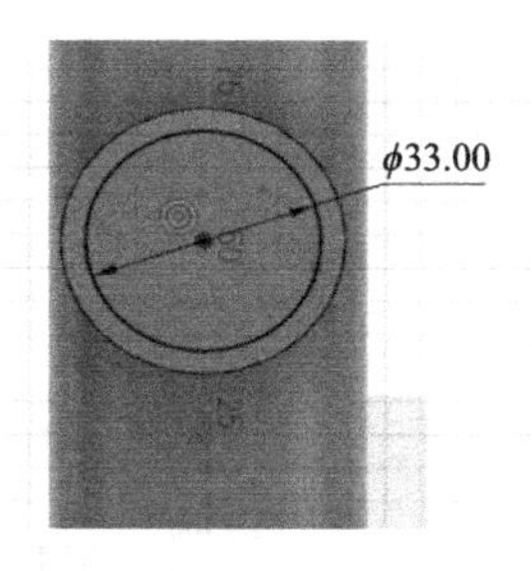

图 6-32　绘制圆

10）拉伸凸台，设置“距离”为 10mm，如图 6-33 所示。

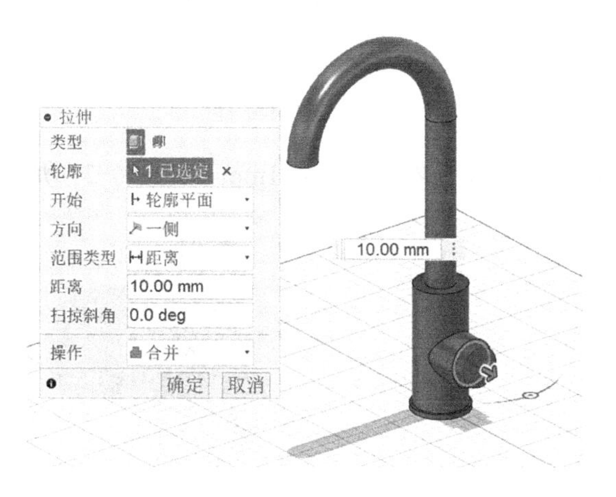

图 6-33　拉伸凸台

11）构造一个新的基准平面，选择左视图，设置偏移距离为-60mm，如图 6-34 所示。

12）在图 6-35 所示平面绘制直径为 42mm 的圆。

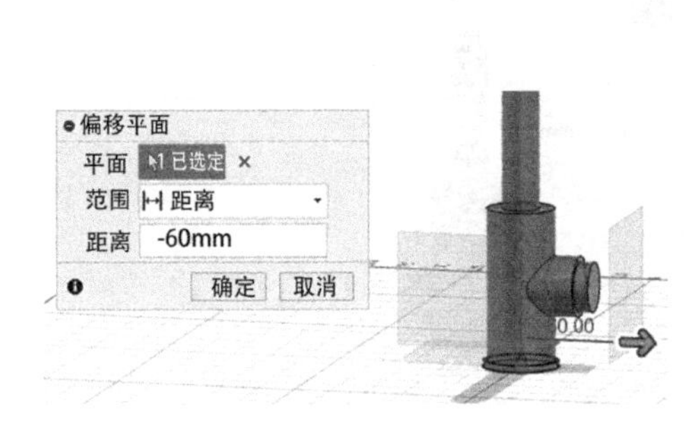

图 6-34 偏移平面

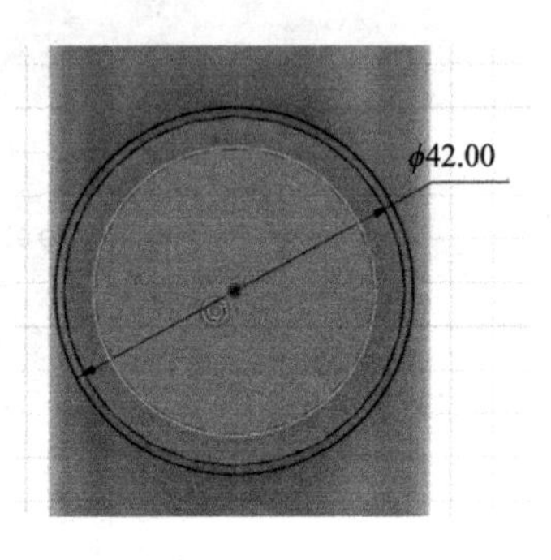

图 6-35 绘制圆

13）选择“拉伸”向图 6-36 所示方向拉伸凸台。“操作”类型选择为“新建实体”。

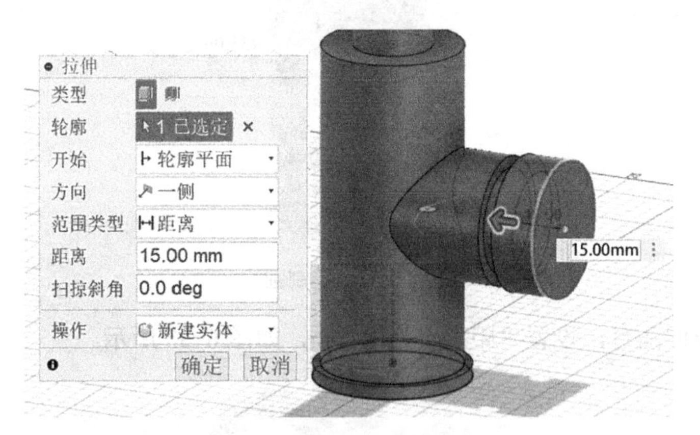

图 6-36 拉伸凸台

14）选择“抽壳”，设置内侧厚度为 1mm，如图 6-37 所示。

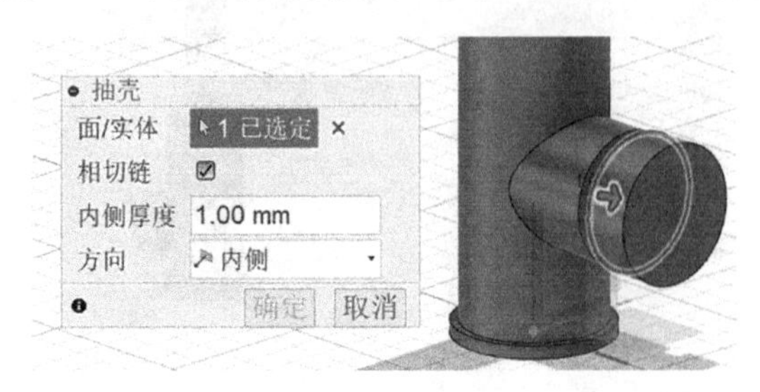

图 6-37 抽壳

15）绘制图 6-38 所示草图。

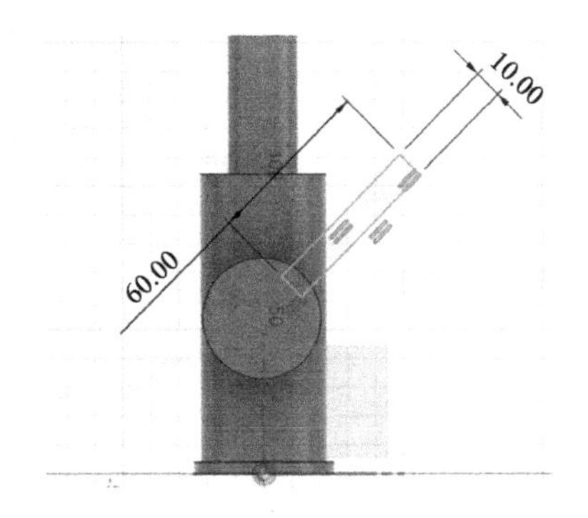

图 6-38　绘制矩形

16）选择草图，拉伸距离为 -8mm 的凸台，如图 6-39 所示。

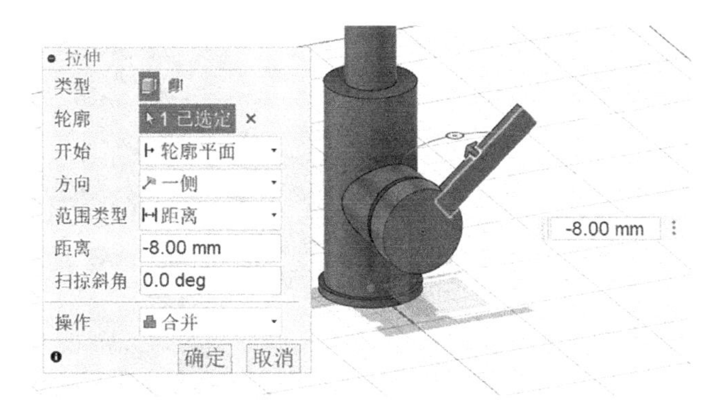

图 6-39　拉伸实体

17）绘制不同大小的圆角，如图 6-40 ～图 6-44 所示。

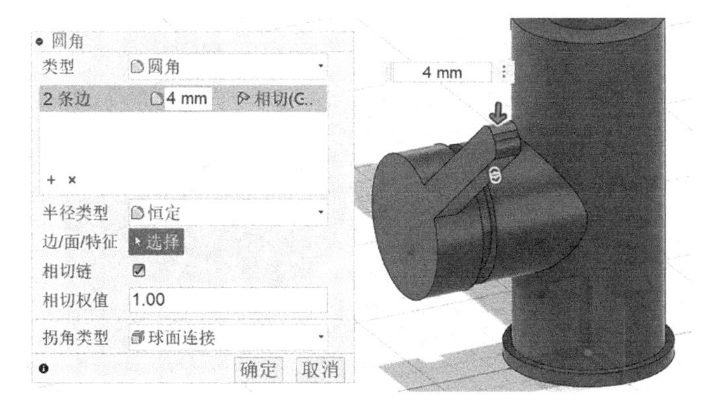

图 6-40　添加圆角特征（一）

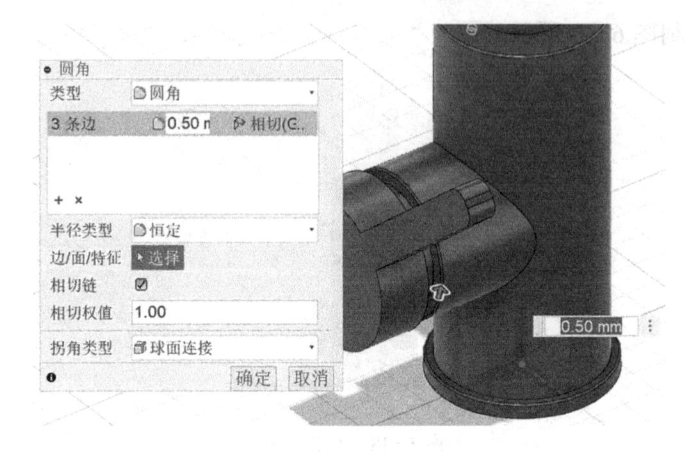

图 6-41　添加圆角特征（二）

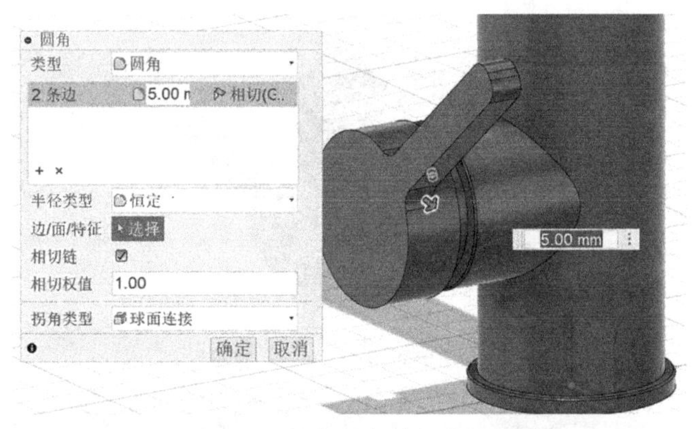

图 6-42　添加圆角特征（三）

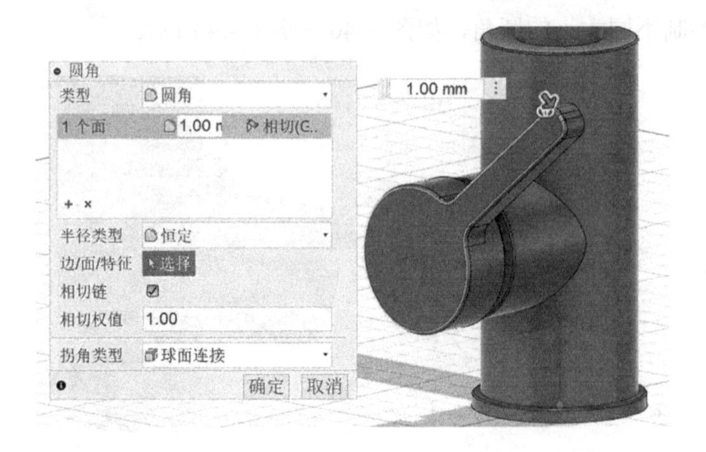

图 6-43　添加圆角特征（四）

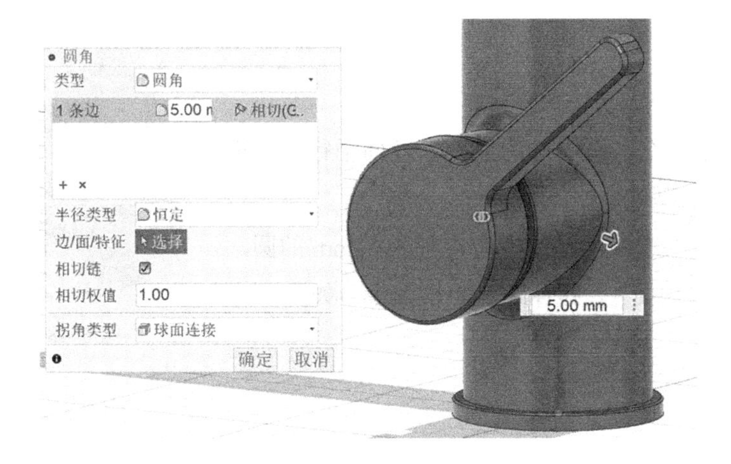

图 6-44　添加圆角特征（五）

18）将水龙头的管道抽壳并添加圆角特征，如图 6-45、图 6-46 所示。

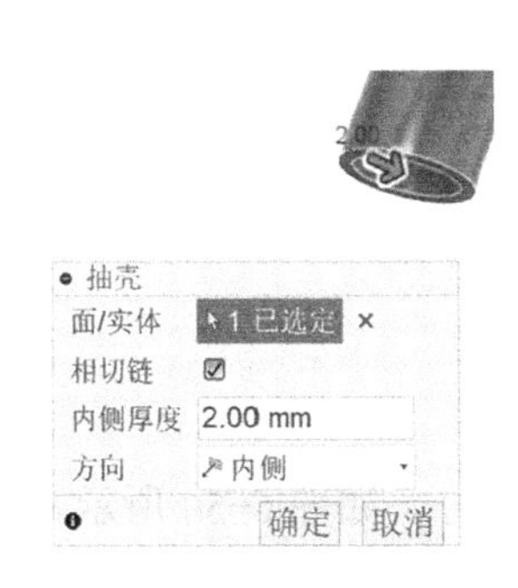

图 6-45　管道抽壳

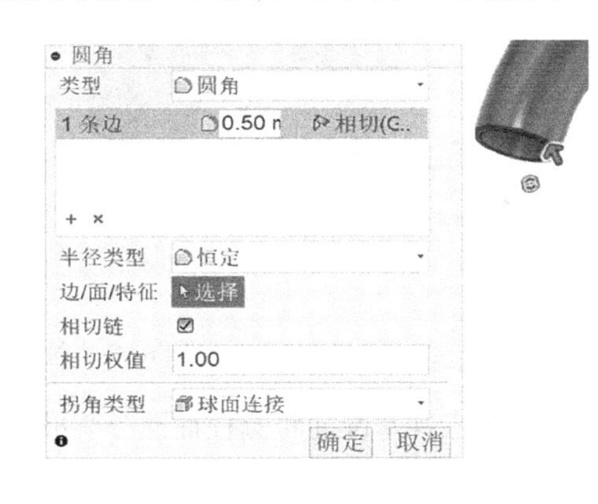

图 6-46　添加圆角特征

19）结果如图 6-47 所示。

图 6-47　最终结果

6.3.3 实例三：三通

创建图 6-48 所示的三通。

1）构造一个与画布中的前视基准面平行、距离为 70mm 的新基准面。

2）在新基准面上绘制一个半径为 80mm 的圆，并使用“拉伸曲面”，拉伸距离为 -40mm，如图 6-49 所示。

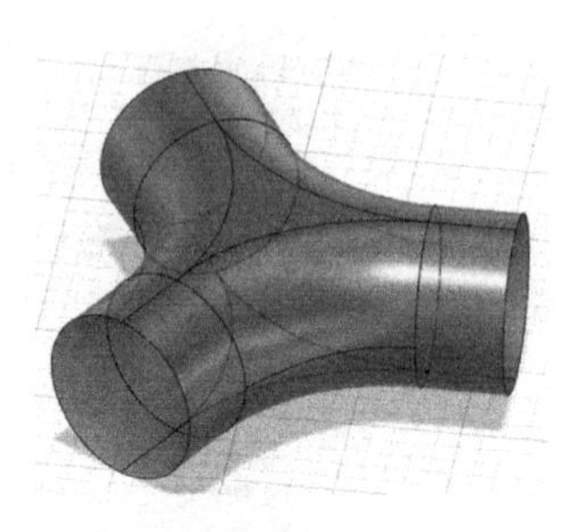

图 6-48　三通

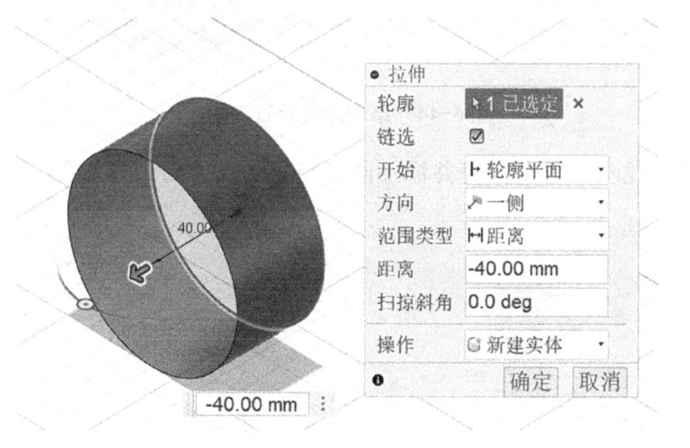

图 6-49　拉伸曲面

3）使用左视基准面将圆柱曲面分割成左右两个部分，如图 6-50 所示。

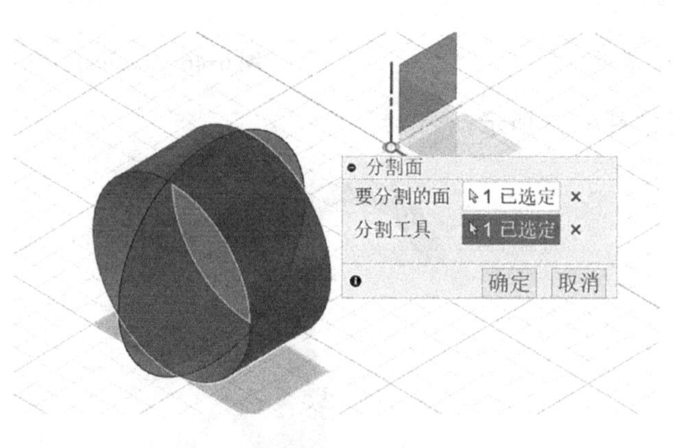

图 6-50　分割曲面

4）使用“环形阵列”工具，将分割后的圆柱面绕着 Z 轴进行阵列，阵列数量为 3，如图 6-51 所示。

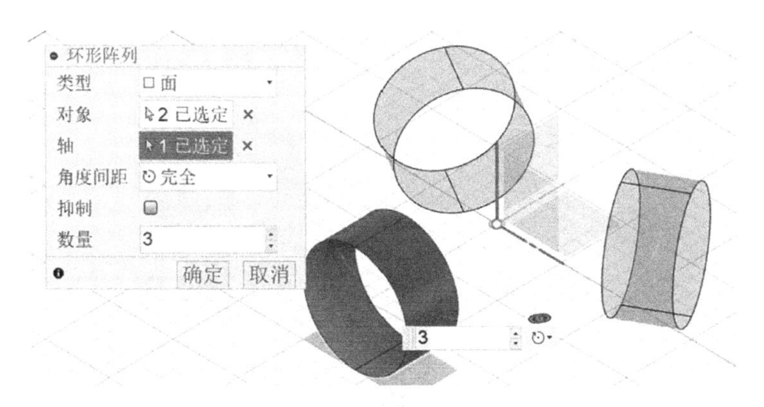

图 6-51　环形阵列

5）使用“放样曲面”工具，选择两个相邻圆柱面的边线，设置图 6-52 所示参数轮廓为“相切”“与曲面对齐”。

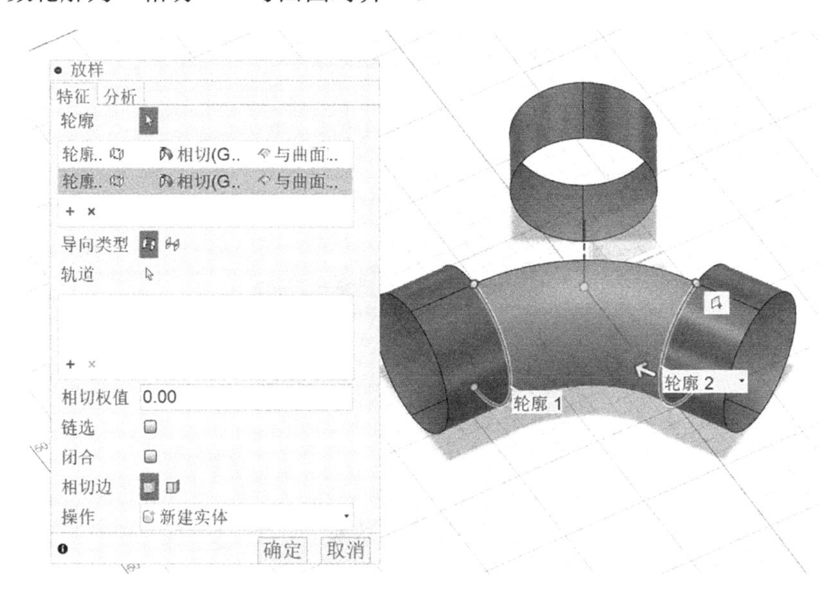

图 6-52　放样曲面（一）

6）将另外两边的圆柱面边缘也使用“放样曲面”将其连接起来，如图 6-53 所示。

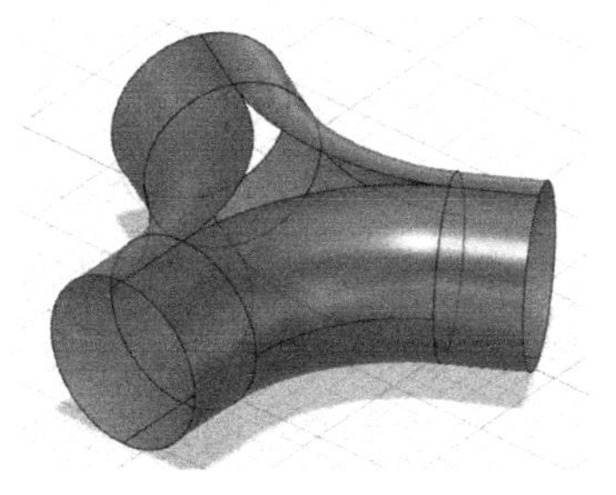

图 6-53　放样曲面（二）

7）继续使用“放样曲面”工具，将三条边线中其中两条选择为放样轮廓，剩下的一条作为放样轨道，生成图 6-54 所示曲面，下侧也同样操作。

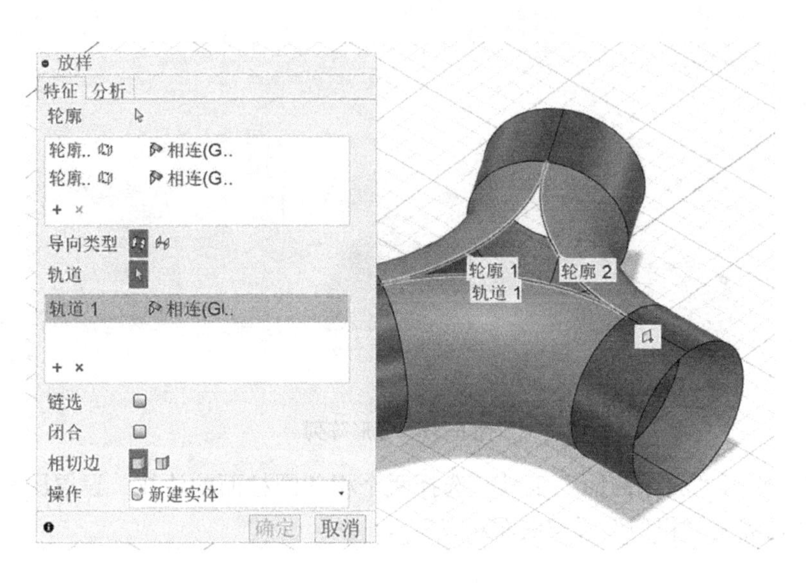

图 6-54　放样曲面（三）

8）最终效果如图 6-55 所示。

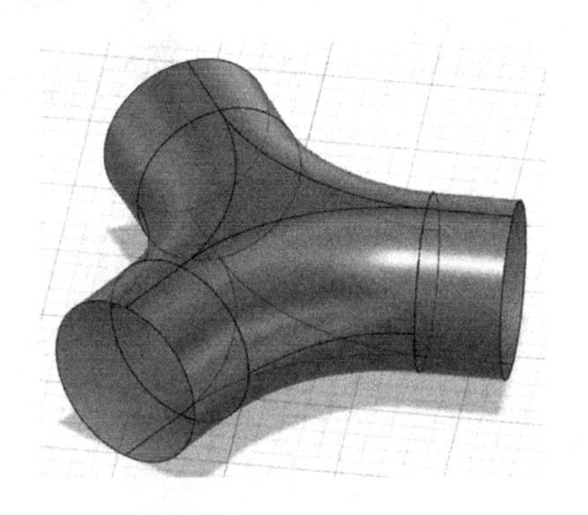

图 6-55　最终效果

6.3.4　实例四：传声器

分析产品曲面结构，确定建模思路，如图 6-56 所示。具体步骤如下：

1）将产品图片插入前视图画布。

2）单击“构造”下拉菜单，选择“偏移平面”。这里的平面是指可以用来绘制平面草图的基准面，如图 6-57 所示。

3）在各基准面内绘制草图，对草图关系设置“重合”约束，如图 6-58 所示。在下一步的放样曲面操作中，需要轮廓线与路径有相交关系。

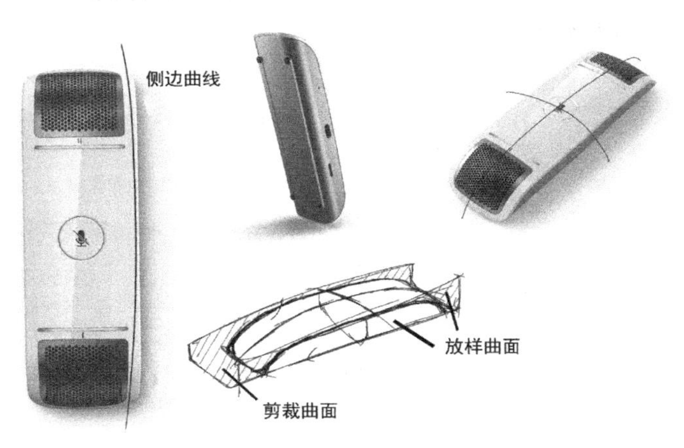

图 6-56　分析建模思路

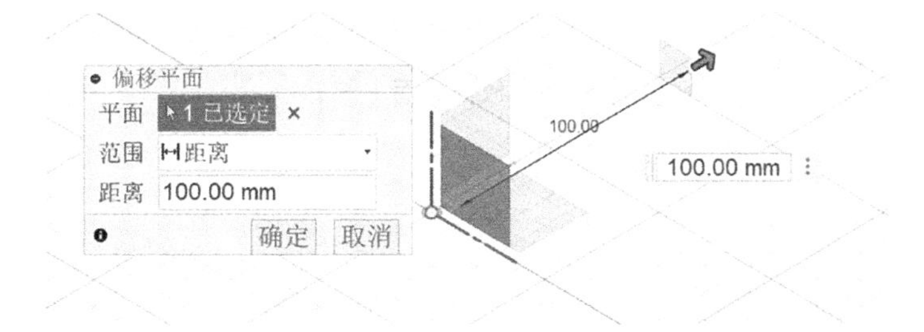

图 6-57　偏移平面

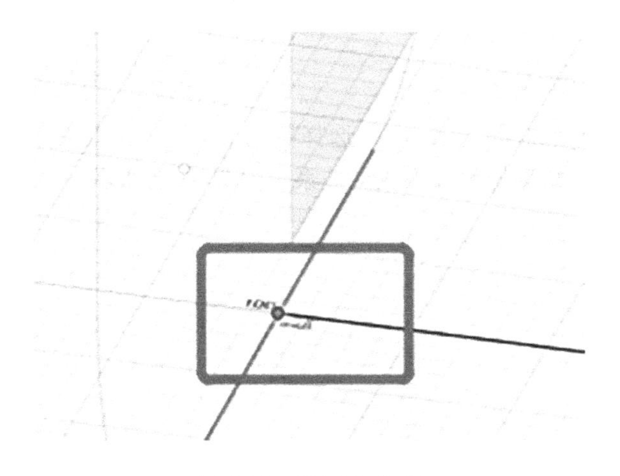

图 6-58　“重合”约束

4）单击放样曲面，选择轮廓和轨道路径。同理，完成第二个放样曲面，如图 6-59 ～图 6-61 所示。

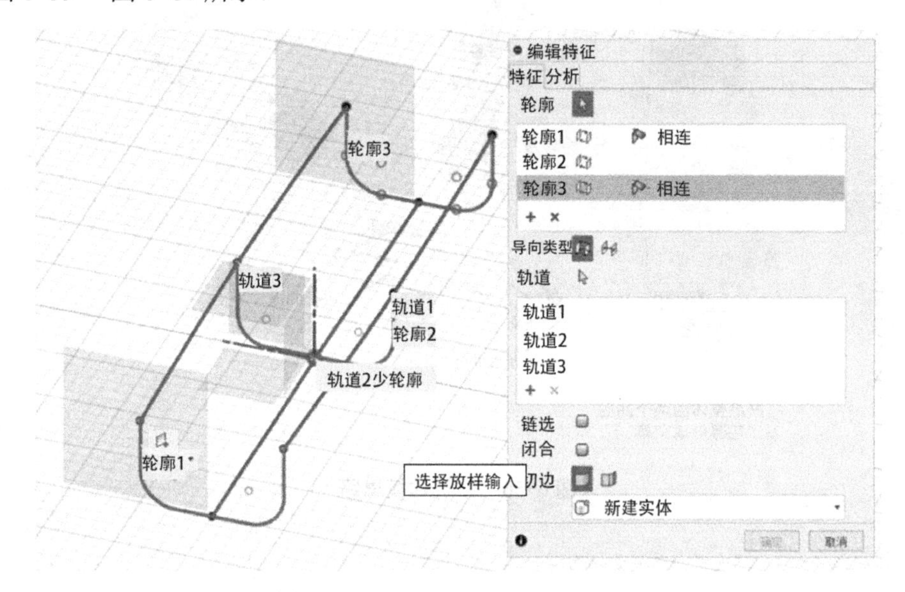

图 6-59 放样曲面（一）

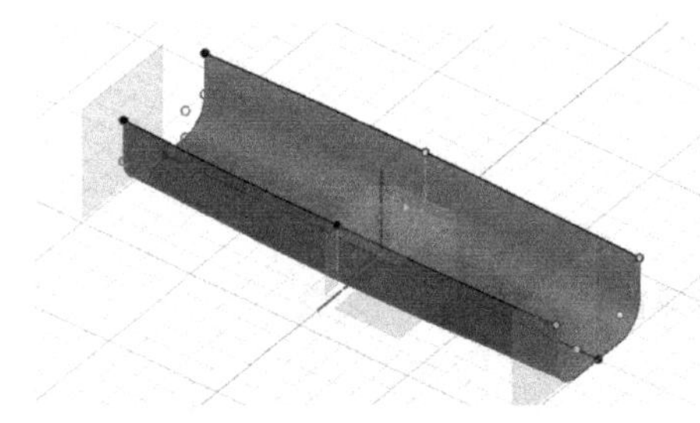

图 6-60 放样曲面（二）

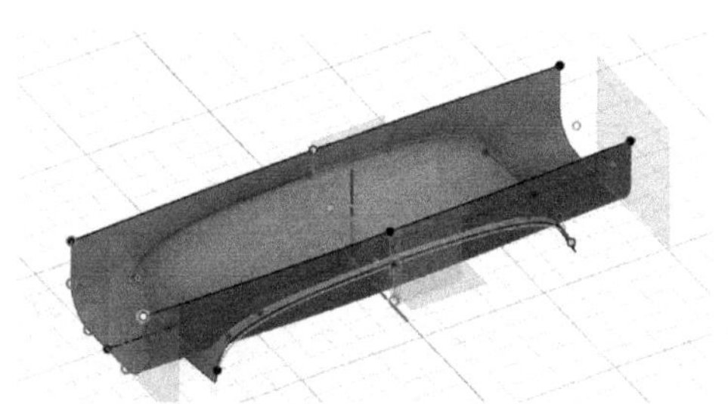

图 6-61 放样曲面（三）

5）单击“剪裁曲面”按钮，选择剪裁工具，单击要去除的部分。裁切曲面需要剪裁工具与待裁切部分为相交关系，如图 6-62 所示。

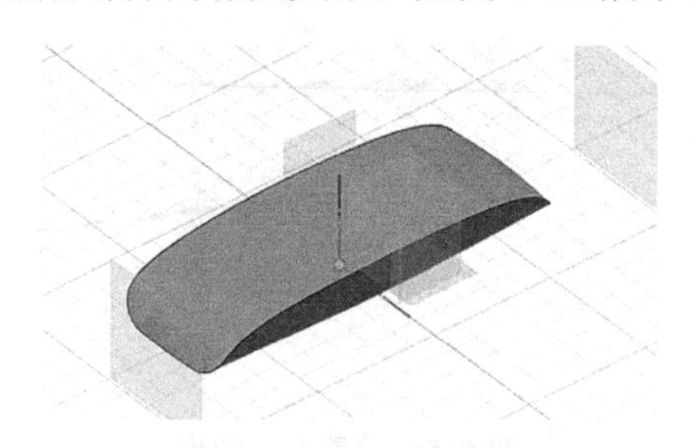

图 6-62 剪裁曲面

6）选择两个曲面进行缝合，如图 6-63 所示。

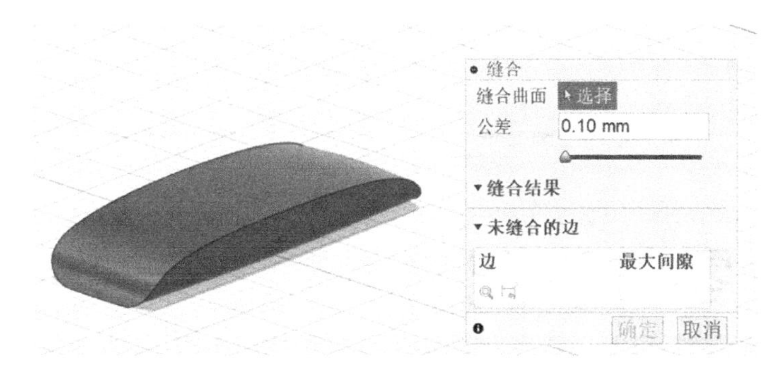

图 6-63　缝合曲面

7）绘制草图，选择“分割实体”，选择需要分割的实体，选择草图，完成分割，如图 6-64 所示。

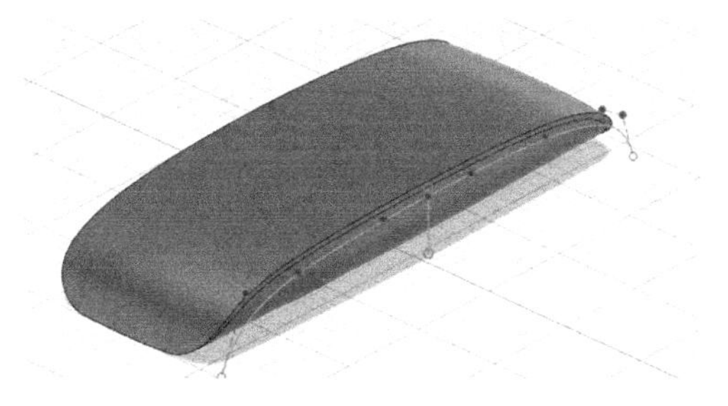

图 6-64　分割实体

8）进行添加圆角、分割实体等细节处理。最终结果如图 6-65 所示。

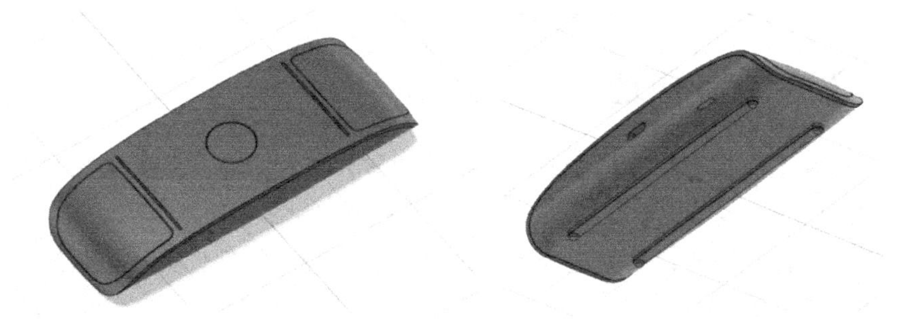

图 6-65　最终结果

第7章

零件装配

Fusion 360 提供了强大的装配设计功能，可以很方便地将零件设计和钣金设计环境中生成的零件按照一定的装配关系进行装配。Fusion 360 支持并行的装配工程，允许多个设计者对同一个装配项目进行操作，并且可以及时访问设计组内其他成员的当前设计。

本章重点：

- 装配设计概述。
- 零部件的装配关系。
- 编辑零部件。

7.1 装配设计概述

在实际工业生产中，机器或部件都是由零件按照一定的装配关系和技术要求装配而成的。本节主要介绍 Fusion 360 中常用装配命令的基本用法。

进行零件装配时，首先应合理地选择第一个装配零件。第一个装配零件应满足如下两个条件：

1）装配零件是整个装配体中最为关键的零件。

2）用户在以后的工作中不会删除该零件。

零件之间的装配关系也可形成父子关系。在装配的过程中，已存在的零件成为父零件，与父零件进行装配的零件成为子零件。子零件可以单独删除，而父零件则不可以删除，删除父零件时，与之相关的所有子零件将一起被删除，因此删除第一个零件就删除了整个装配模型。

在 Fusion 360 中新建设计，单击“装配”面板中的“新建零部件”按钮，弹出图 7-1 所示的“新建零部件”对话框，单击“（未保存）”节点右侧的单选框，就选择了新建零部件的父对象，可以选择在外部新建零部件或者在内部新建零部件。

图 7-1 “新建零部件”对话框

7.2 零部件的装配关系

Fusion 360 的装配关系综合解决了零件装配的各种情况，装配零件的过程实际就是定义零件与零件装配关系的过程。图 7-2 所示为 Fusion 360 中的装配命令。

新建零部件	
联接	J
快速联接	Shift+J
联接原点	
刚性组	
正切关系	

图 7-2 装配命令

1. 联接

“联接”对话框中的“位置”选项卡如图 7-3 所示。相对于其他零部件放置零部件，并定义相对运动。选择几何图元或联接原点以定义联接，指定类型以定义相对运动。位置的联接模式有“简单”“两个面之间”、“两条边的交点”。“联接”对话框中的“运动”选项卡如图 7-4 所示。运动的联接模式有“刚性”“旋转”“滑块”“圆柱”“销槽”“平面”“球”。位置和运动的联接约束是同时的。

2. 快速联接

“快速联接”对话框如图 7-5 所示。联接约束只有运动约束。将两个零部件相对于彼此定义相对运动。选择两个零部件，然后选择联接类型，放置联接原点，调整联接运动设置。

3. **联接原点**

在零部件上放置联接原点。联接原点定义用于关联联接的零部件的几何图元。图 7-6 所示为“联接原点”对话框。

图 7-3 “联接”对话框“位置”选项卡

图 7-4 “联接”对话框“运动”选项卡

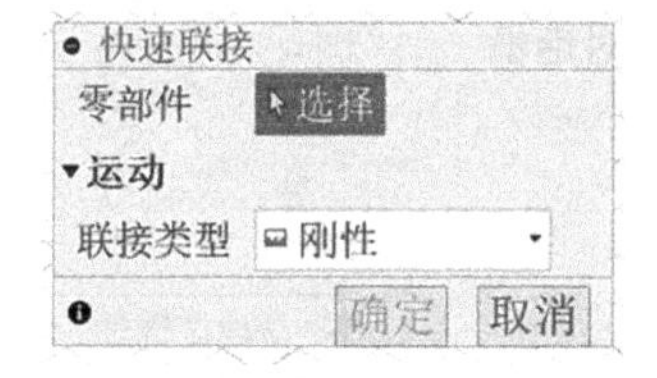

图 7-5 “快速联接”对话框

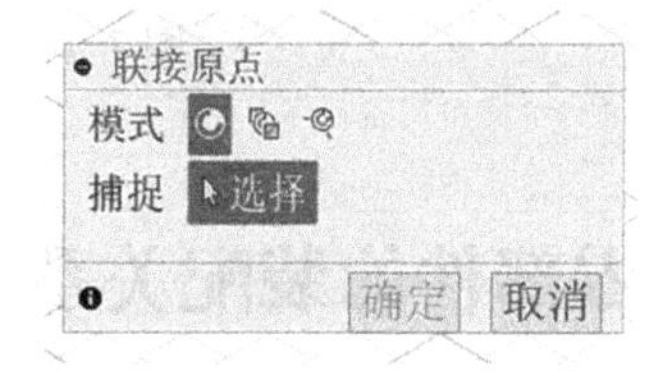

图 7-6 “联接原点”对话框

4. **刚性组**

锁定选定零部件的相对位置。在移动或应用联接时，零部件被视为单个对象。选择要编为一组的零部件。图 7-7 所示为“刚性组”对话框。

5. **正切关系**

在两个零部件的联接面之间创建正切关系。在第一个零部件中的实体上选择面，然后在第二个零部件中的实体上选择面。选定的面保持彼此相切的位置关系。图 7-8 所示为“正切关系”对话框。

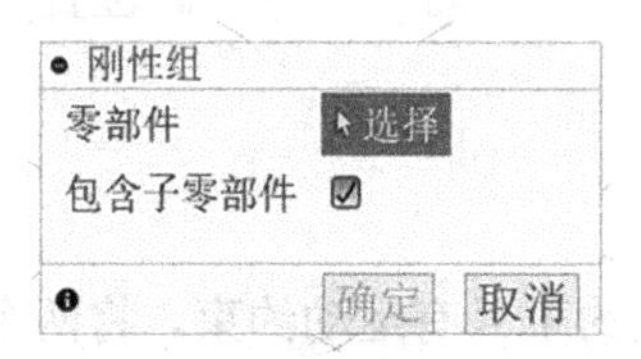

图 7-7 “刚性组”对话框

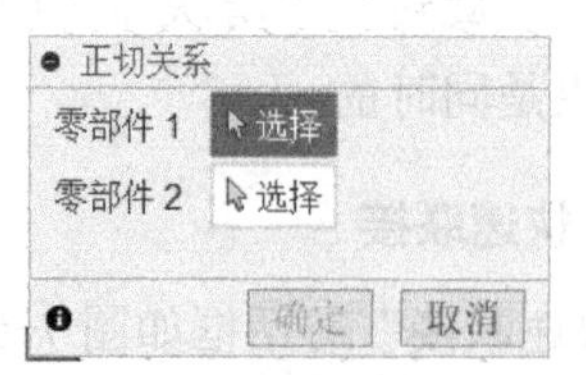

图 7-8 “正切关系”对话框

7.3 编辑零部件

在使用 Fusion 360 进行零部件装配的过程中，当出现多个相同的零部件时，使用“阵列”或“镜像”功能可以避免多次插入零部件的重复操作。使用“移动”或“旋转”功能可以平移或旋转零部件。

7.3.1 阵列零部件

零部件的阵列方式与实体的阵列方式完全一致，有矩形阵列、环形阵列和路径阵列。这里以矩形阵列举例，其他阵列方式不再赘述。操作步骤如下：

1）单击“创建”下拉菜单中的“矩形阵列”，系统弹出“矩形阵列”对话框，如图 7-9 所示。

2）选择阵列“类型”为“零部件”，选定零部件作为对象，选定阵列方向，设置阵列数量和阵列距离。单击“确定”按钮完成零部件阵列操作。

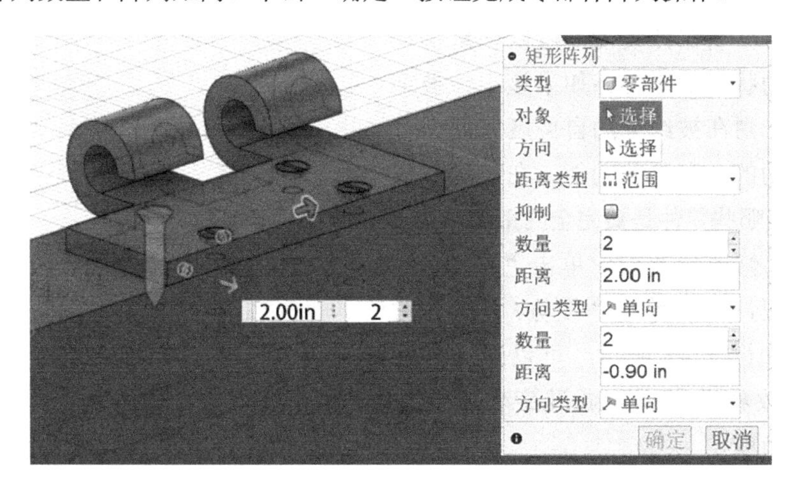

图 7-9 “矩形阵列”对话框

7.3.2 镜像零部件

当固定的参考零部件为对称结构时，可以使用“镜像”命令来生成新的零部件。操作步骤如下：

1）单击“创建”面板中的“镜像”按钮，系统弹出“镜像”对话框。

2）选择镜像基准面、要镜像的零件后，单击“确定”按钮生成镜像零部件，如图 7-10 所示。

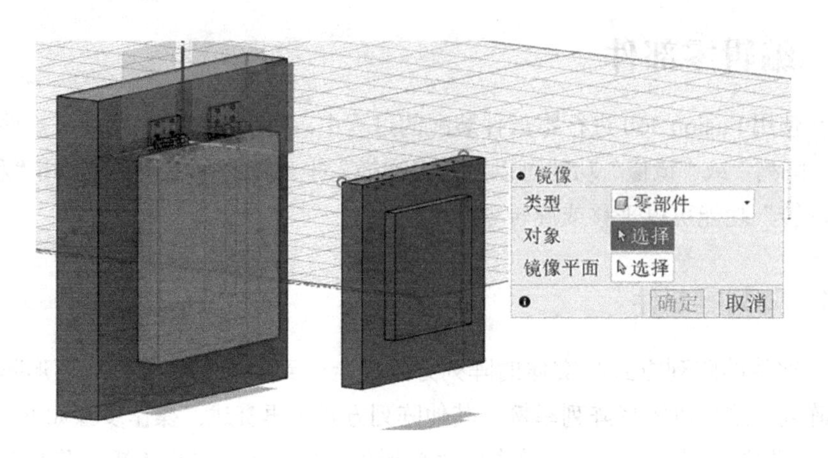

图 7-10 “镜像”对话框

7.3.3 移动 / 复制零部件

利用移动零件功能，可以任意移动处于浮动状态的零件。如果该零件被部分约束，则在被约束的自由度方向上是无法运动的。利用此功能，在装配体中可以检查哪些零件是被完全约束的。

在“修改”面板中单击“移动 / 复制”按钮，系统弹出“移动 / 复制”对话框，如图 7-11 所示。可以通过拖动箭头更改移动距离，通过旋转轴更改零部件角度。

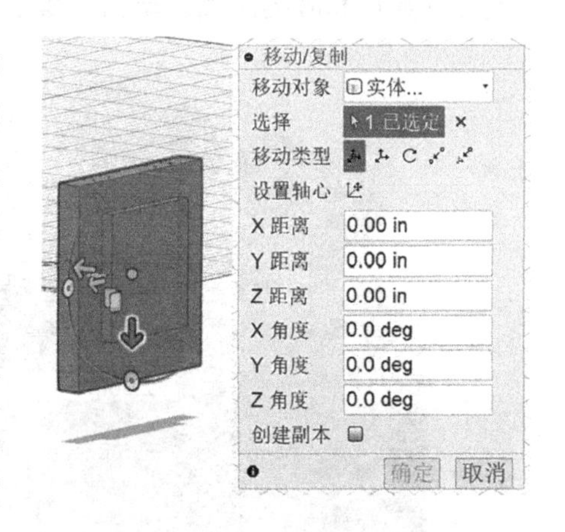

图 7-11 “移动 / 复制”对话框

“移动 / 复制”与“阵列”的区别：

复制产生的零部件与原零件有空间位置链接关系，当移动副本时，原零件不会移动；而移动原零件，副本零件也会同时移动。

阵列产生的零件互相之间在空间上没有约束关系，但有形态链接关系，当改变阵列中的任意零件的形态时，其他零件也会发生变化。

第8章

产品渲染

渲染是产品设计的收尾工作，在进行了建模、设计材质后，通过渲染才能生成丰富多彩的图像或动画。

在本章中，将详细介绍Fusion 360中的模型渲染设计功能，最后以典型实例讲解如何进行渲染，以及渲染的基本知识。通过本章的学习，希望大家能够基本掌握渲染的操作方法，并能进行一些简单的渲染工作。

本章重点：

- 渲染操作。

8.1 渲染操作

8.1.1 渲染基本步骤

在使用Fusion 360的渲染工作空间对模型进行渲染时，所需要的步骤基本相同。为了达到理想的渲染效果，可能需要多次、重复的渲染步骤。渲染的基本步骤如下：

1）放置模型。使用标准视图或使用放大、旋转和移动模型的位置，使需要渲染的零件或装配体处于一个理想的视图位置。

2）应用材质。在零件、特征或模型表面上指定材质。

3）设置布景和光源。从预设布景库中选择一个布景，或根据要求设置背景与场景。

4）渲染模型。在画布中渲染模型并观看渲染效果。

8.1.2 应用外观

Fusion 360 外观定义模型的数据属性，包括颜色和纹理。

用户可以将外观添加到面、实体或零部件中。单击“设置”面板中的“外观”按钮，弹出图 8-1 所示的“外观”对话框。

外观的层次关系如下：

1）应用到面：单击应用于“面”，鼠标选择的面被外观覆盖，其余面不被覆盖。

2）应用到实体 / 零部件：单击应用于“实体 / 零部件”，实体特征的所有面都将被覆盖。

3）将“库”中的材质拖拽到要应用的面或者实体上，在“在此设计中”就会显示被应用的材质。

图 8-1 “外观”对话框

8.1.3 应用场景

使用布景功能可生成高光泽外观。用户可以通过 Fusion 360 布景编辑器或布景库来布景。单击“设置”面板中的“场景设置”按钮，弹出“场景设置”对话框，如图 8-2 所示。可以设置环境的亮度、位置、背景、颜色，地面的地平面，以及相机的焦距、曝光、景深和纵横比。

单击“环境库”选项卡，如图 8-3 所示。可以选择系统预置的环境灯光，将选好的环境拖拽到画布中，就会应用在画布的渲染效果中。

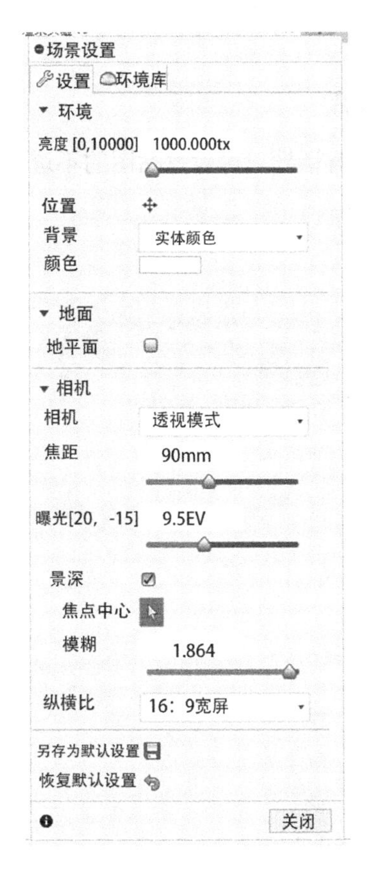

图 8-2 “场景设置”对话框

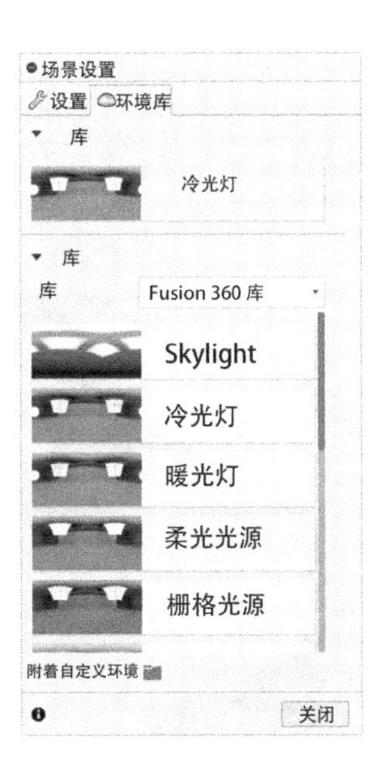

图 8-3 “环境库”选项卡

8.1.4 贴图

Fusion 360 中的渲染设置有“贴图”功能，在模型上贴图是一项常用功能。单击“设置”面板中的“贴图”按钮，弹出“插入”对话框，如图 8-4 所示，单击“从我的计算机插入…”，从“我的电脑”中选择事先准备好的贴图图片。

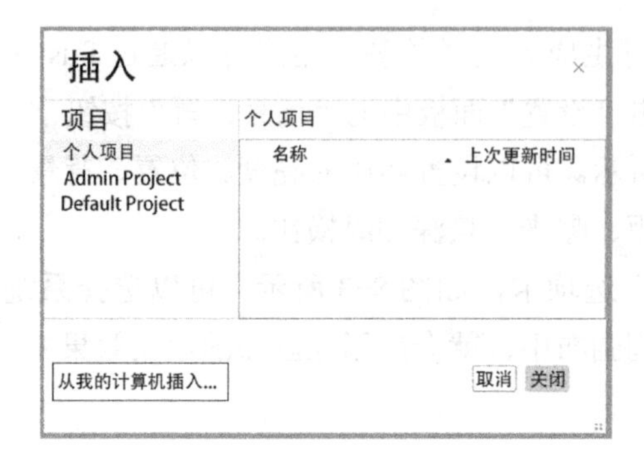

图 8-4 插入图片

选好图片后，弹出图 8-5 所示的“贴图”对话框，可设置贴图的不透明度、位置以及旋转方向等。

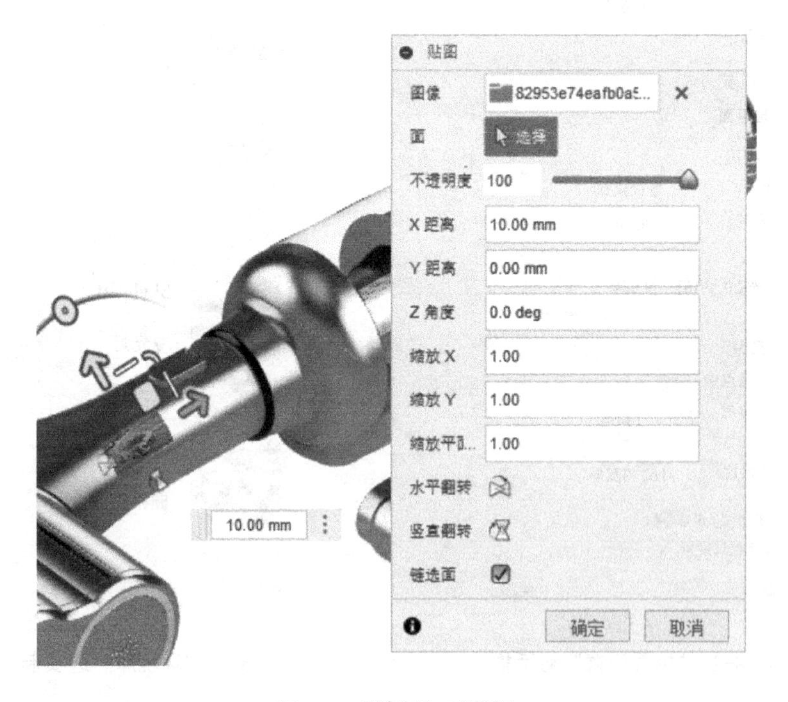

图 8-5 “贴图”对话框

8.1.5 渲染操作步骤

当用户完成了模型的外观、布景、光源及贴图等操作后，就可以使用渲染工具对模型进行渲染。Fusion 360 中关于画布内渲染的操作如图 8-6 所示。

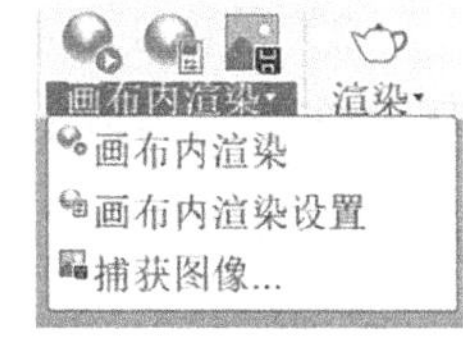

图 8-6 “渲染”操作

Fusion 360 的渲染操作步骤为先在画布内渲染，进行画布内渲染设置，最后捕获图像得到渲染图像。单击“画布内渲染”，弹出图 8-7 所示的渲染进度条。得到满意的渲染效果即可单击暂停键。单击“画布内渲染参数”，弹出“画布内渲染设置”对话框，如图 8-8 所示，设置好各项参数后，单击捕获图像，设置图像存储位置，得到渲染图。

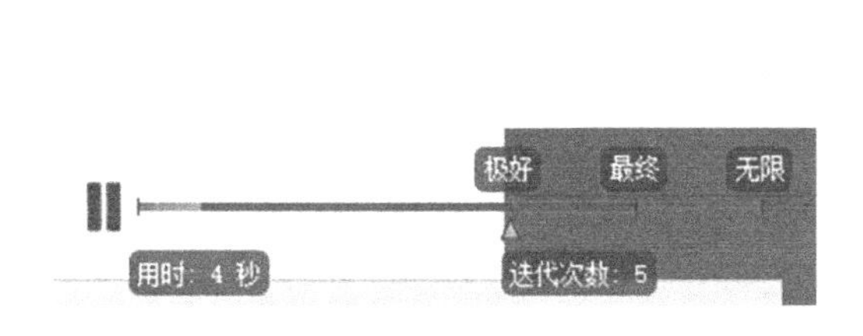

图 8-7 渲染进度条

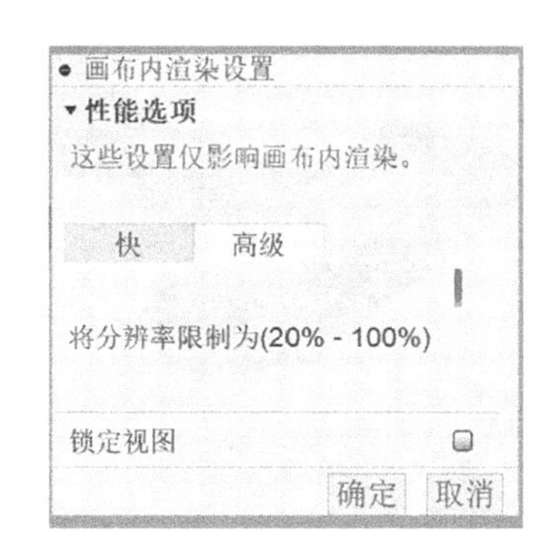

图 8-8 “画布内渲染设置”对话框

8.2 综合实战

8.2.1 渲染吸尘器

1）将工作空间从“设计”转换成“渲染”，单击图 8-9 所示“渲染”按钮。

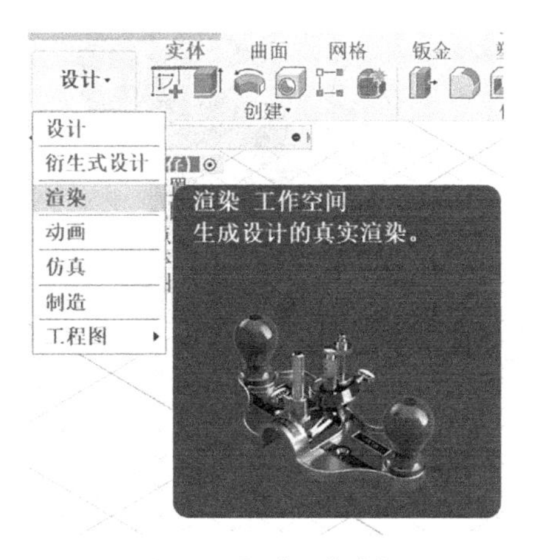

图 8-9 更改工作空间

2）单击工具栏中的“渲染”按钮，弹出“外观”对话框，选择适当的材质并拖动到实体上，此时可以选择将材质赋予整个零部件还是零部件的表面，如图 8-10 所示。

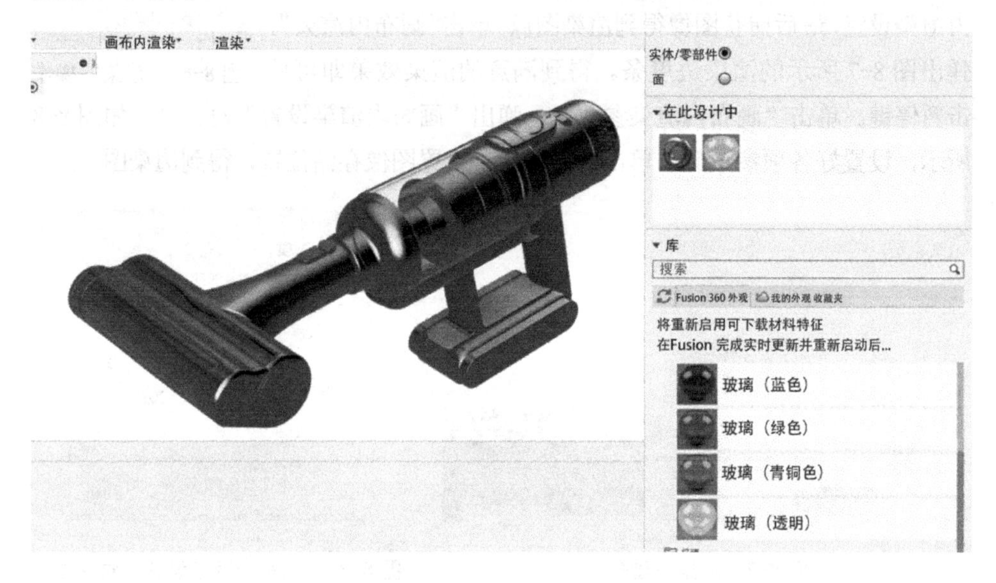

图 8-10 “外观”对话框

3）当遇到渲染透明玻璃内部材质时，可以选择将玻璃零件隐藏，赋予内部材质之后再将隐藏的零件取消隐藏，如图 8-11 所示。

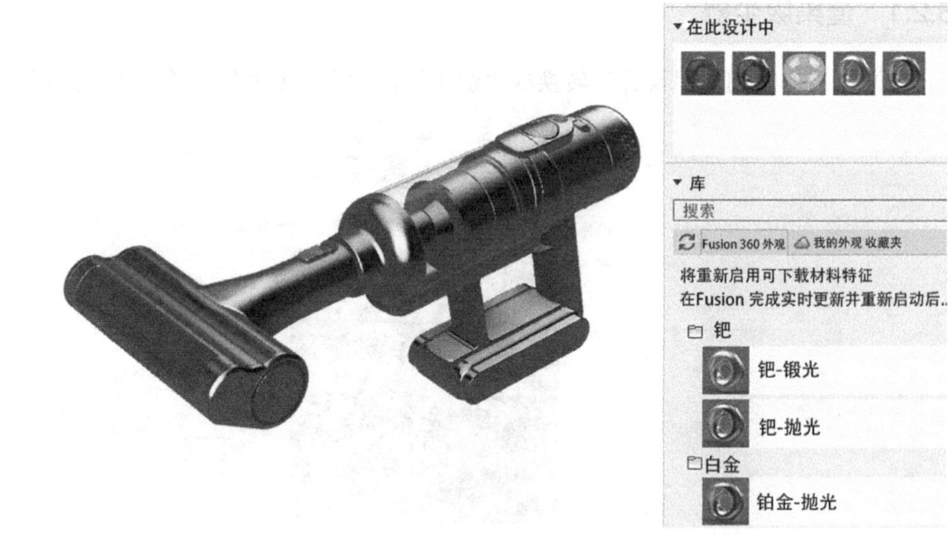

图 8-11 赋材质

4）在赋好材质之后，设置渲染场景。在图 8-12 所示对话框中调节亮度和背景颜色，突出产品的材质特点，增加地面倒影提高画面丰富性。

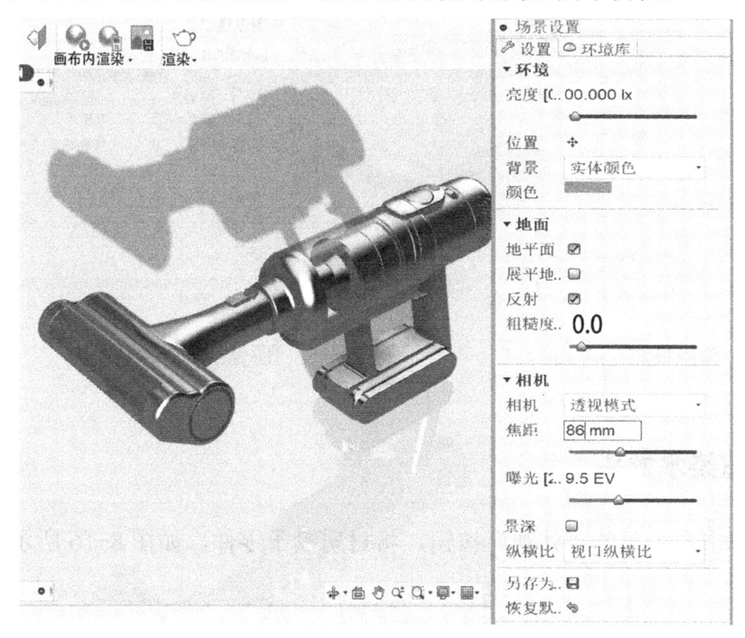

图 8-12　设置渲染场景

5）单击图 8-13 左上角的“画布内渲染”按钮，右下角出现渲染进度条，渲染进度是趋近于无限的，当渲染画面达到满意的效果时，暂停渲染。

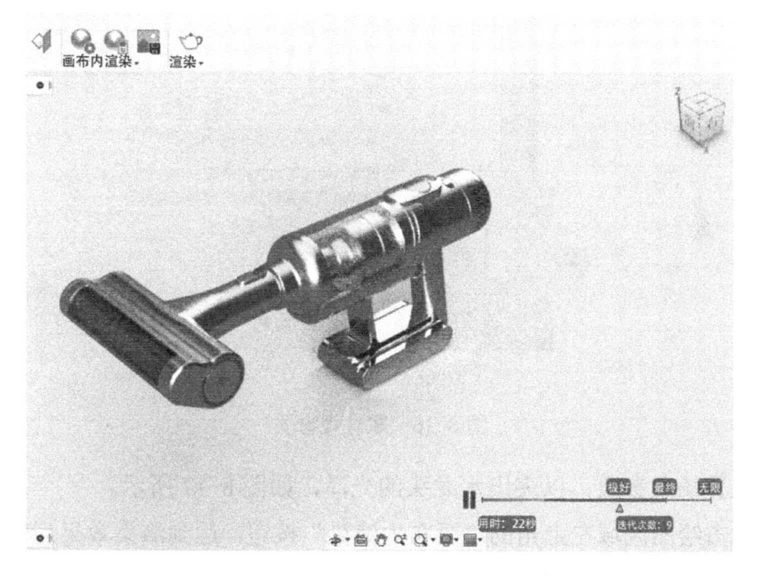

图 8-13　渲染进度条

6）可以设置渲染性能和渲染图像分辨率，如图 8-14 和图 8-15 所示。

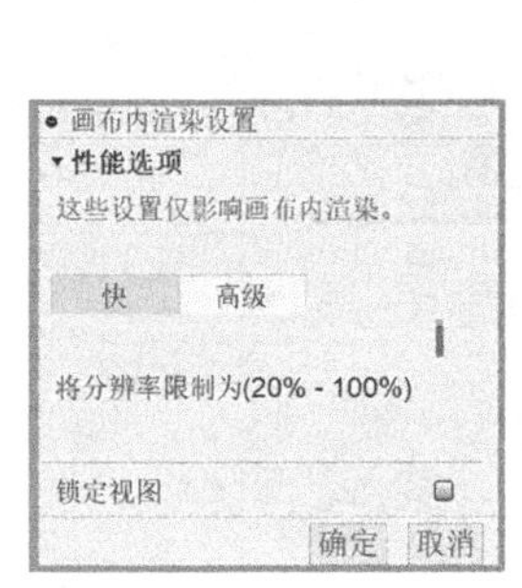

图 8-14　渲染设置

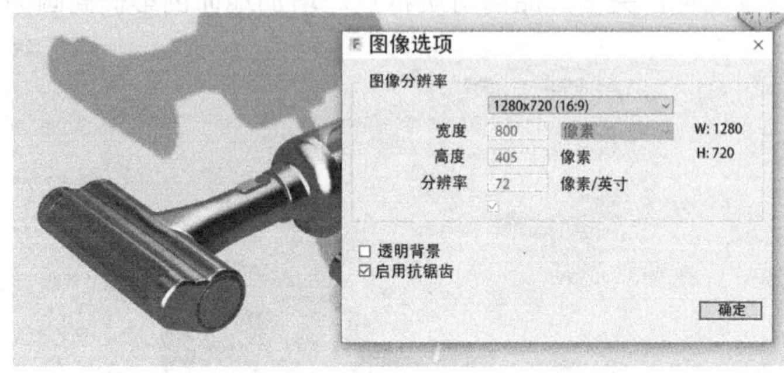

图 8-15　“图像选项”对话框

8.2.2　渲染水龙头

1）单击左上角的“外观”按钮，将材质赋予零件，如图 8-16 所示。

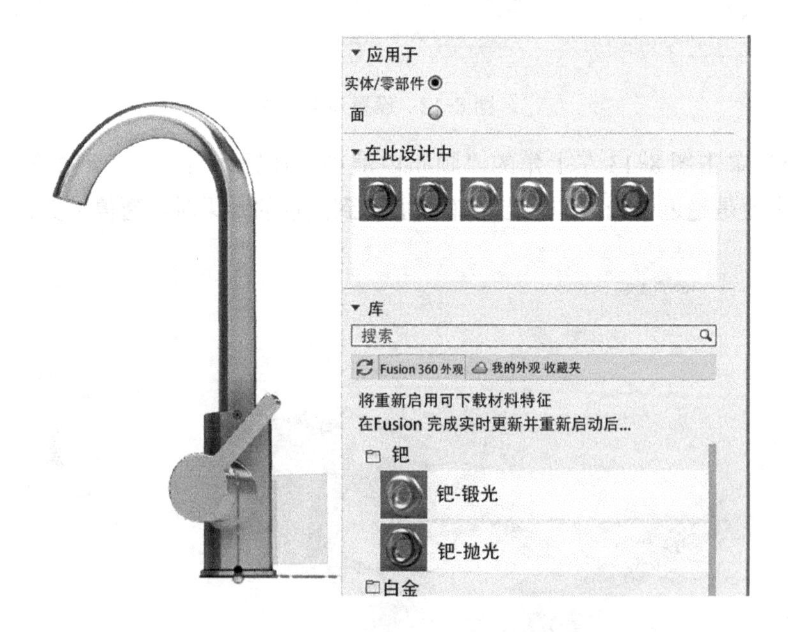

图 8-16　赋外观材质

2）设置场景参数，以突出水龙头的光泽，如图 8-17 所示。

3）单击绘图区域左上角的“画布内渲染”按钮，达到渲染效果后暂停渲染，如图 8-18 所示。

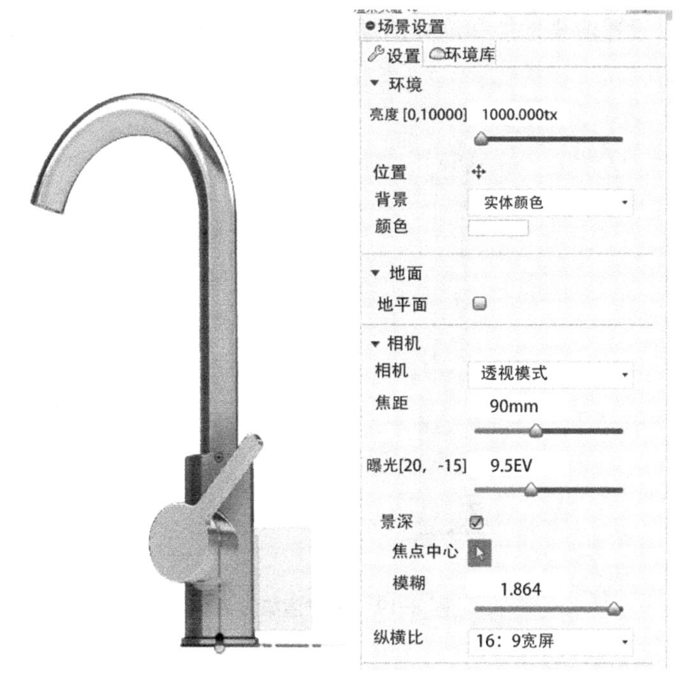

图 8-17　场景设置

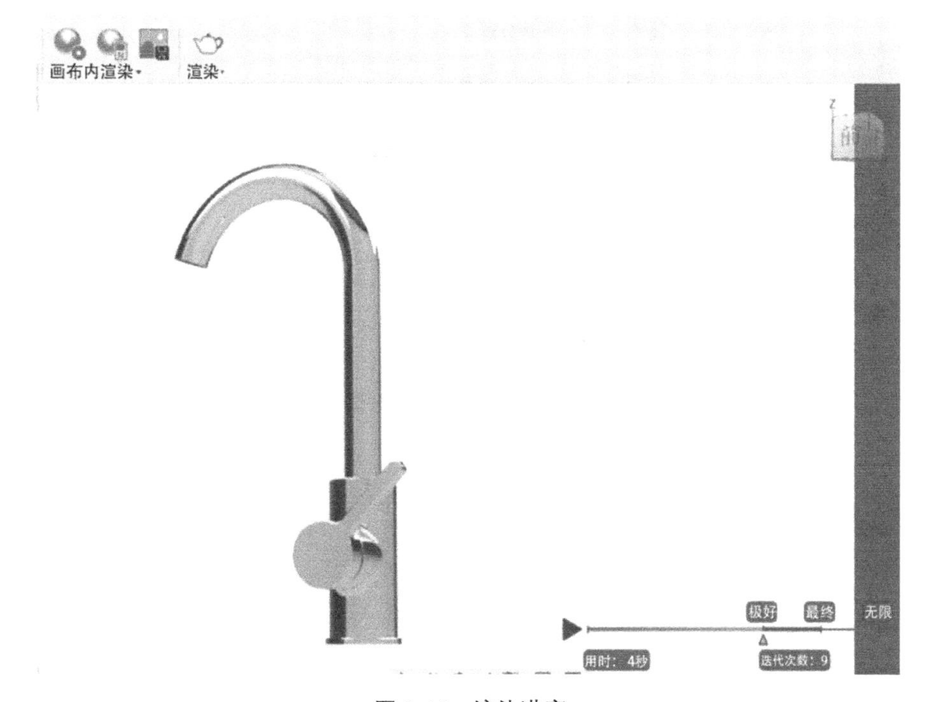

图 8-18　渲染进度

4）可以设置渲染性能和渲染图像分辨率，如图 8-19 和图 8-20 所示。

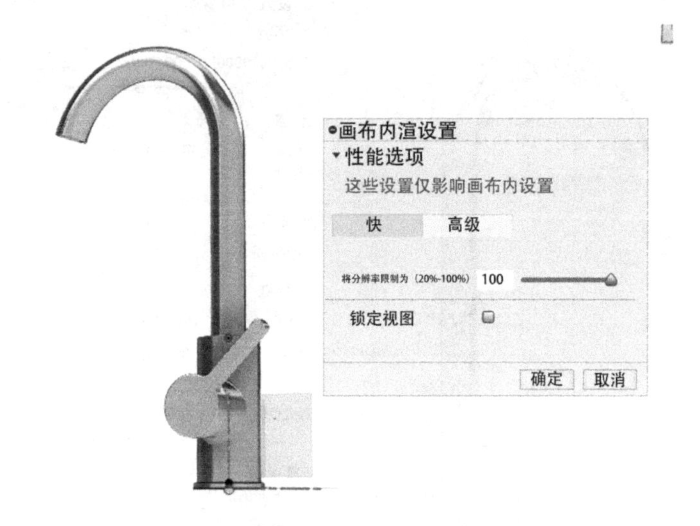

图 8-19　更改渲染设置

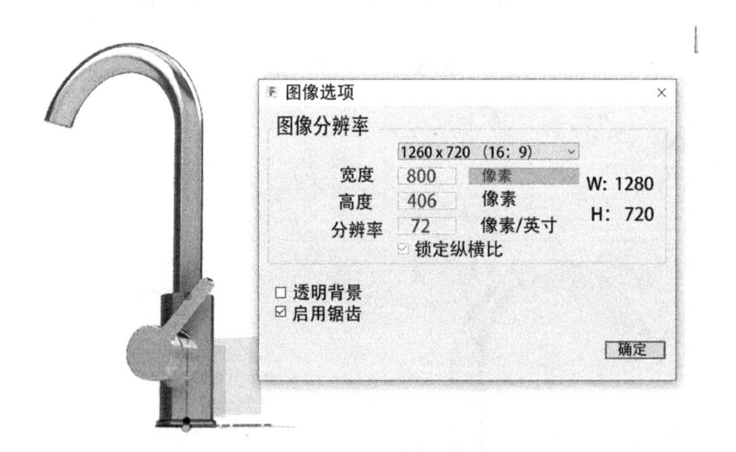

图 8-20　“图像选项”对话框

第9章 机构动画

Fusion 360 利用自身“动画”工作空间可以制作产品的演示动画。动画是用连续的图片来表现物体的运动，给人的感觉更直观、更清晰。本章主要介绍装配体爆炸动画、旋转动画、距离和角度配合的动画。

本章重点：

- 创建动画。
- 导出动画。

9.1 创建动画

下面用实例来演示如何通过在装配体中指定零件点到点运动来生成简单动画。

9.1.1 创建基本动画

1. 创建基于视图的动画

打开文件，把游标拖动到某时刻（除 0s 外），然后按住鼠标滚轮和键盘的 <Shift> 键旋转装配体或滚动鼠标滚轮缩放视图，确定在该时刻装配体的位置。时间轴如图 9-1 所示。将游标拖动到 0s 处，按下空格键或单击时间轴下方的视频播放按钮▶，即可自动播放动画。

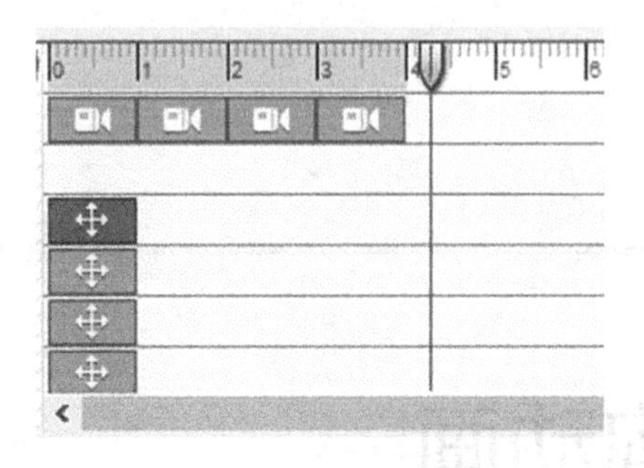

图 9-1　动画时间轴

2. 创建关键帧动画

关键帧是最基本的动画。确定关键帧的方法是：沿着时间轴拖动游标到某一时刻，然后移动零部件到目标位置。

将游标拖动到某时刻（除 0s 外），单击时间轴左侧的零件，单击“变换”面板中的“变换零部件”按钮，弹出图 9-2 所示的“变换零部件”对话框，拖拽箭头移动到指定位置后，单击“确定”按钮。时间轴如图 9-3 所示。此时设定的是零部件动画。

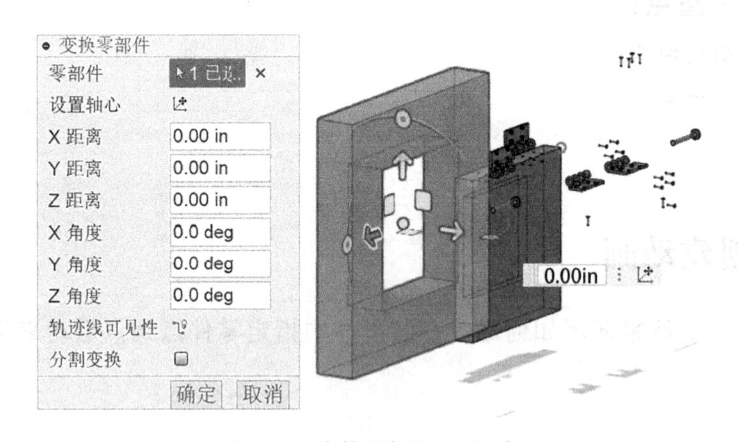

图 9-2　“变换零部件”对话框

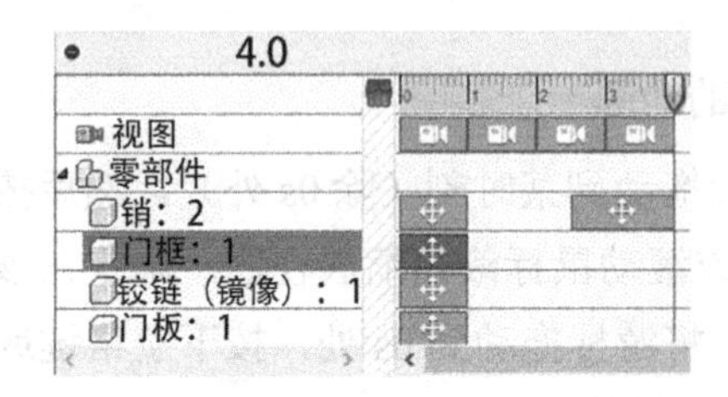

图 9-3　动画时间轴

9.1.2 创建爆炸图

要想创建装配体的爆炸动画，必须先在装配体环境中制作出装配体的爆炸视图。

用鼠标框选所有零件，单击“变换”面板中的“自动分解：所有级别”按钮，弹出图 9-4 所示的分解视图比例滑轨，拖动箭头可更改零件的分解程度。

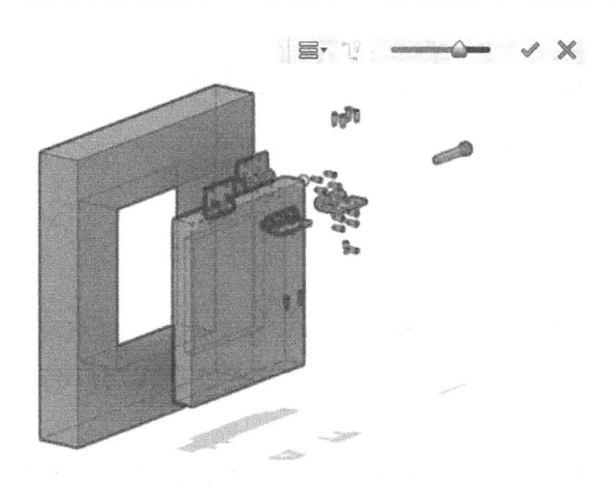

图 9-4　分解视图比例滑轨

9.2 导出动画

单击发布视频按钮，弹出图 9-5 所示的“视频选项”对话框，设定好相关参数，单击“确定”按钮，即可导出动画。

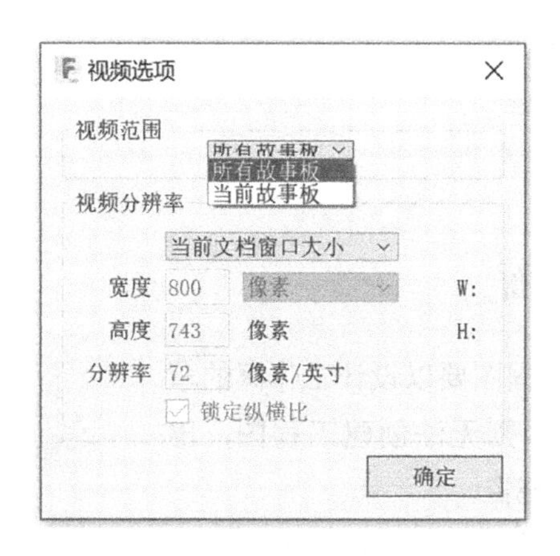

图 9-5　“视频选项”对话框

第10章

机械工程图设计

Fusion 360创建的三维实体和装配体可以生成二维工程图，而且零件、装配体和工程图是互相关联的文件，用户对零件或装配体所做的任何更改会导致工程图文件的相应变更。

一般来说，工程图包含几个由三维模型建立的视图，也可以由画布中现有的视图建立。例如，剖视图是由现有工程视图所生成的，同时可以标注尺寸、几何公差和注释。本章将通过实例介绍工程图的生成方法。

本章重点：

- 工程图界面。
- 建立工程图模板。
- 生成工程视图。
- 工程图尺寸标注。

10.1 工程图界面

Fusion 360新建工程图要以设计工作区的草图或实体作为基础，否则无法创建工程图，出现图10-1所示的系统警告。

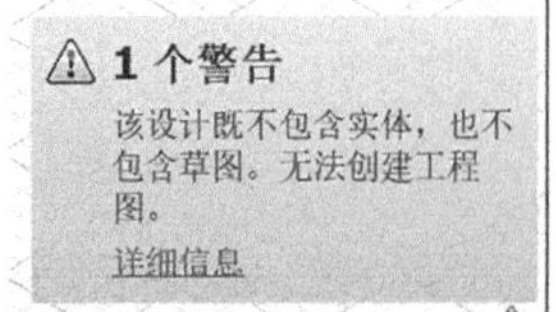

图10-1　无法创建工程图系统警告

1）以法兰为例，单击绘图区域左上角工作区从设计进入工程图，弹出图10-2所示对话框，可设置创建工程图的相关参数。

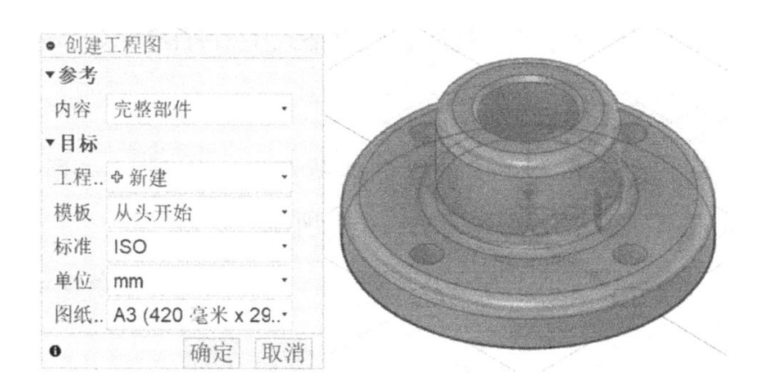

图 10-2 “创建工程图”属性对话框

2）新建法兰工程图后切换到工程图设计工作区并弹出“工程视图”对话框，如图 10-3 所示，放置不同视角的实体以便后续进行尺寸标注等环节。

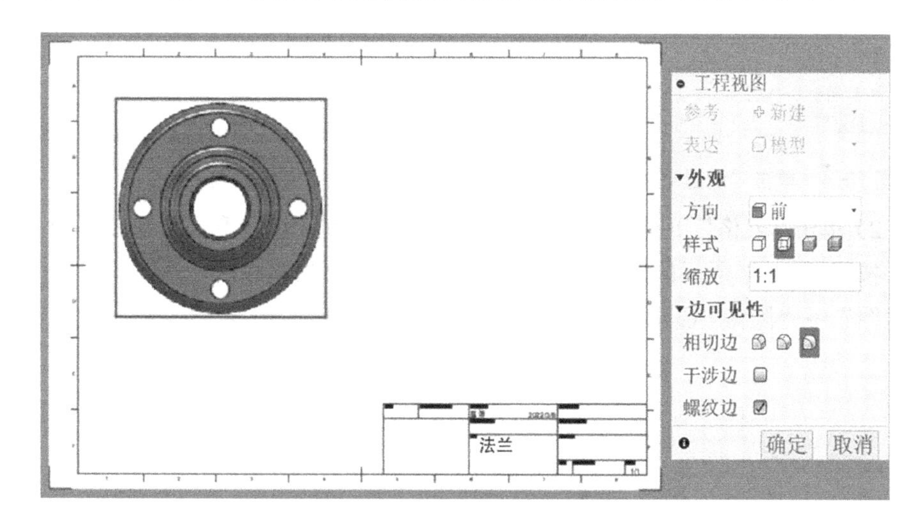

图 10-3 “工程视图”对话框

10.2 建立工程图模板

工程图文件模板包括工程图的图幅大小、标题栏格式、标注样式、文字样式等内容。Fusion 360 自带了多种模板样式，用户可以根据需要直接选择使用。为了方便读者学习在 Fusion 360 中建立模板文件的相关命令，本节以自定义的方式建立一个全新的模板文件。

1. 删除默认图框及标题栏

将鼠标指针移至窗口左下方，框选原模板格式中所有图框及标题栏，然后删除。

2. 绘制新图框及标题栏

1）单击“创建”下拉菜单中的“创建草图”，如图 10-4 所示，绘制一个 410mm×287mm 的矩形。绘制结果如图 10-5 所示。

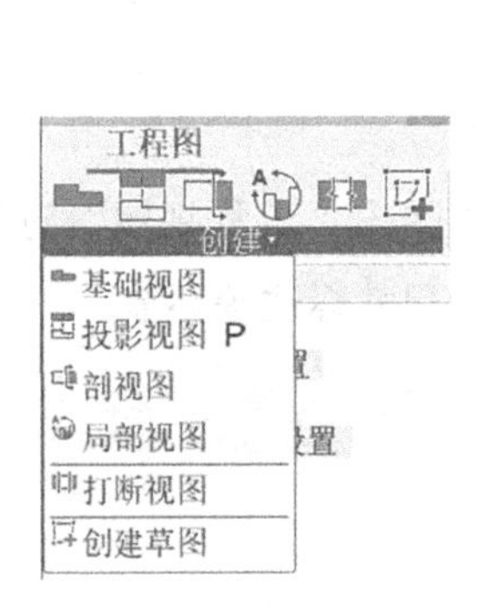

图 10-4　单击“创建草图”

图 10-5　绘制边框

2）单击“表格”下拉菜单中的“自定义表”，如图 10-6 所示。在图框的右下角，按照图 10-7 所示的尺寸及格式绘制标题栏，绘制完成后，选择菜单栏中的“视图”→“隐藏 / 显示注解”命令将所注尺寸隐藏。

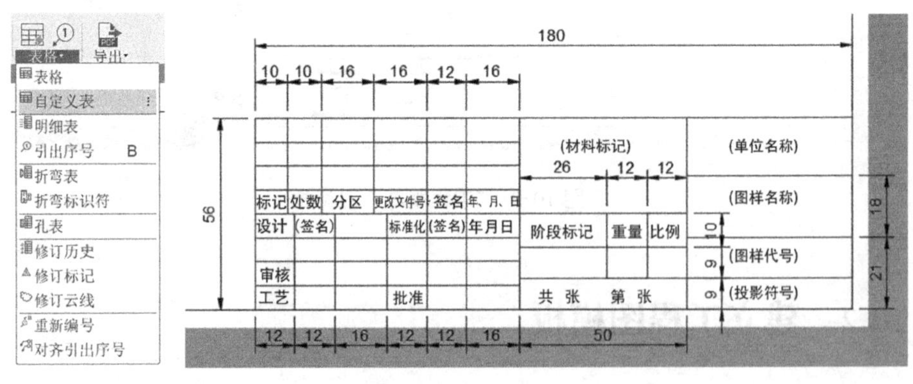

图 10-6　单击“自定义表”

图 10-7　标题栏格式

3. 添加注释文字

使用“注解”面板中的“注释”命令可以在标题栏中添加文字。

10.3 生成工程视图

本节通过实例来介绍 Fusion 360 工程图各种视图的生成方法。

10.3.1 标准视图

标准视图是根据模型的不同方向建立的视图，标准视图依赖于模型的放置位置。标准视图包括标准三视图和模型视图。

1. 标准三视图

利用标准三视图可以为模型生成 3 个默认正交视图，即主视图、俯视图和左视图。工程图的主视图是画布中模型的前视图，俯视图和左视图分别是画布中模型的上视图和左视图。

下面以一个法兰为例说明标准三视图的创建方法。

单击“工程图”面板中的“基础视图”按钮，弹出“工程视图”对话框。通过画布中模型的前视图建立工程图中的主视图，如图 10-8 所示。

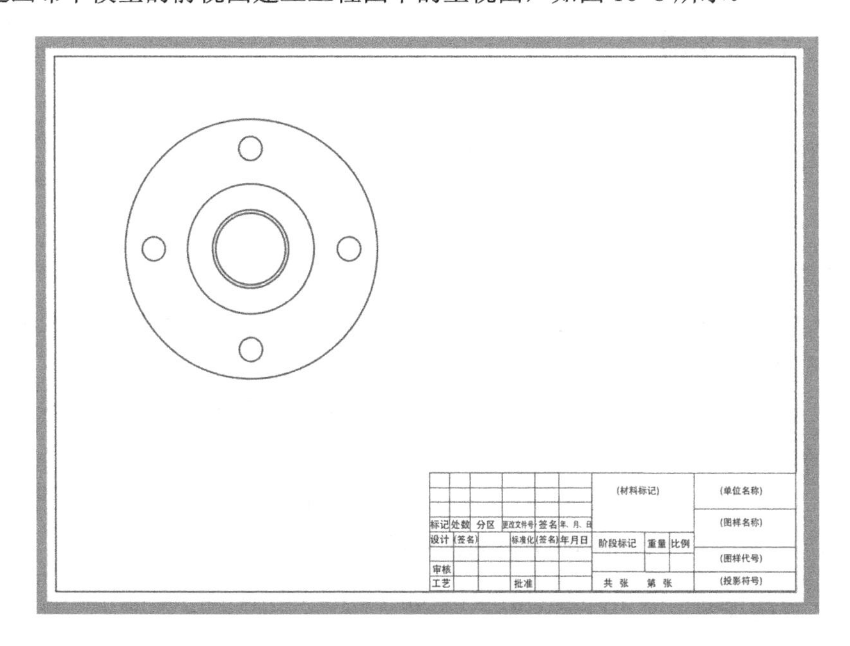

图 10-8 法兰主视图

2. 模型视图

模型视图可以根据现有零件添加正交视图或命名视图。

单击“创建”面板中的“工程视图”，将“工程视图”对话框中的外观方向选择为“东北等轴测”，将视图放置到工程图样的合适位置，如图 10-9 所示。

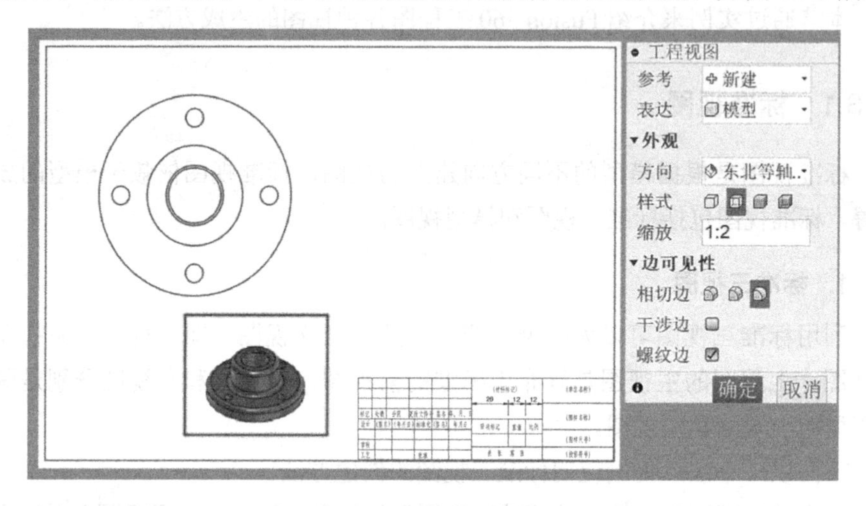

图 10-9　等轴测视图

10.3.2　派生视图

派生视图是由其他视图派生出来的，包括：投影视图、辅助视图、相对视图、局部视图、剪裁视图、断裂视图、剖视图和旋转视图。

1. 投影视图

投影视图是根据已有视图，通过正交投影生成的视图。

1）选择主视图，右击选择“投影视图”，将鼠标移到主视图的右侧单击，作出左视图。

2）选择主视图，右击选择“投影视图”，将鼠标移到主视图的下方单击，作出俯视图。

3）选择任意一个基本视图，右击选择“投影视图”，将鼠标向 4 个 45° 角方向移动，单击即可作出不同方向的轴测图。

2. 旋转视图

通过旋转视图，可将视图围绕其中心点转动任意角度，或通过旋转视图将所选边线设置为水平或竖直方向。

单击“修改”面板中的“旋转”按钮，弹出图 10-10 所示的对话框，单击选择旋转对象，然后单击选择旋转基点，移动鼠标确定旋转角度。单击“确定”

按钮完成旋转视图操作。

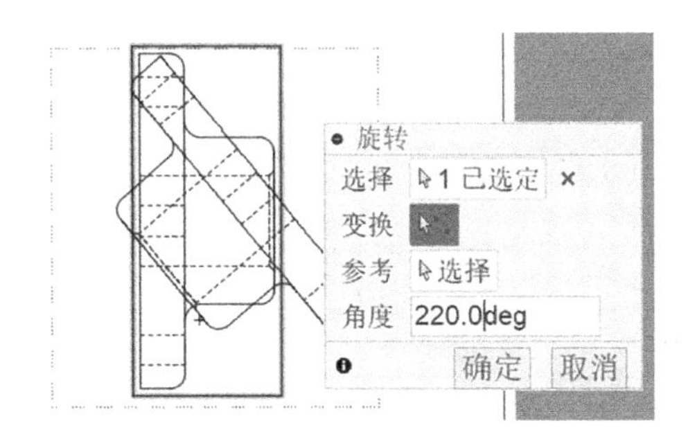

图 10-10　创建旋转视图

3. 局部视图

局部视图用来放大显示现有视图某一局部的形状，相当于机械图样中的局部放大图。

单击“创建”面板中的“局部视图”按钮，弹出“工程视图”对话框，如图 10-11 所示。确定局部视图的边界大小后单击鼠标，然后单击“确定”按钮，完成创建局部视图。

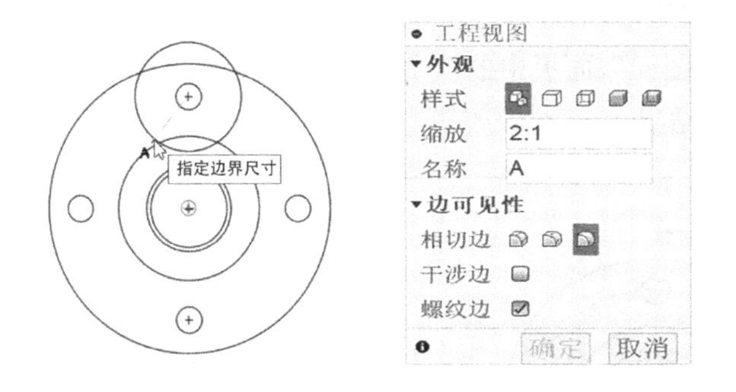

图 10-11　创建局部视图

4. 剖视图

剖视图用来表达机体的内部结构，使用该命令可以绘制机械图样中的全部视图和半剖视图。

单击“创建”面板中的“剖视图”按钮，选择零件的主视图作为父视图，确定剖面的切线起点和终点，移动鼠标，找到合适位置放置剖视图后单击，如图 10-12 所示。

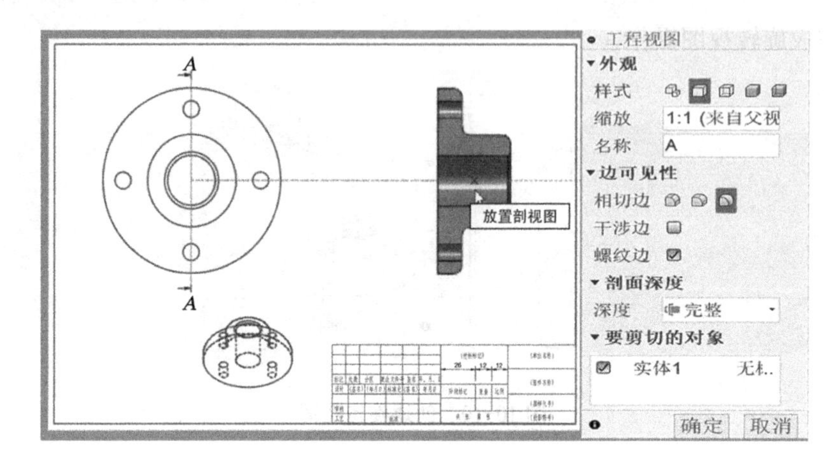

图 10-12 创建剖视图

10.4 工程图尺寸标注

在工程图中标注尺寸，一般先将每个零件的特征尺寸插入各个视图中，然后通过编辑、添加尺寸，使标注的尺寸达到正确、完整、清晰和合理的要求。

10.4.1 添加中心线

单击“几何图元”面板中的“中心标记”按钮，手动选择孔或圆角边，得到图 10-13 所示结果。

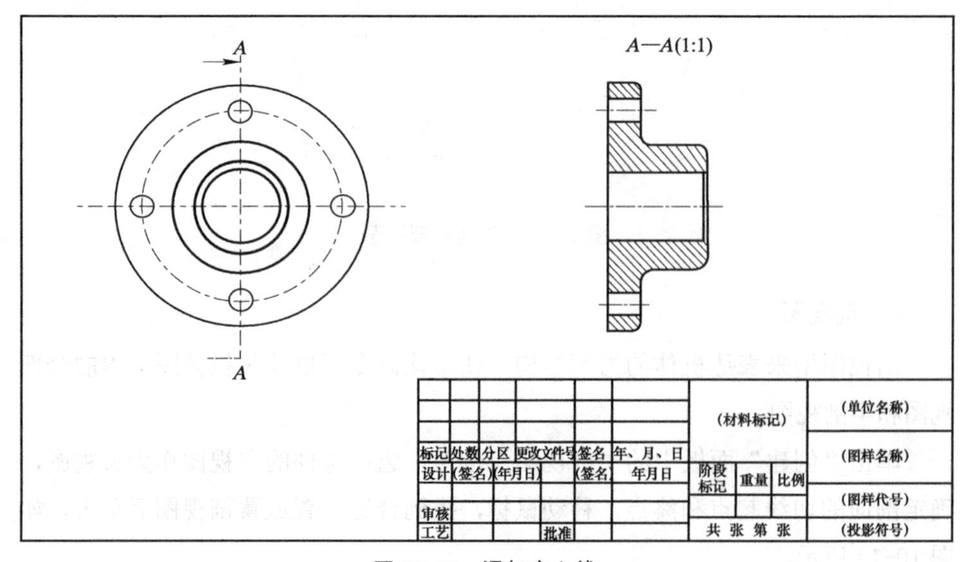

图 10-13 添加中心线

10.4.2　添加尺寸标注

单击“尺寸”面板中的“添加尺寸”按钮，在视图需要标注尺寸的位置进行标注，如图 10-14 所示。

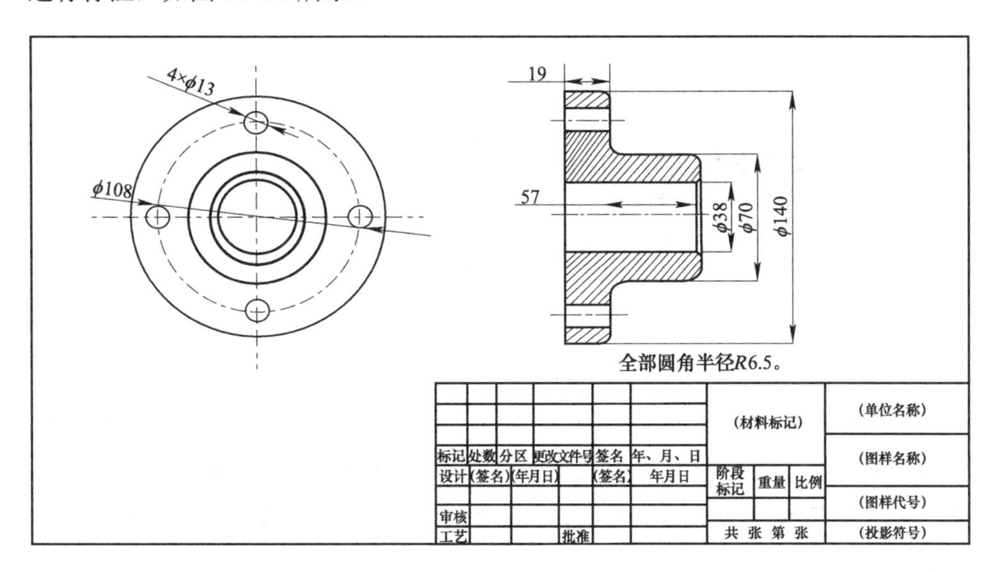

图 10-14　添加尺寸标注

第11章

实战案例

通过前面10章的介绍，相信初学者对Fusion 360的功能有了一定的了解。学习软件需要不断的练习才能更好地掌握软件的功能。这一章将以案例为指导，通过实际操作丰富实战经验，促使初学者进一步掌握Fusion 360的主要功能。

11.1 案例一：移动充电器

下面通过对图11-1所示的移动充电器进行建模，巩固实体创建及编辑实体等命令。具体操作步骤如下：

图11-1 移动充电器

1）将充电器的正面图插入画布的前视图中，如图11-2所示。

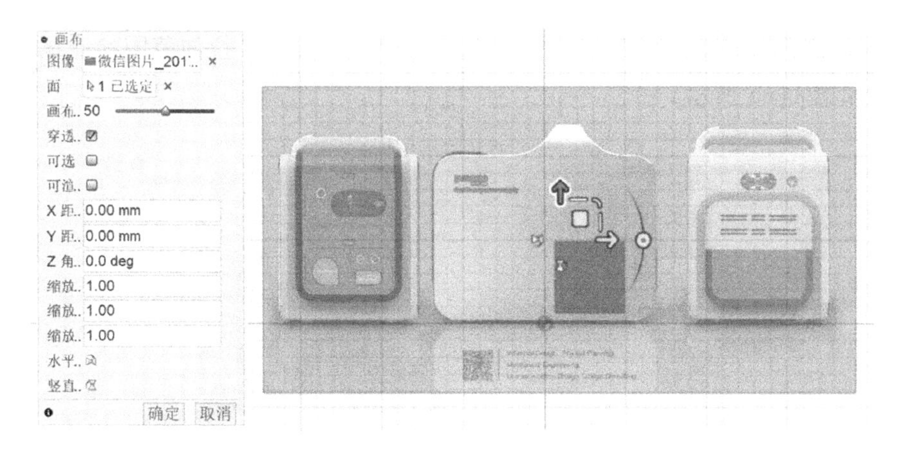

图 11-2　插入图片

2）绘制图 11-3 所示中心矩形。

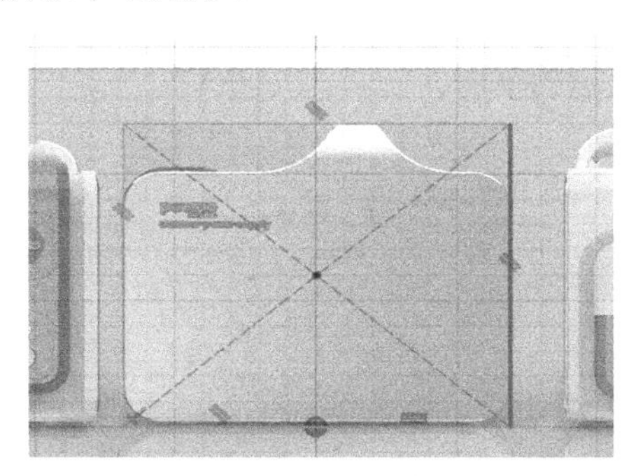

图 11-3　绘制中心矩形

3）将产品的侧面图插入画布的左视图，如图 11-4 所示。

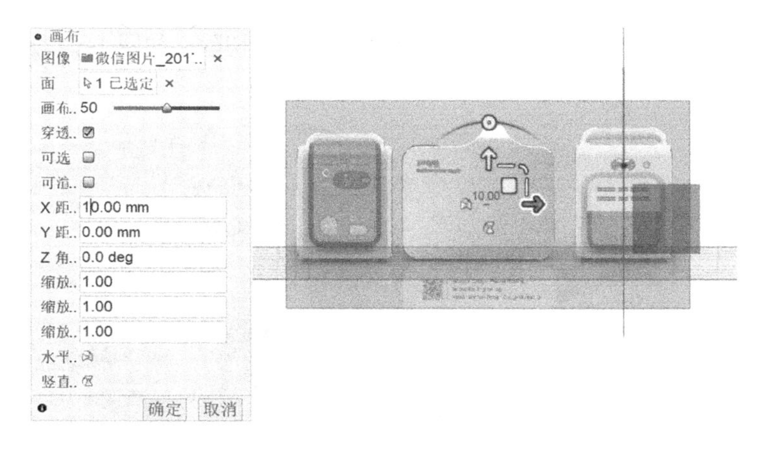

图 11-4　插入图片

4）选择步骤 2）中绘制的中心矩形进行拉伸实体，拉伸范围参照插入图片，如图 11-5 所示。

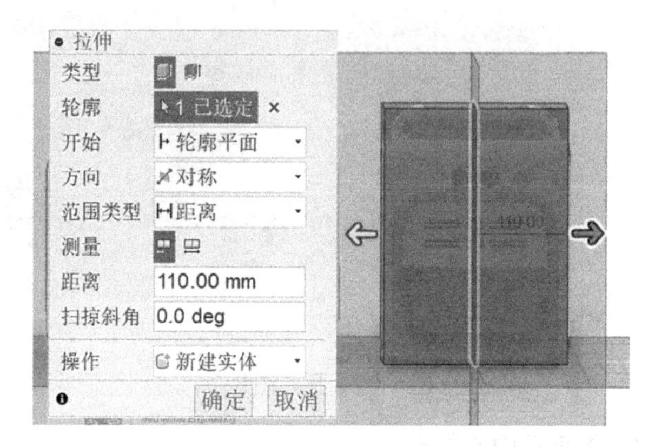

图 11-5　拉伸实体

5）绘制图 11-6 所示的草图。

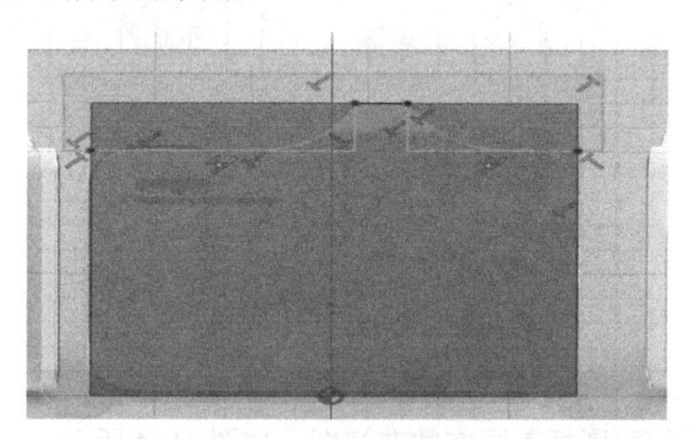

图 11-6　绘制草图

6）选择步骤 5）中绘制的草图对实体进行拉伸切除，如图 11-7 所示。

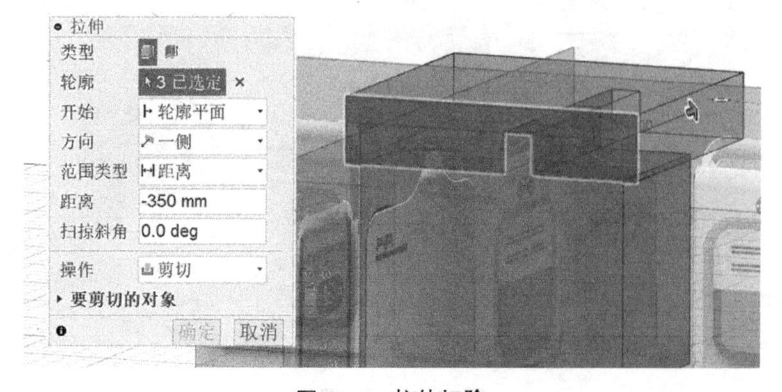

图 11-7　拉伸切除

7）为切除产生的边添加圆角，圆角范围参照产品正视图，如图 11-8 所示。

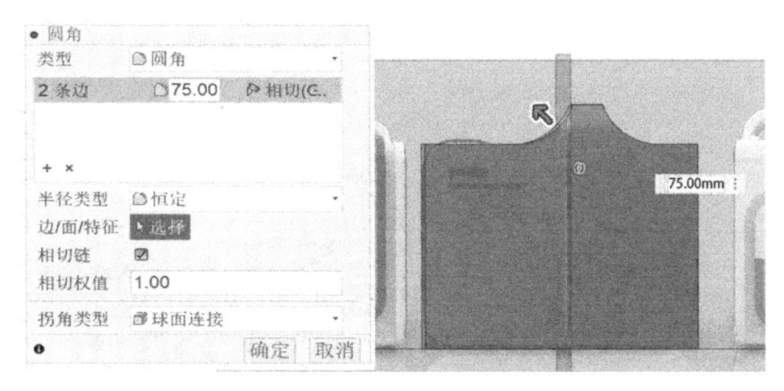

图 11-8　圆角特征

8）为图 11-9 所示实体的四条边线添加圆角特征。

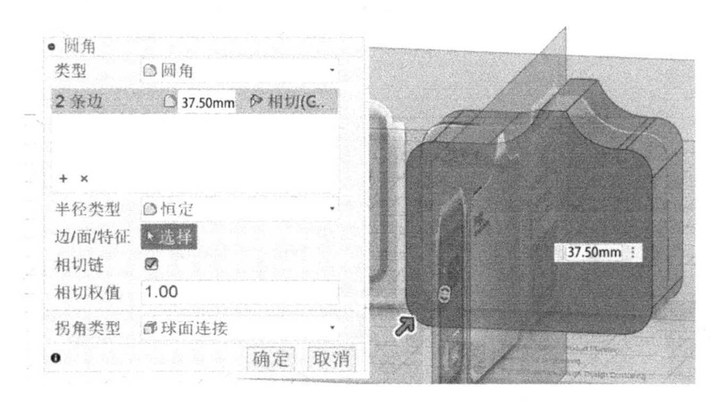

图 11-9　圆角特征

9）参照产品侧视图绘制草图并进行拉伸切除，如图 11-10 所示。

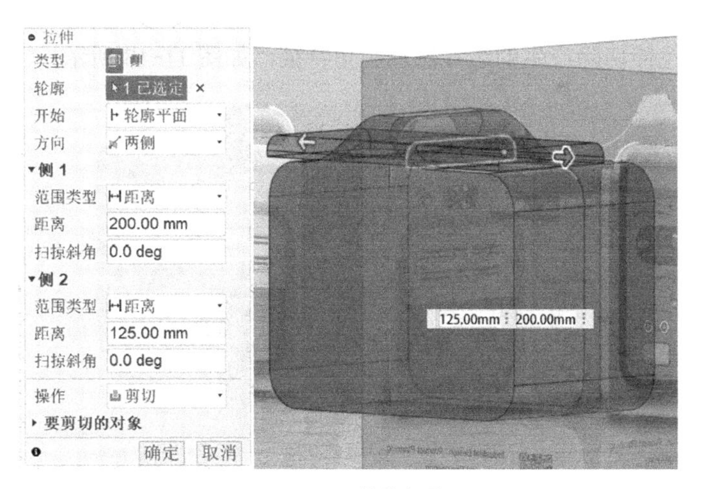

图 11-10　拉伸切除

10）为拉伸切除产生的边添加圆角特征，如图 11-11 所示。

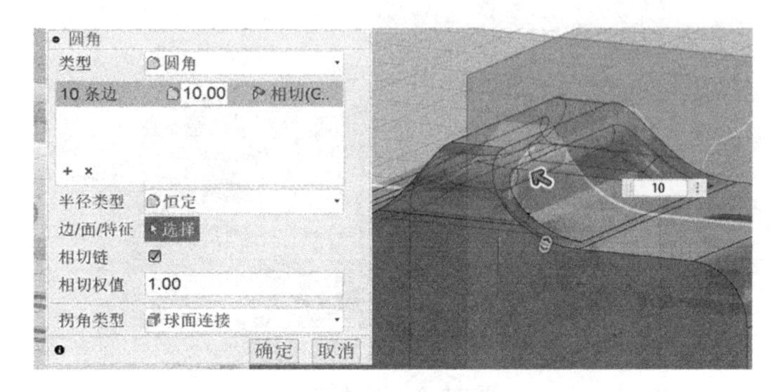

图 11-11　圆角特征

11）参照产品侧视图绘制草图并进行拉伸切除操作，如图 11-12 所示。

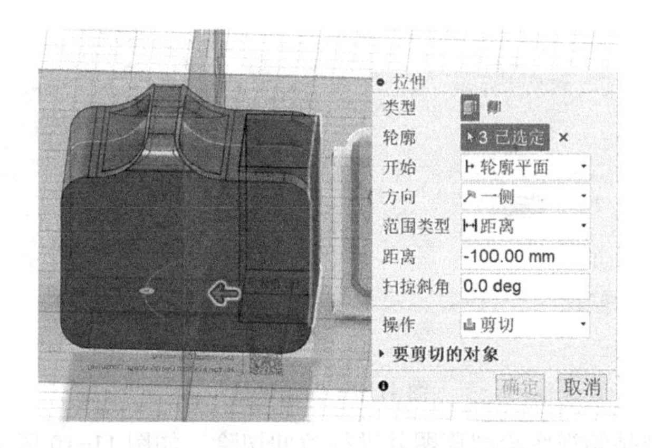

图 11-12　拉伸切除

12）为拉伸切除产生的边线添加圆角特征，如图 11-13 所示。

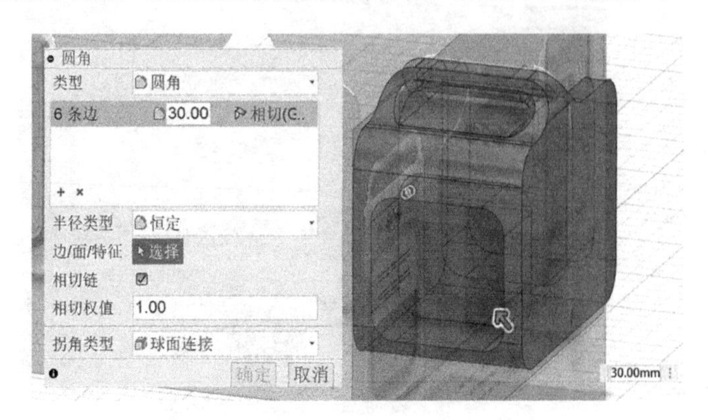

图 11-13　圆角特征

13）对图 11-14 和图 11-15 所示的边进行倒角操作。

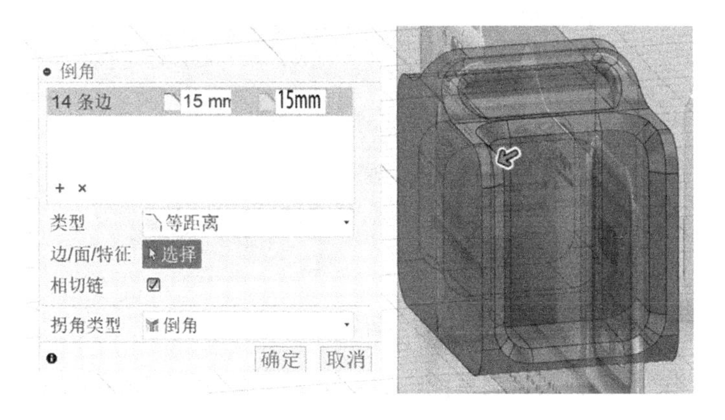

图 11-14　倒角特征（一）

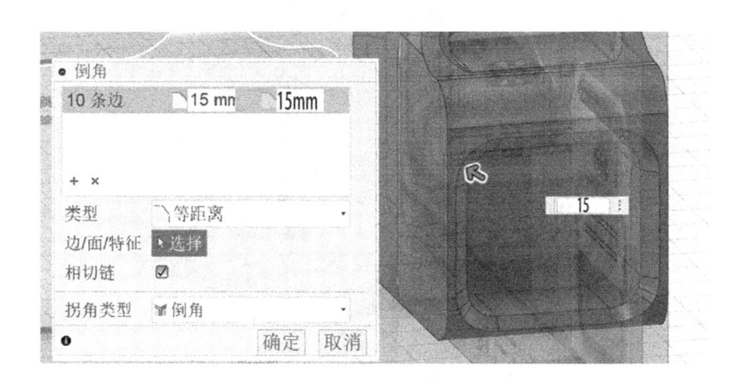

图 11-15　倒角特征（二）

14）对实体边线进行小圆角处理，如图 11-16 和图 11-17 所示。

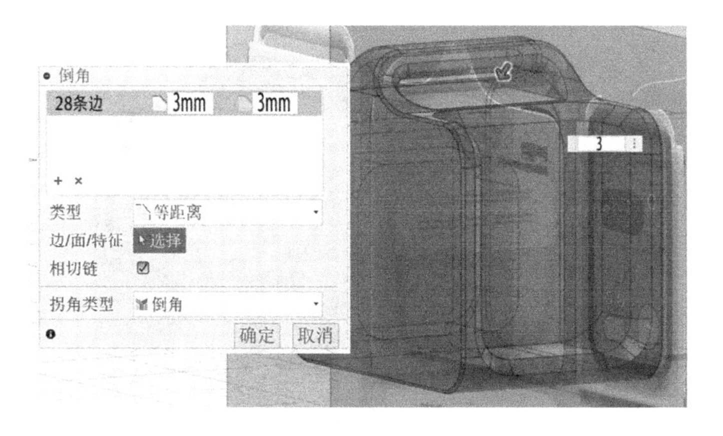

图 11-16　圆角特征（一）

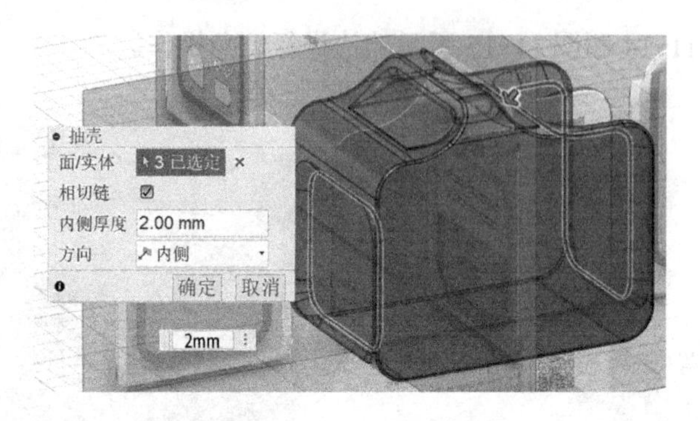

图 11-17 圆角特征（二）

15）参照产品侧视图绘制草图，然后拉伸实体并进行倒角处理，如图 11-18 所示。

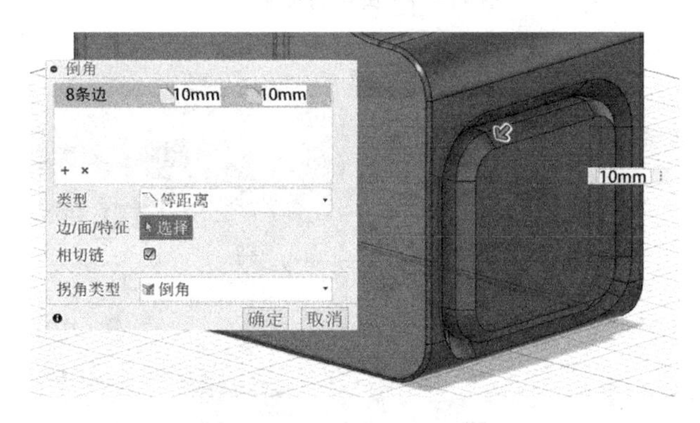

图 11-18 拉伸实体及倒角

16）对产品的另一侧以前视图绘制草图，然后拉伸实体并处理圆角，如图 11-19 所示。

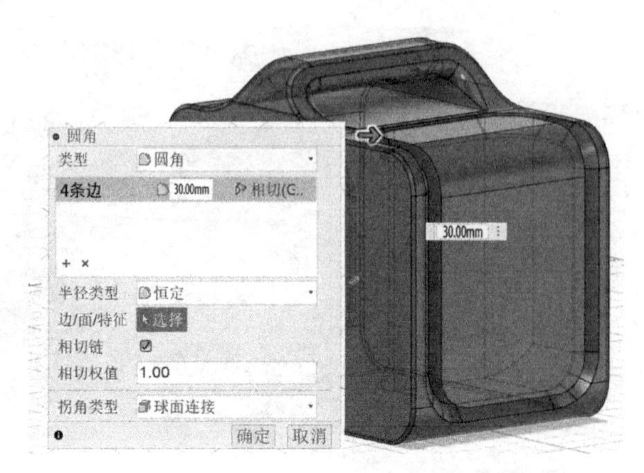

图 11-19 拉伸实体及圆角

17）对其外轮廓边缘进行倒角处理，如图 11-20 所示。

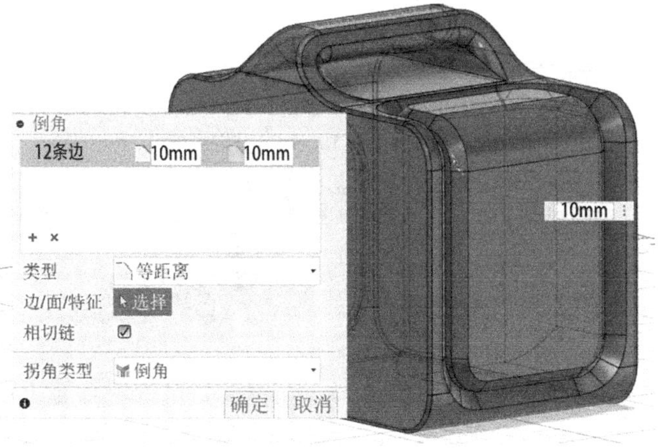

图 11-20　倒角特征

18）参照产品侧视图绘制草图，并进行拉伸切除操作，如图 11-21 所示。

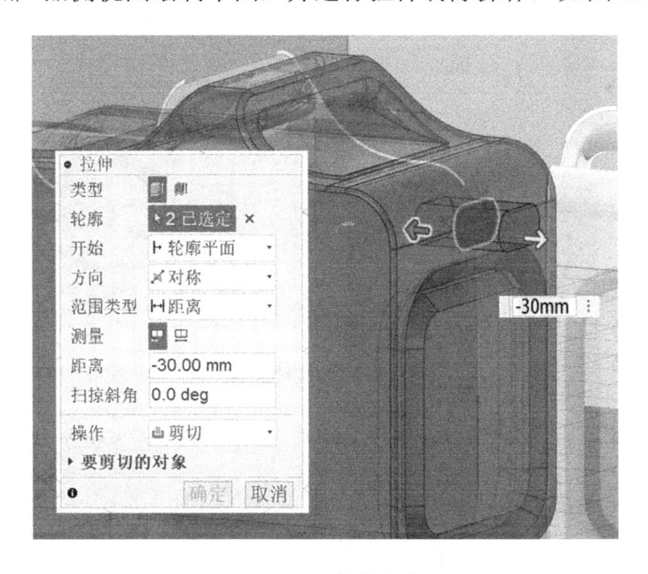

图 11-21　拉伸切除

19）对产品细节进行处理，绘制散热孔草图，如图 11-22 所示。

20）绘制草图拉伸实体，设置扫掠斜角，如图 11-23 所示。

21）利用“槽”工具绘制草图，如图 11-24 所示。

22）进行拉伸切除，使产品表面上形成一个浅槽，以增加产品质感，如图 11-25 所示。

23）参照产品侧视图绘制按钮圆，利用圆实体进行分割，需要选择分割工具和要分割的实体，如图 11-26 所示。

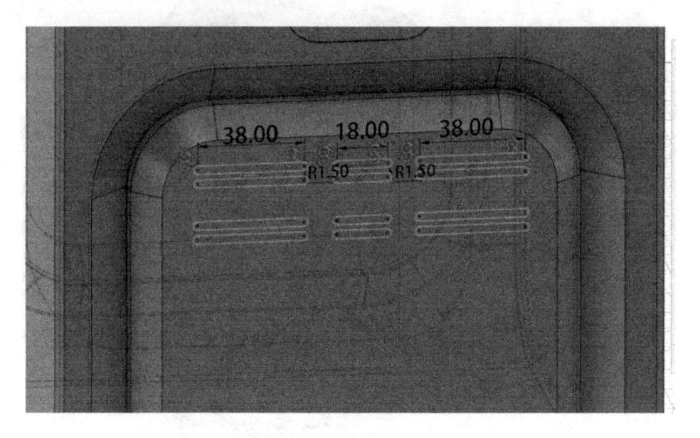

图 11-22　绘制散热孔草图

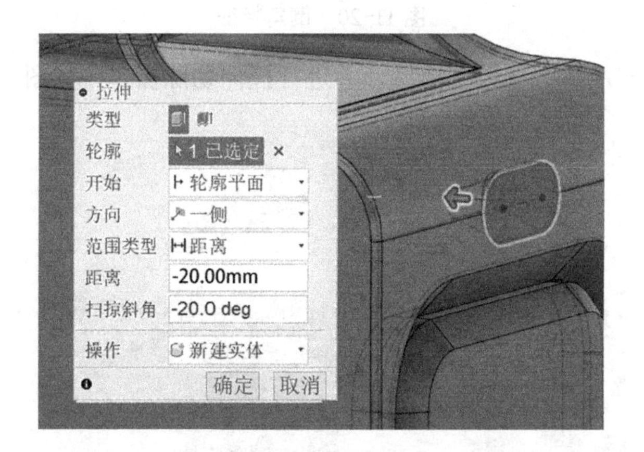

图 11-23　拉伸实体

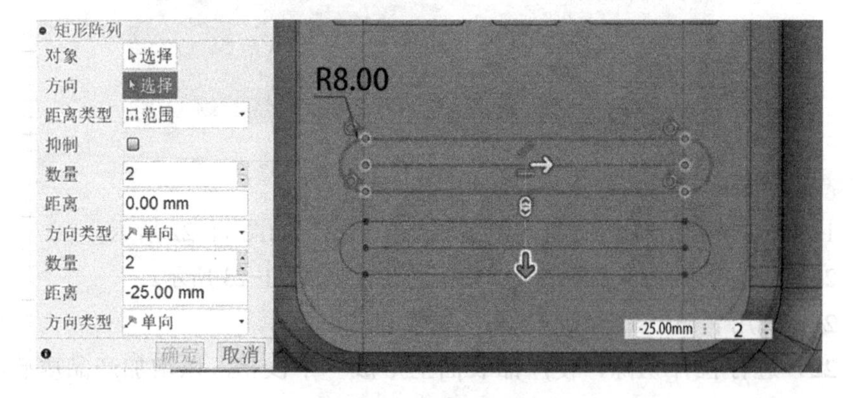

图 11-24　绘制草图

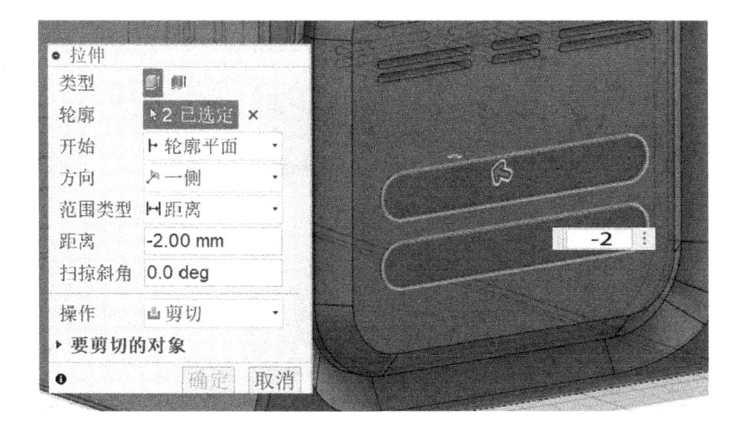

图 11-25　拉伸切除

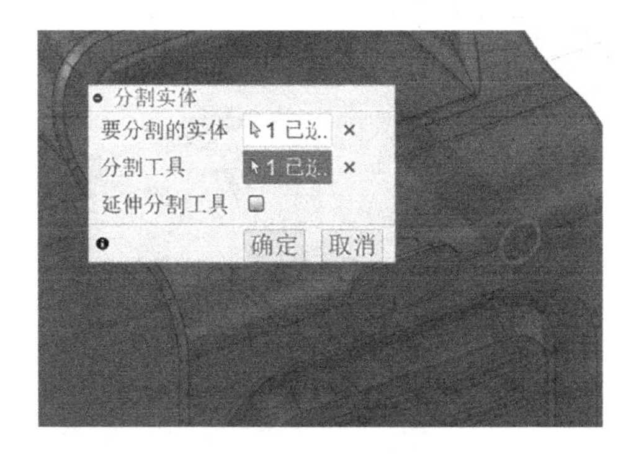

图 11-26　分割实体

24）处理分割产生的按钮实体的边线为圆角，如图 11-27 所示。

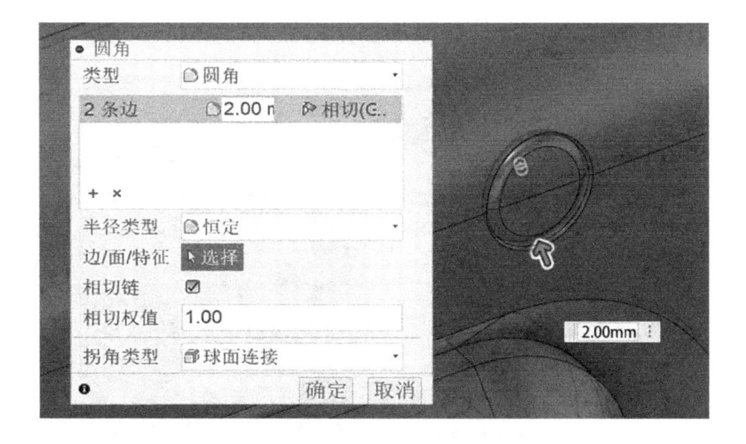

图 11-27　圆角特征

25）对产品的另一侧绘制图 11-28 所示的圆角。

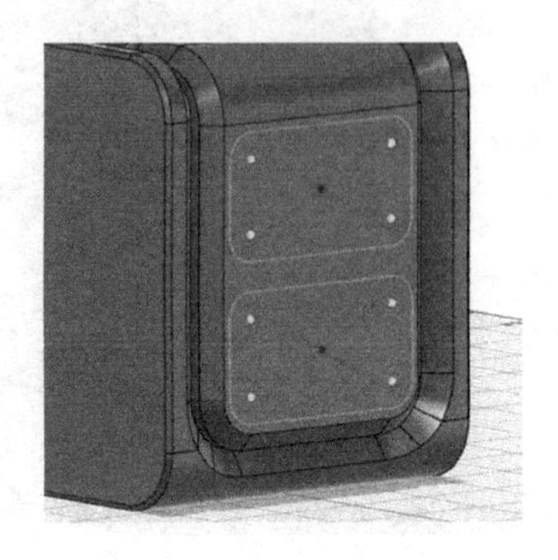

图 11-28　绘制草图

26）利用草图对实体进行分割，如图 11-29 所示。

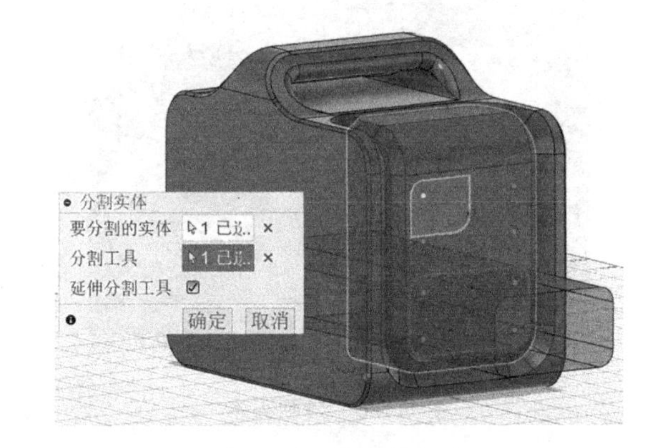

图 11-29　分割实体

27）为分割后的实体部分边线添加倒角特征，如图 11-30 所示。

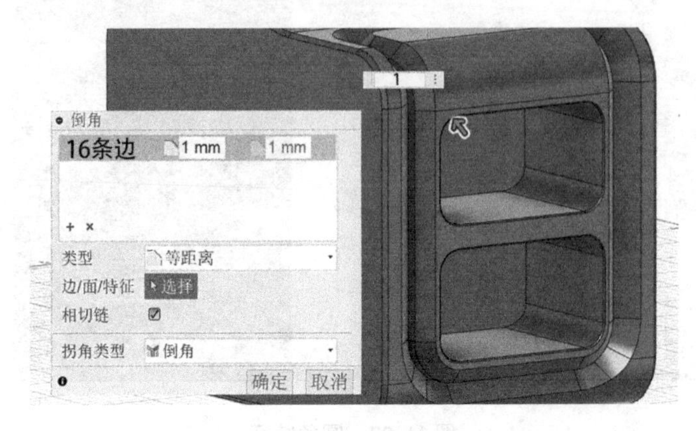

图 11-30　倒角特征

28）在分割产生的实体表面上绘制图 11-31 所示草图，并在其表面上留下浅槽。

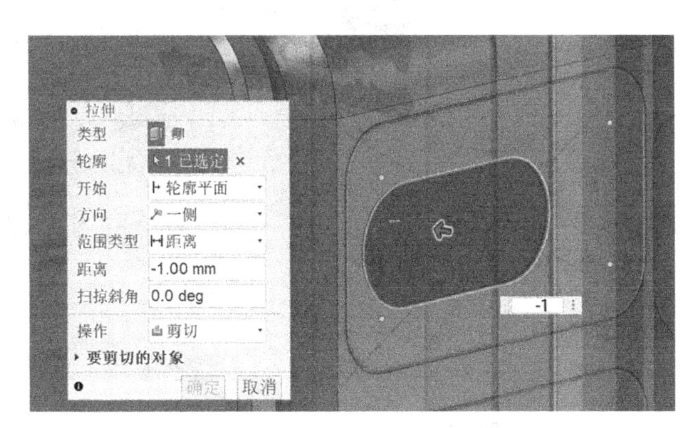

图 11-31　拉伸切除

29）隐藏中间部分的实体，对图 11-32 所示的实体进行抽壳操作。

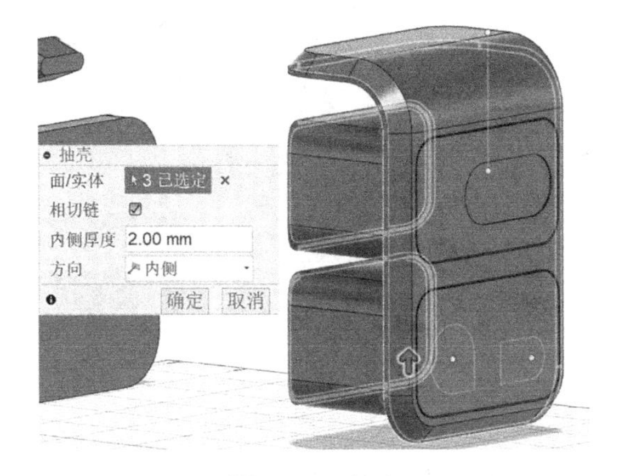

图 11-32　抽壳

30）绘制图 11-33 所示草图，并利用草图分割实体。

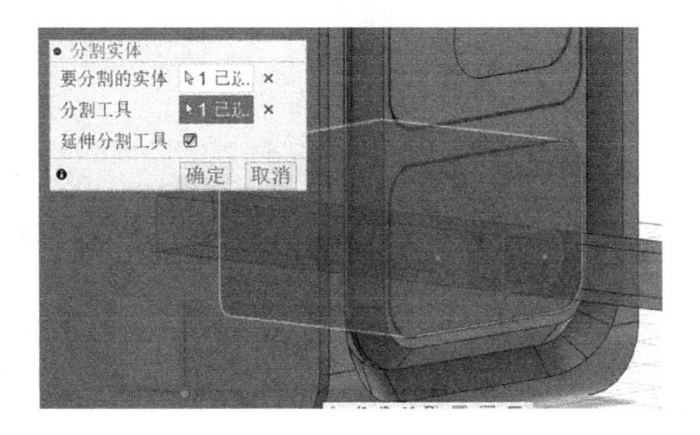

图 11-33　分割实体

31）处理分割形成的实体的内边线圆角，如图 11-34 和图 11-35 所示。

图 11-34　处理圆角（一）

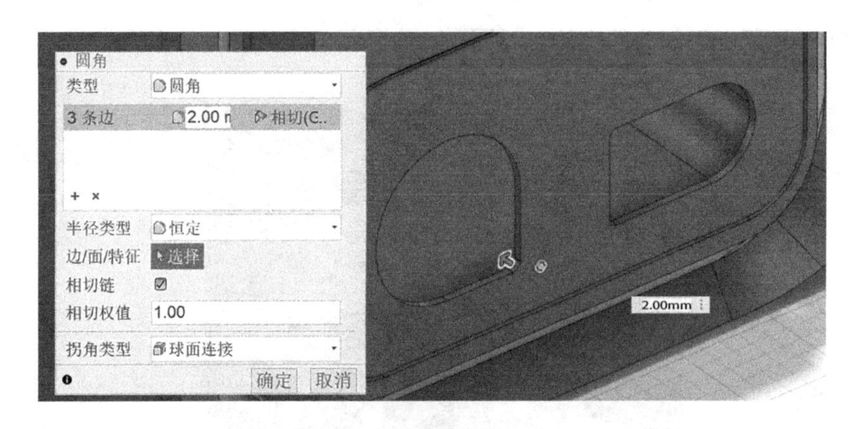

图 11-35　处理圆角（二）

32）对分割产生的实体边缘进行小圆角处理，如图 11-36 和图 11-37 所示

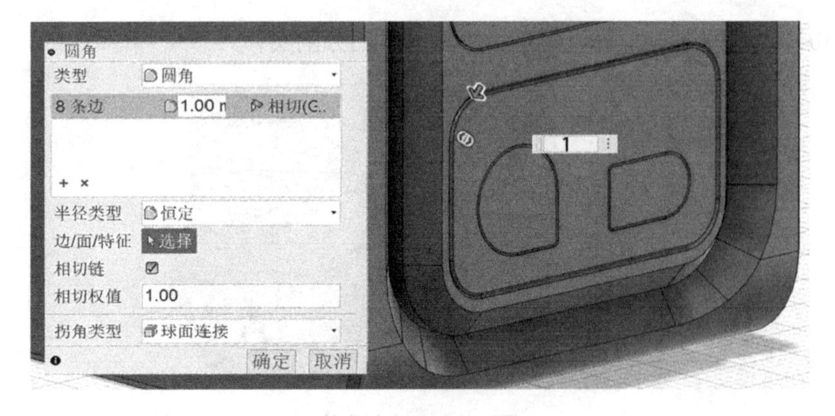

图 11-36　圆角特征（一）

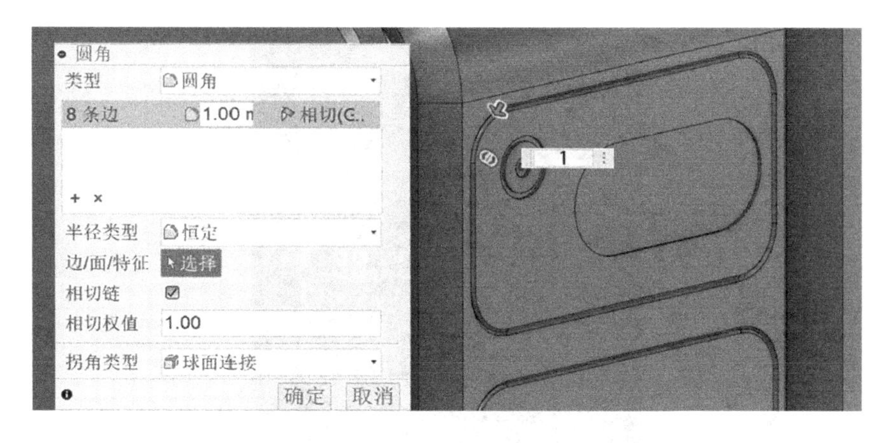

图 11-37　圆角特征（二）

33）参照产品侧视图进行细节处理，最终效果如图 11-38 所示。

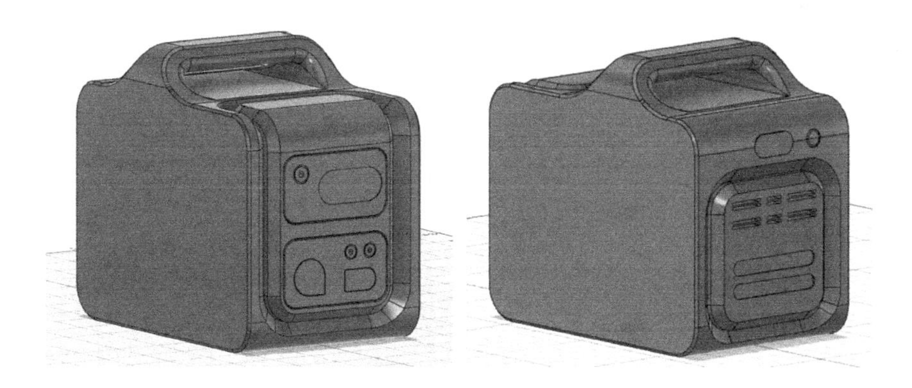

图 11-38　最终结果

11.2　案例二：电疗仪

图 11-39 所示为一款电疗仪。通过这个案例，读者可熟悉曲面命令、建模思路以及细节处理等常用建模技巧。具体建模步骤如下：

1）将产品侧视图插入画布，调整位置和图片大小，尽可能还原产品的真实大小，如图 11-40 所示。

2）参照产品的侧视图绘制控制点样条曲线，调整位置和曲线弧度，如图 11-41 所示。

3）使用“拉伸曲面”工具，将步骤 2）中的样条曲线拉伸为曲面，如图 11-42 所示。

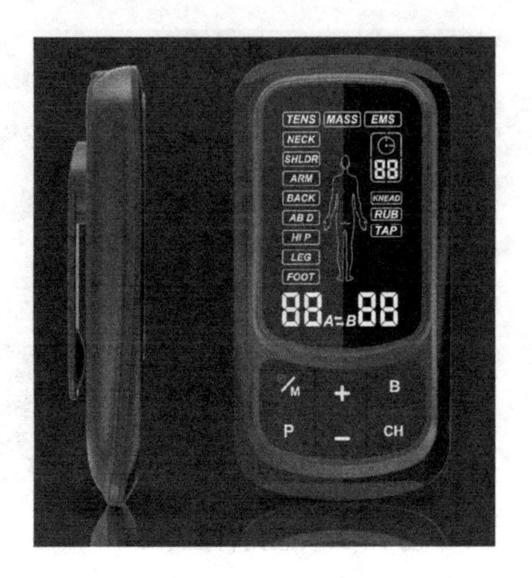

图 11-39　电疗仪

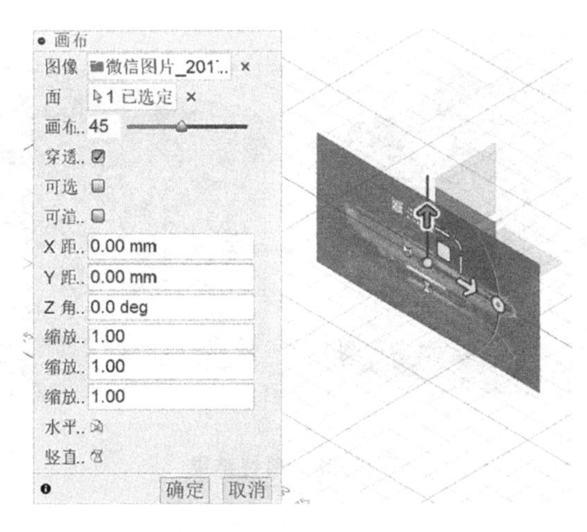

图 11-40　插入图片

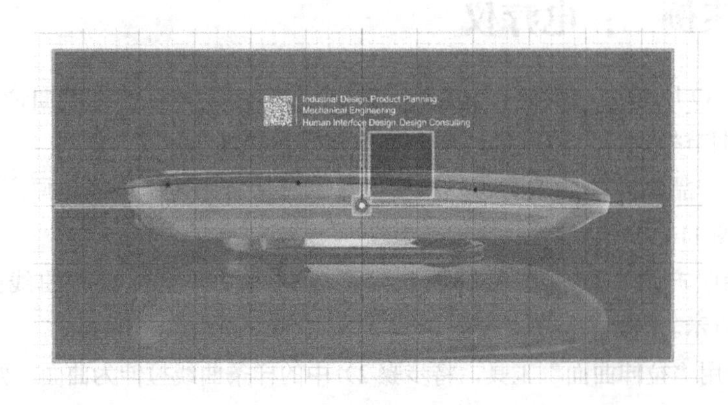

图 11-41　绘制控制点样条曲线

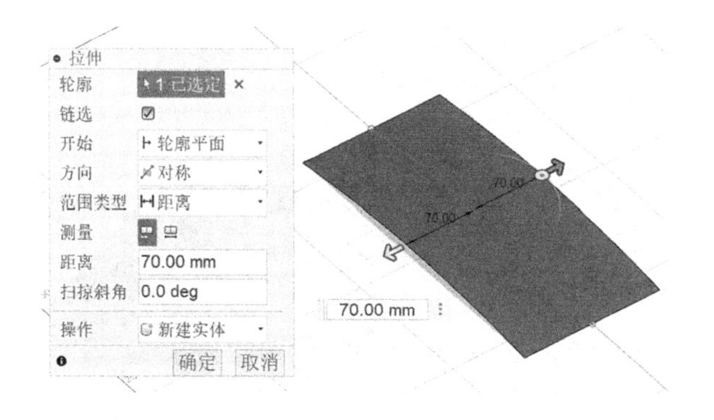

图 11-42 拉伸曲面

4）将产品的正面图插入画布的上视图中，如图 11-43 所示。

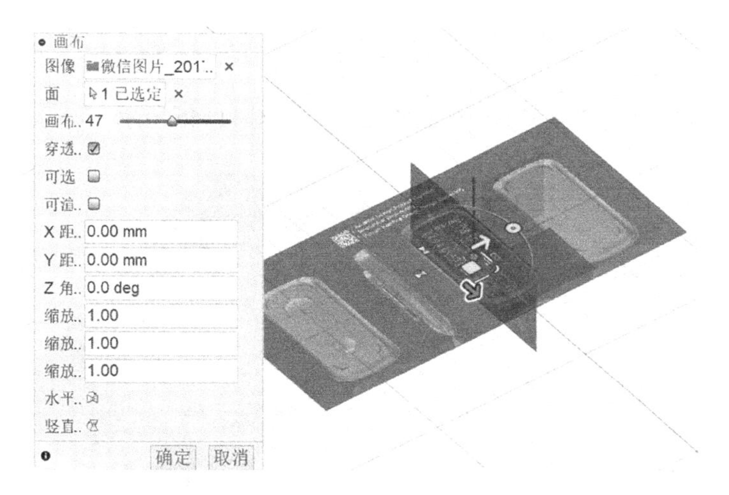

图 11-43 插入图片

5）在上视图中绘制图 11-44 所示的草图。

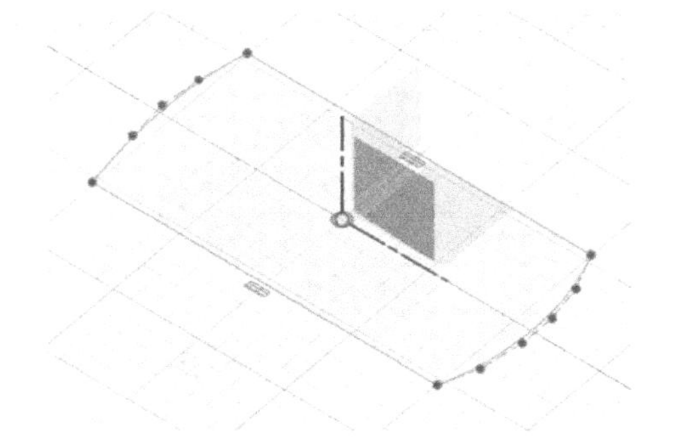

图 11-44 绘制草图

6）拉伸实体，如图 11-45 所示。

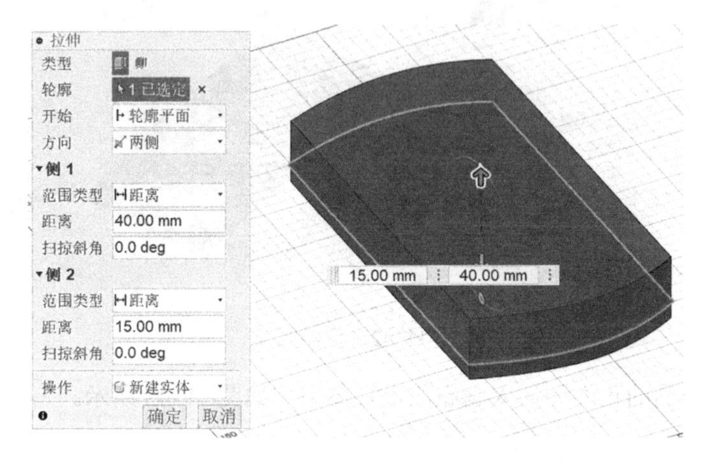

图 11-45　拉伸实体

7）将拉伸后得到的实体进行圆角处理，如图 11-46 所示。

图 11-46　圆角特征

8）利用步骤 3）中的曲面将实体进行分割，如图 11-47 所示。

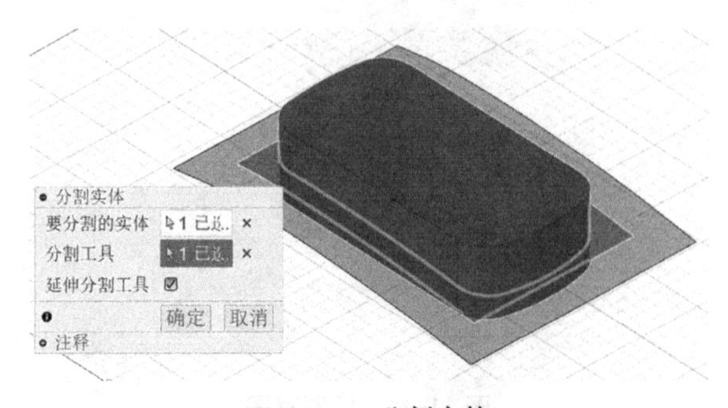

图 11-47　分割实体

9）移动曲面，参照产品的侧视图将曲面向上偏移至产品的上底面，如图 11-48 所示。

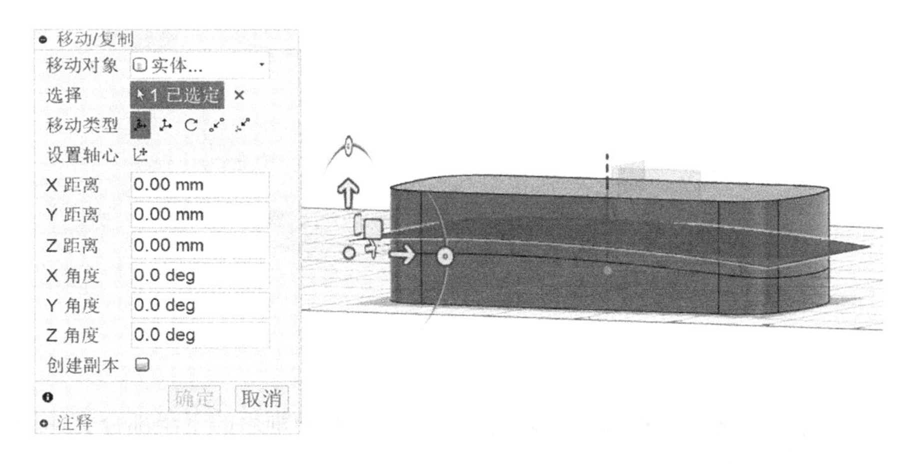

图 11-48　移动曲面

10）利用移动后的曲面将实体再次分割，如图 11-49 所示。

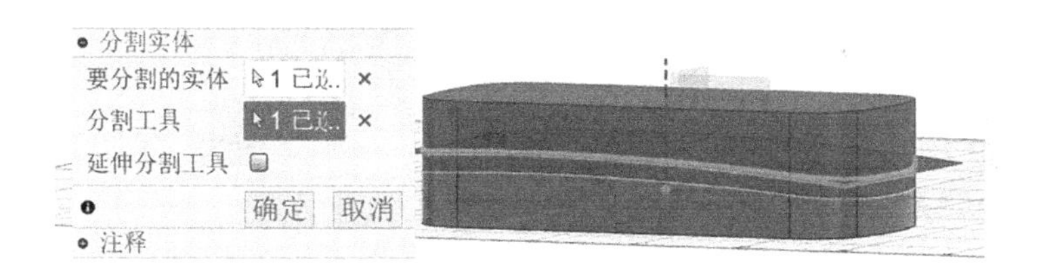

图 11-49　分割实体

11）使用“倒角”命令，选择两个距离，实体倒角尽可能贴合产品侧视图，如图 11-50 所示。

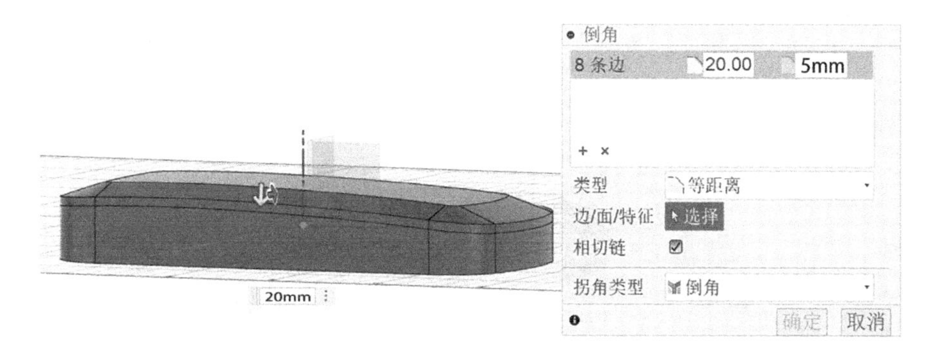

图 11-50　倒角特征

12）再次移动曲面，如图 11-51 所示。

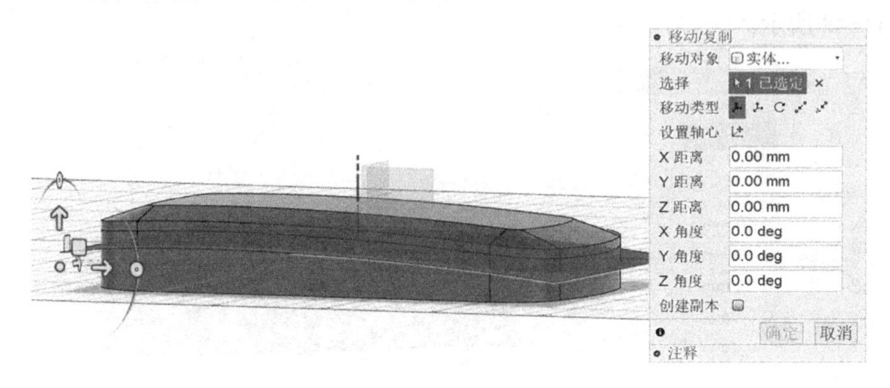

图 11-51　移动曲面

13）使用移动后的曲面对实体进行分割，并对分割后的下半部分实体进行圆角处理，如图 11-52 所示。

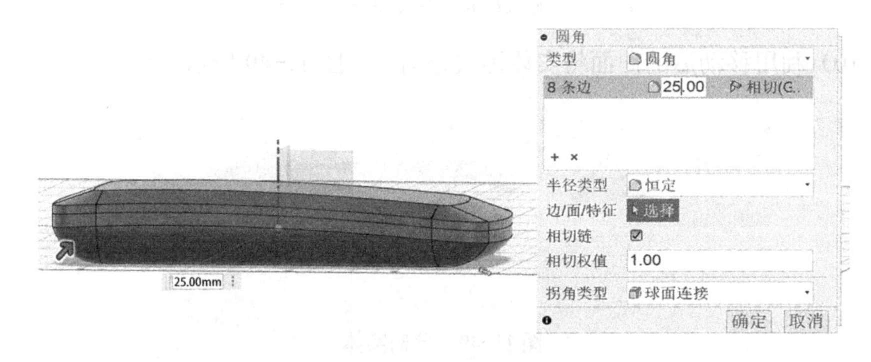

图 11-52　圆角特征

14）参照产品侧视图移动曲面，为后面的剪切实体操作提供剪切深度，如图 11-53 所示。

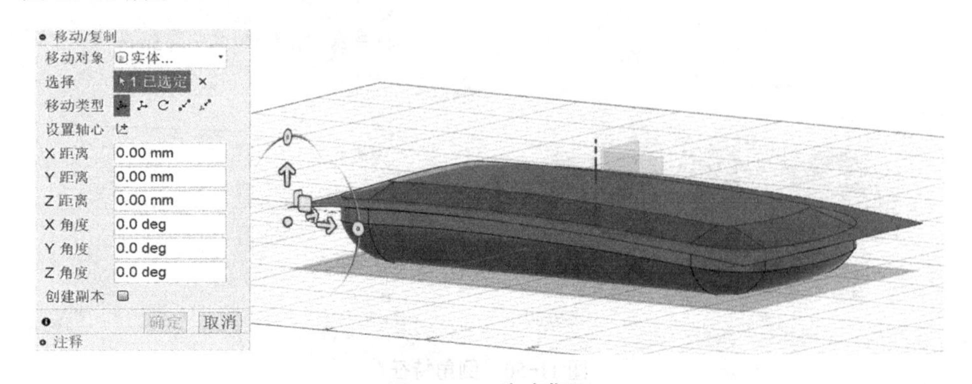

图 11-53　移动曲面

15）在上视图中参照产品正视图绘制产品正面凹槽轮廓，如图 11-54 所示。

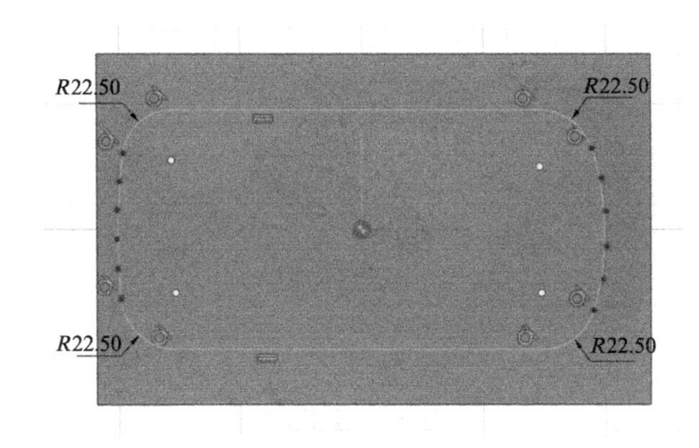

图 11-54　绘制草图

16）将草图作为剪裁工具，剪裁多余的曲面，如图 11-55 所示。

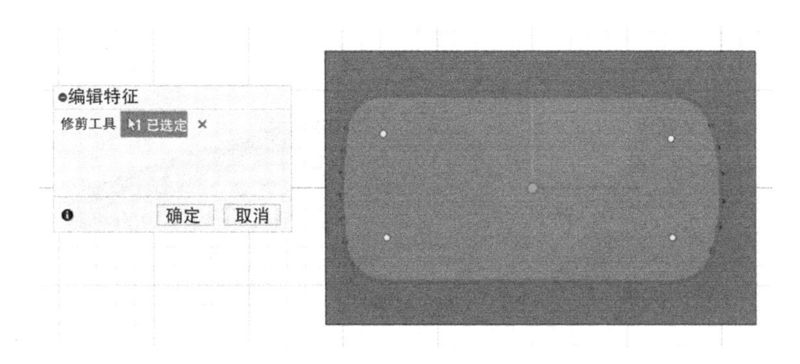

图 11-55　剪裁曲面

17）使用“加厚”命令，选择“剪切”操作，实体留下一个浅槽，如图 11-56 所示。

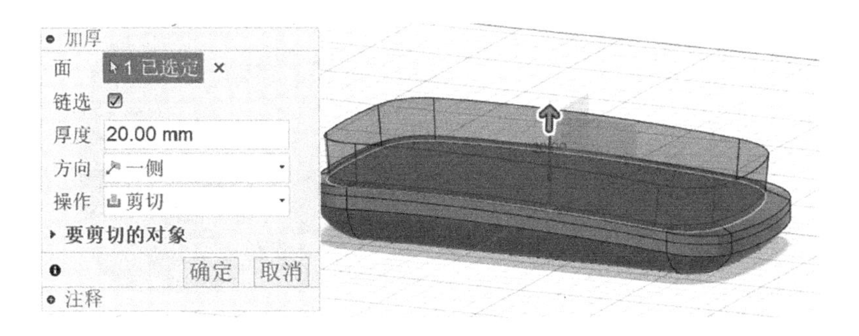

图 11-56　加厚曲面

18）绘制产品正面屏幕凸起轮廓，如图 11-57 所示。

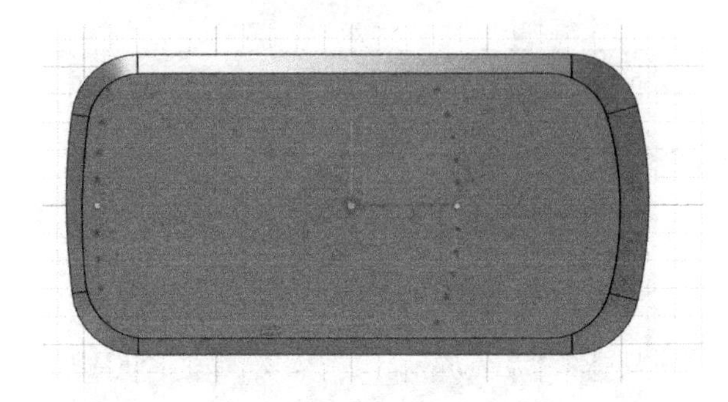

图 11-57　绘制草图

19）将步骤 18）中的草图向上拉伸至产品侧视图中的屏幕厚度，选择“合并”操作，如图 11-58 所示。

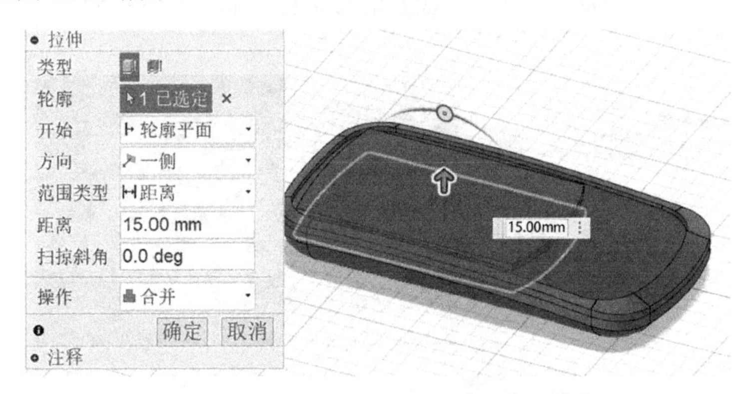

图 11-58　拉伸实体

20）对拉伸出的凸台进行圆角处理，如图 11-59 所示。

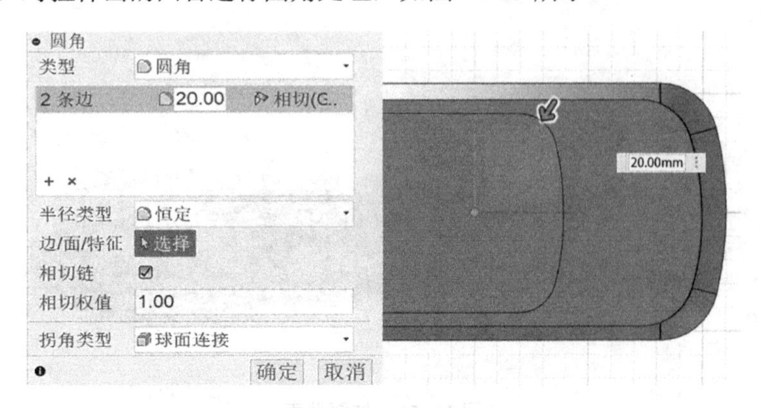

图 11-59　圆角特征

21）对凸台与实体的连接处进行圆角处理，如图 11-60 所示。

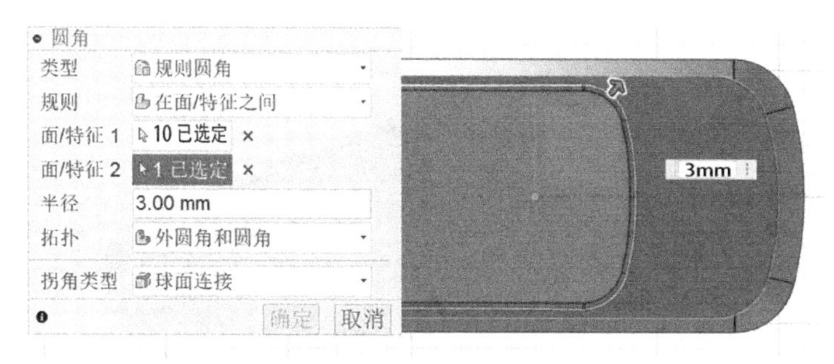

图 11-60　圆角特征

22）在画布的上视图绘制电疗仪的按键草图，如图 11-61 所示。

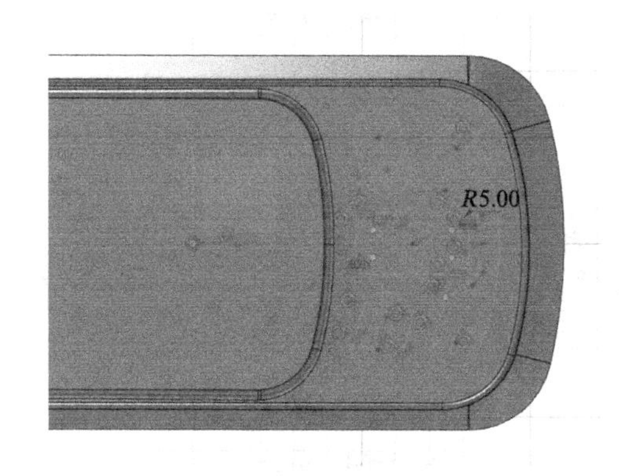

图 11-61　绘制按键草图

23）将按键向上拉升，选择“合并”操作，如图 11-62 所示。

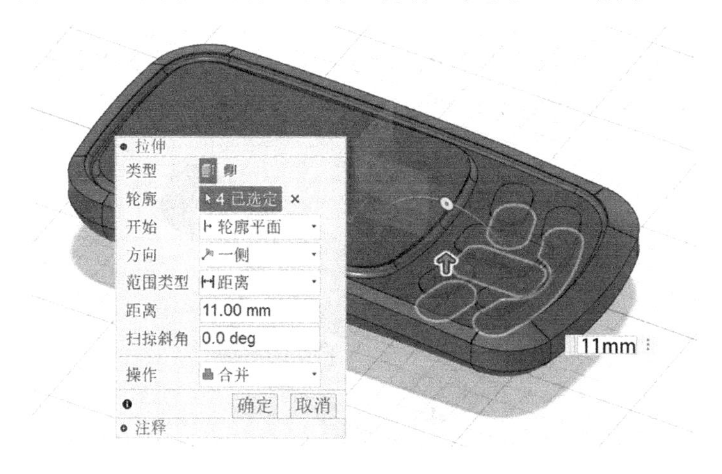

图 11-62　拉伸实体

24）对按键的内边线和外边线都进行适当的圆角处理，如图 11-63 所示。

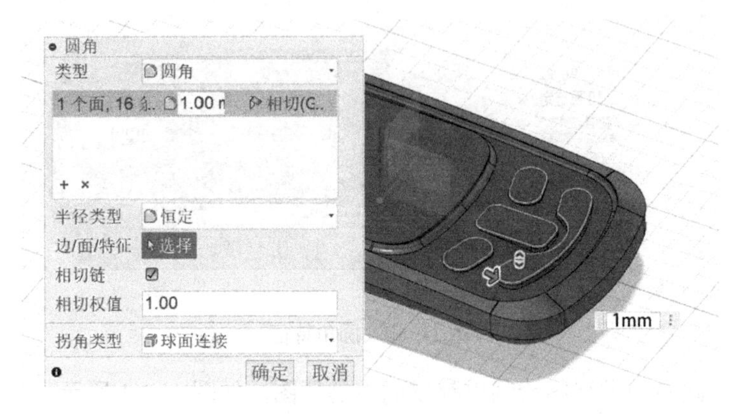

图 11-63　圆角特征

25）对实体整体的圆角细节进行处理，最终结果如图 11-64 所示。

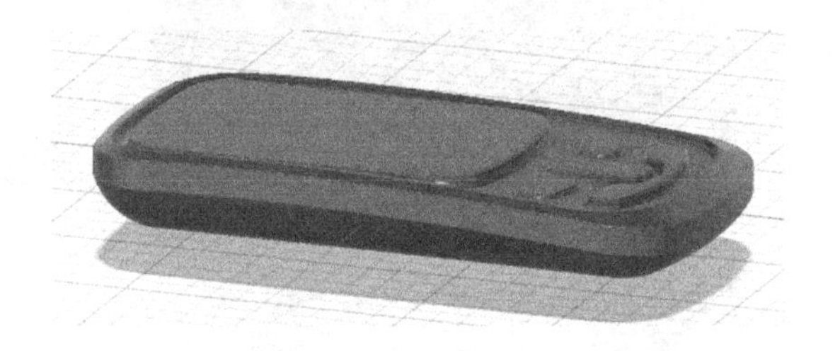

图 11-64　最终结果

11.3　案例三：吸尘器

下面以图 11-65 所示的吸尘器作为建模案例，使读者熟悉建模思路，加强对产品细节的把握。具体建模步骤如下：

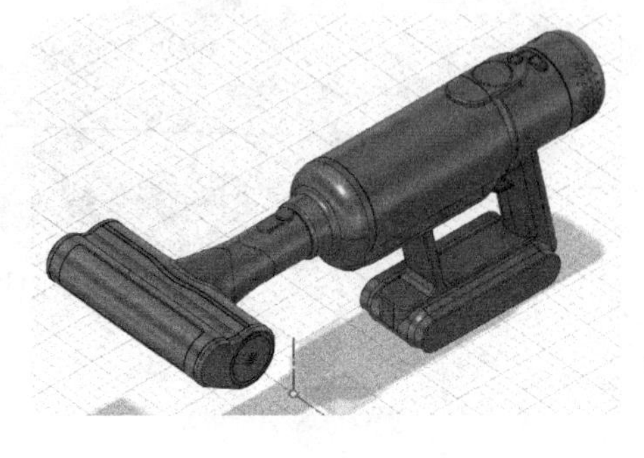

图 11-65　吸尘器

1）将产品侧视图插入画布，移动图片使产品的底部与画布中的上视图重合，将图片放大到产品实际大小，如图 11-66 所示。

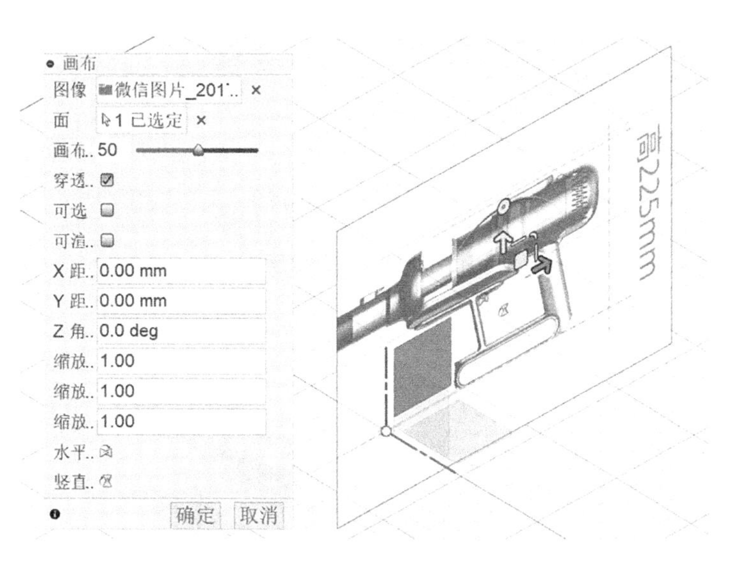

图 11-66　插入图片

2）绘制一条竖直线，设置直线长度使其与产品高度相同，如图 11-67 所示。

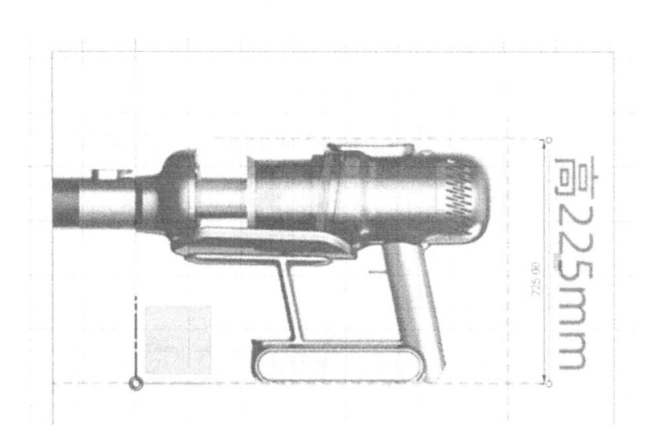

图 11-67　绘制直线

3）绘制吸尘器底座，如图 11-68 所示。

4）基于底座草图进行实体对称拉伸，如图 11-69 所示。

5）根据产品侧视图确定产品主体的中心轴，绘制轴线，如图 11-70 所示。

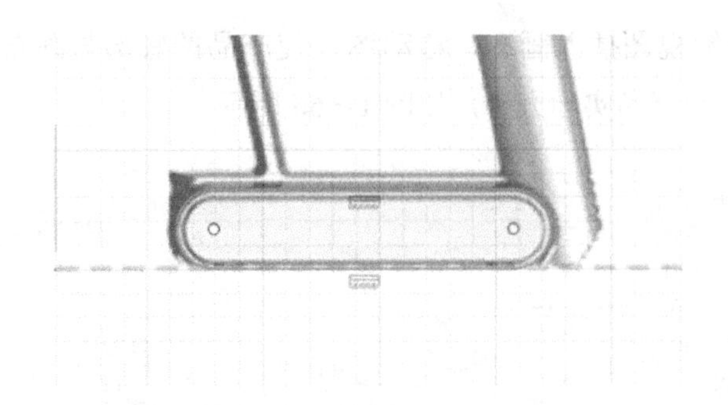

图 11-68　绘制底座

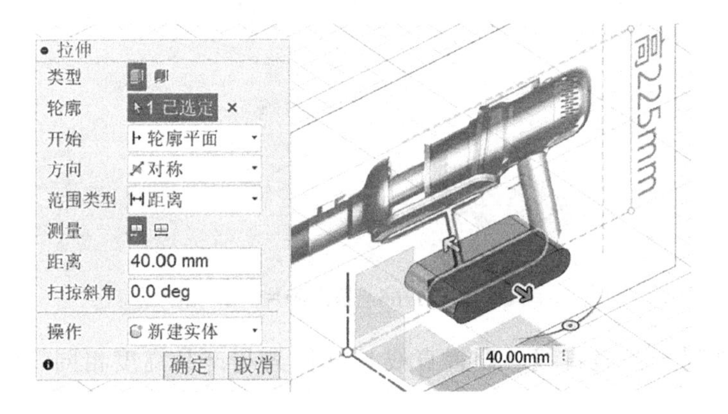

图 11-69　拉伸实体

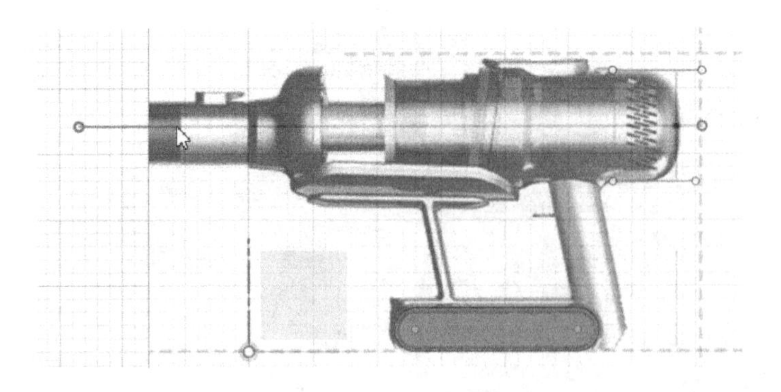

图 11-70　绘制中心轴

6）产品主体部分按照从后往前的顺序进行建模，先绘制排风部分的圆柱草图，再进行实体拉伸，如图 11-71 所示。

7）以步骤 5）中圆柱的前端面为草图基准面，绘制草图并拉伸图 11-72 所示的圆柱体。

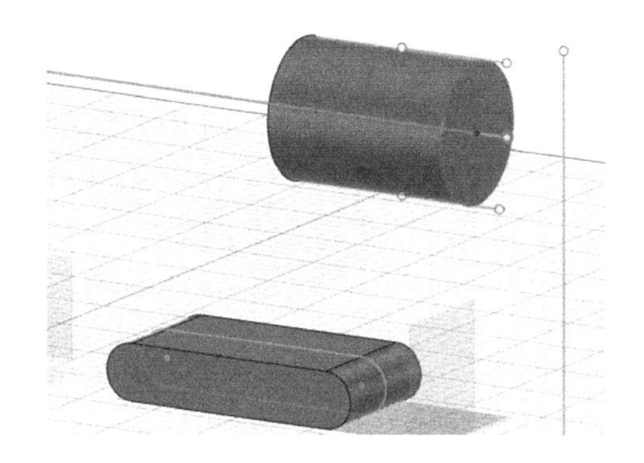

图 11-71　拉伸实体

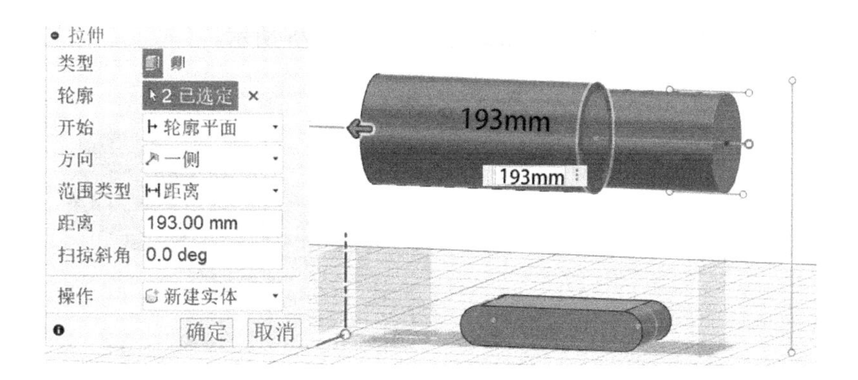

图 11-72　拉伸实体

8）对拉伸后得到的两个合并的圆柱体进行圆角处理，如图 11-73 所示。

9）在圆柱体的前端面上拉伸一个有斜角的凸台，并选择“合并”操作，如图 11-74 所示。

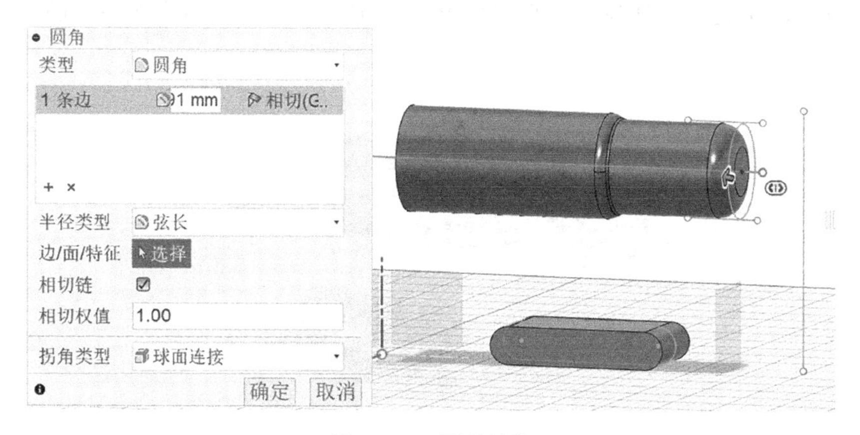

图 11-73　圆角特征

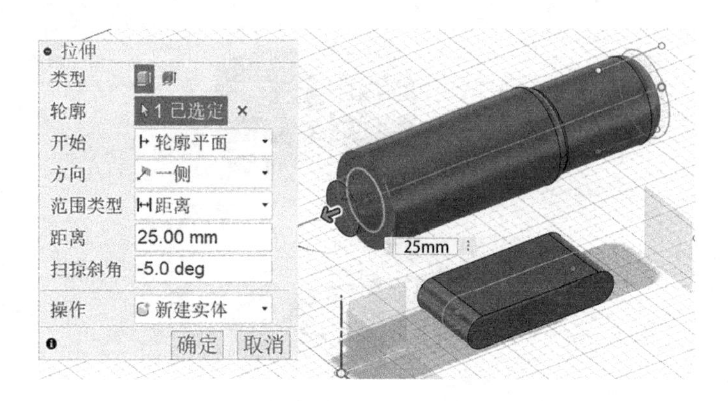

图 11-74　拉伸凸台

10）对实体的外边进行大圆角处理，如图 11-75 所示。

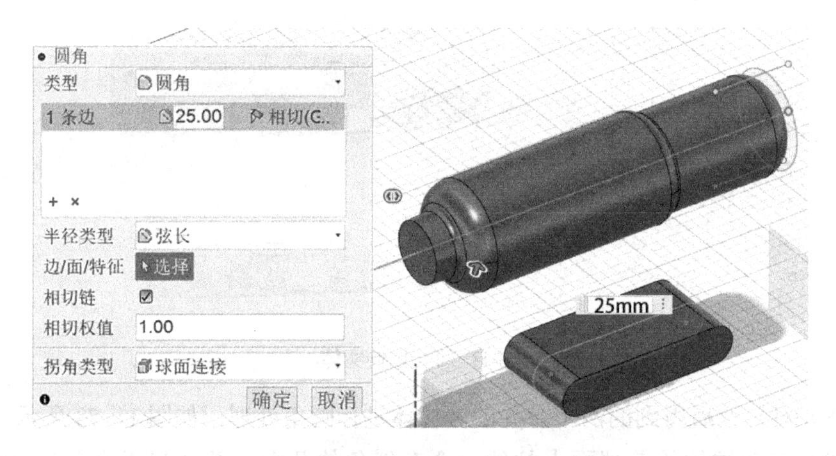

图 11-75　圆角特征

11）再次进行实体拉伸，将拉伸产生的实体作为承载功能部件的插销，如图 11-76 所示。

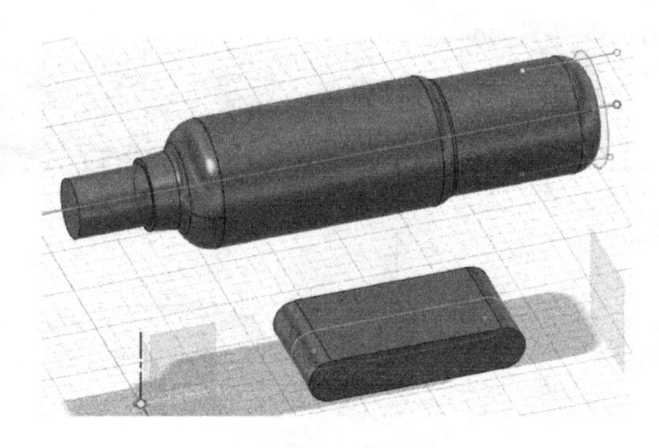

图 11-76　拉伸实体

12）绘制吸尘器的按钮部分。先绘制两个同心圆草图，然后进行实体拉伸操作，如图 11-77 所示。

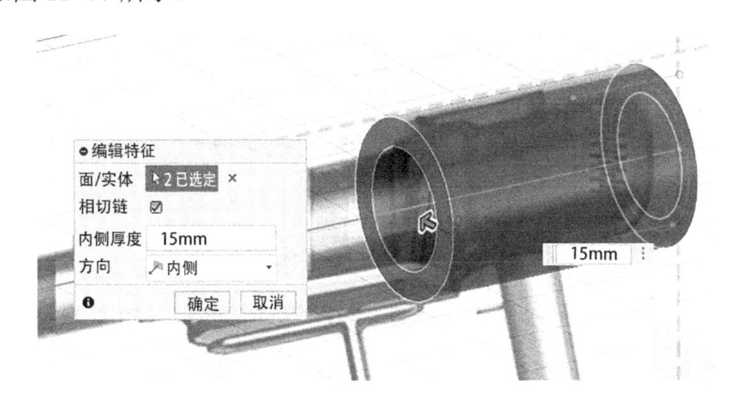

图 11-77　拉伸实体

13）在圆管的上方创建一个新的草图基准面，绘制槽，并进行曲面拉伸，如图 11-78 所示。

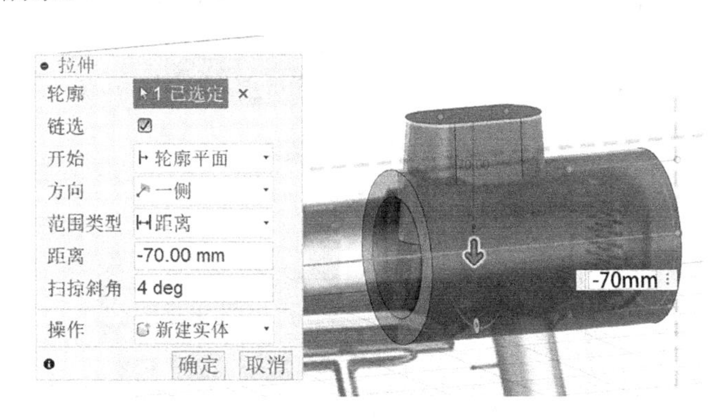

图 11-78　曲面拉伸

14）将拉伸产生的曲面作为分割工具，对圆管进行分割，如图 11-79 所示。

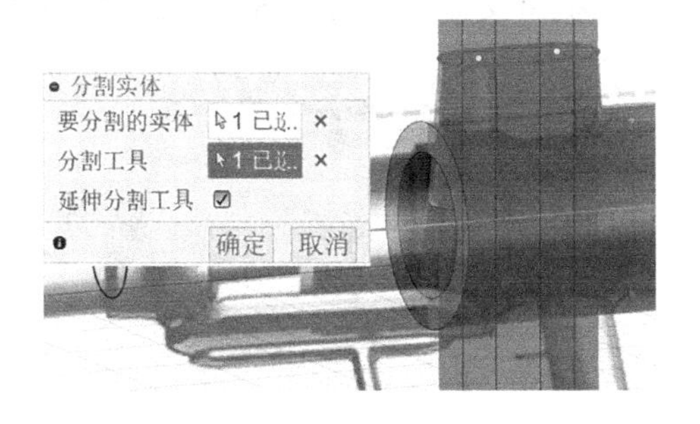

图 11-79　分割实体

15）绘制底座部分，再次绘制两个同心圆并拉伸实体，如图 11-80 所示。

图 11-80　拉伸实体

16）在吸尘器顶部上方绘制一个槽，对圆管进行分割，如图 11-81 所示。

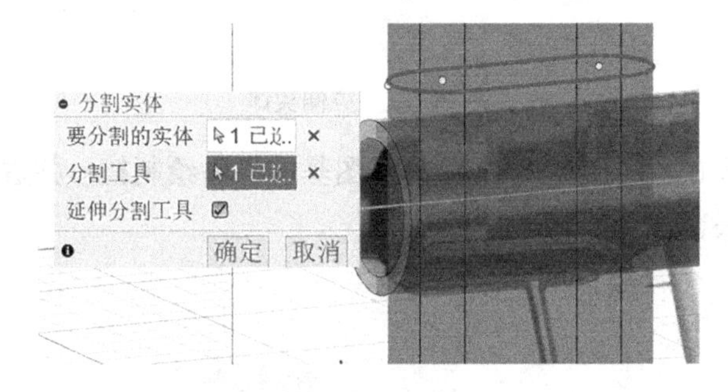

图 11-81　分割实体

17）绘制底座细节，如图 11-82 所示。

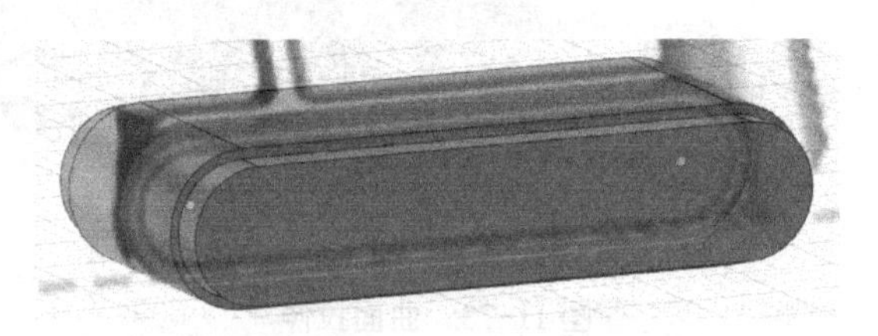

图 11-82　绘制底座凸台

18）绘制底座与产品机身支撑结构的草图，如图 11-83 所示。

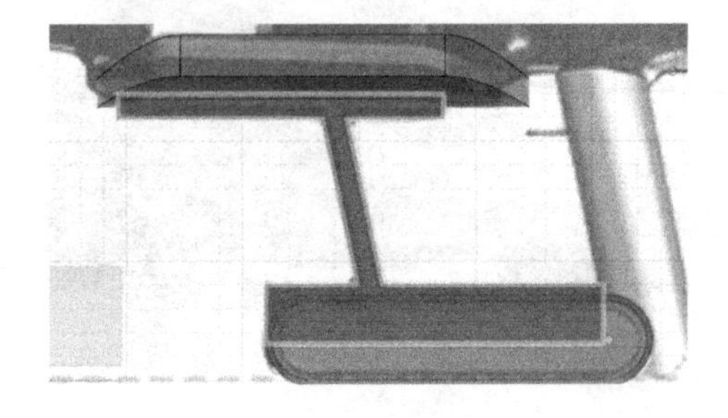

图 11-83　绘制草图

19）绘制吸尘器的把手草图，如图 11-84 所示。

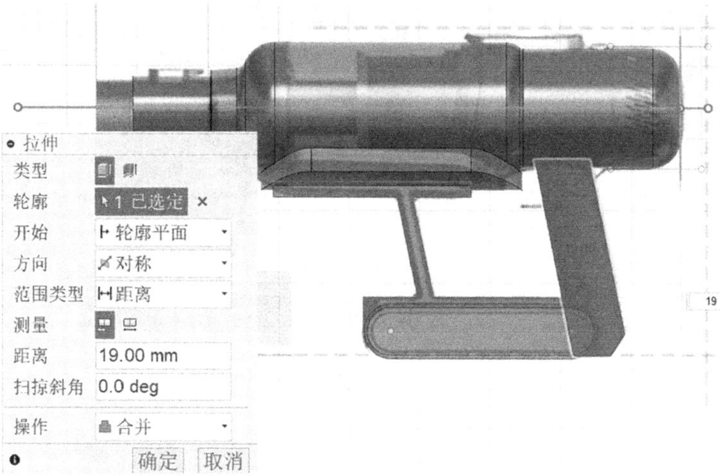

图 11-84　绘制把手草图

20）以上步骤完成后，产品主体轮廓已经成形，结果如图 11-85 所示。

21）对初步主体轮廓的内边和外边进行若干步的适当圆角或倒角处理，处理结果如图 11-86 所示。

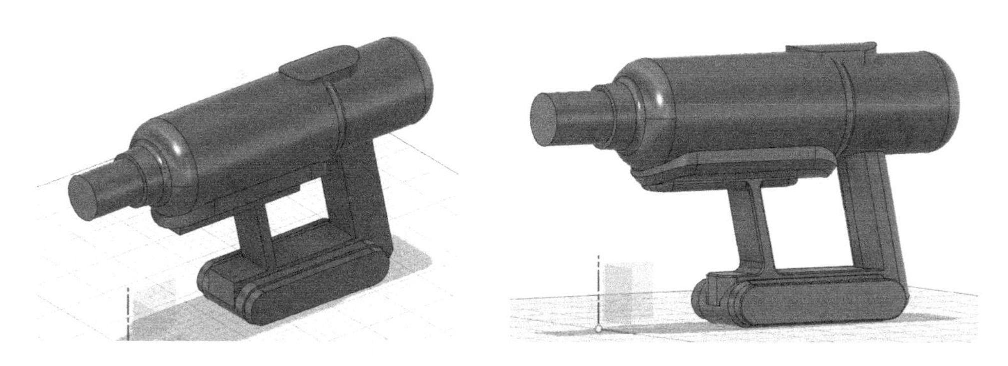

图 11-85　阶段结果　　　　图 11-86　圆角处理结果

22）对吸尘器的把手部分进行细节处理，在正视图上绘制草图，并进行实体拉伸，如图 11-87 所示。

23）对拉伸产生的实体进行圆角处理，如图 11-88 所示。

24）构造一个平面对产品主体进行分割，如图 11-89 所示。

25）对分割产生的实体进行抽壳，如图 11-90 所示。

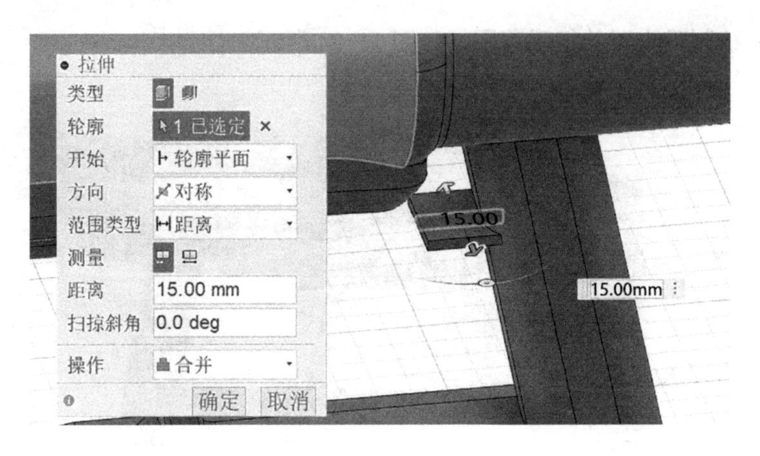

图 11-87　拉伸实体

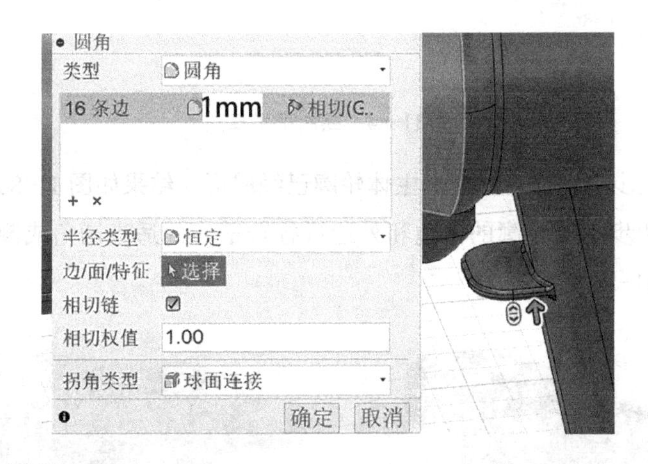

图 11-88　圆角特征

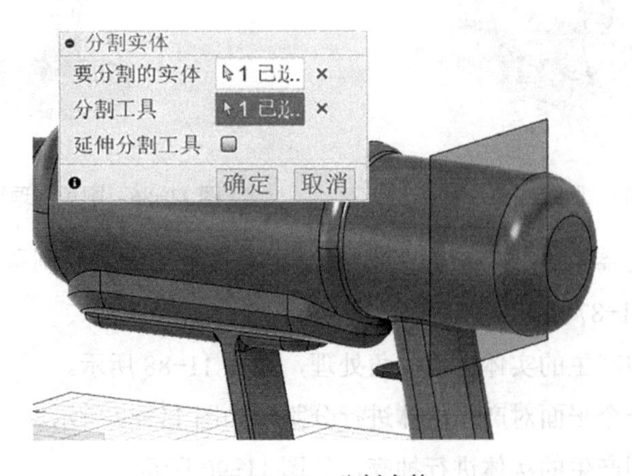

图 11-89　分割实体

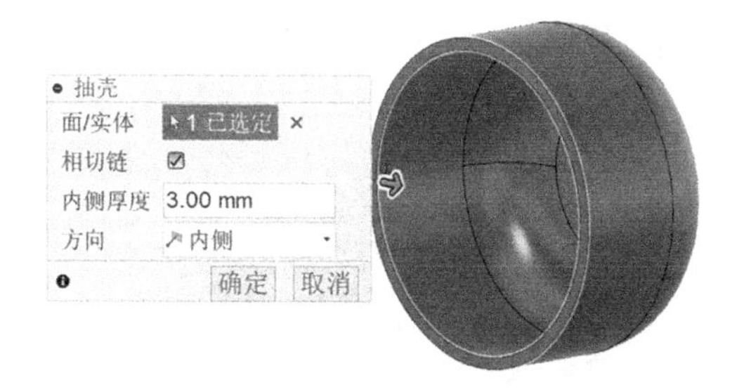

图 11-90　抽壳

26）对分割产生的实体之间的缝隙进行倒角处理，在画布的正视图中绘制散热孔，并进行剪切实体操作，如图 11-91 所示。

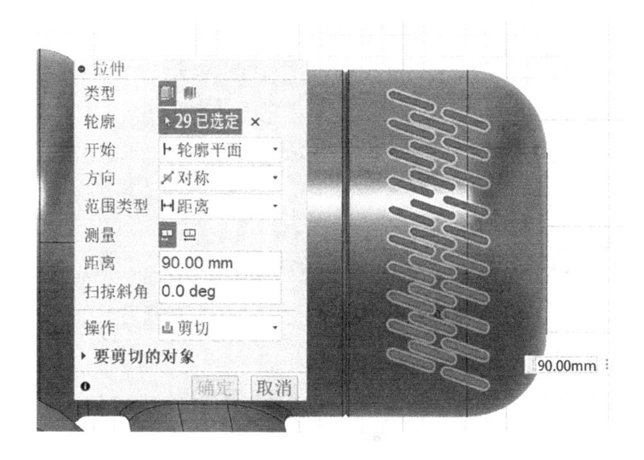

图 11-91　剪切实体

27）在吸尘器顶面的草图基准面上绘制槽，并进行剪切实体操作，如图 11-92 所示。

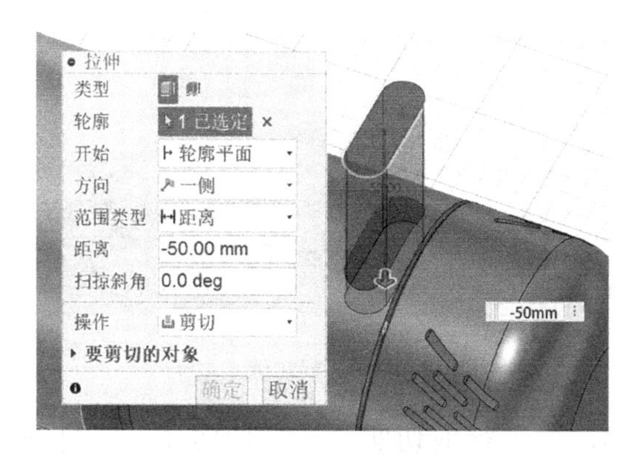

图 11-92　剪切实体

28）绘制按钮草图，拉伸实体，处理圆角。结果如图 11-93 所示。

图 11-93　绘制按钮结果

29）分割实体，如图 11-94 和图 11-95 所示。

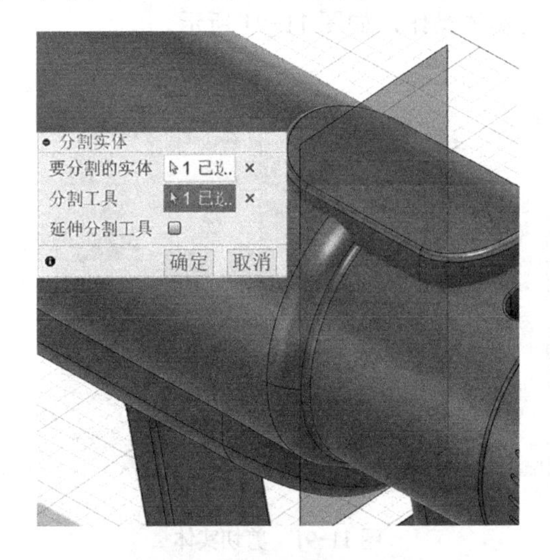

图 11-94　分割实体（一）

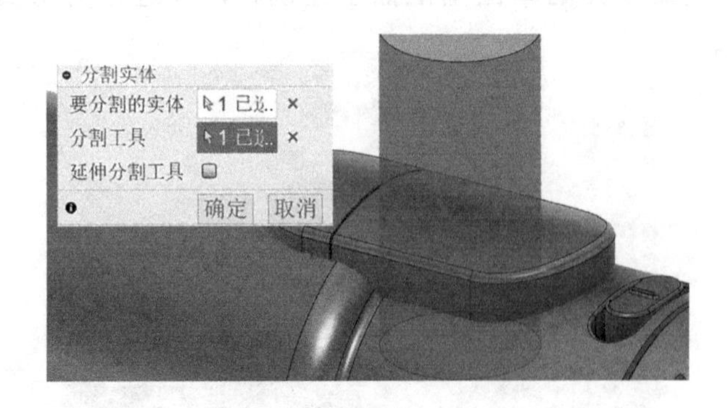

图 11-95　分割实体（二）

30）绘制按钮，并进行剪切实体、拉伸实体、圆角处理操作，结果如图 11-96 所示。

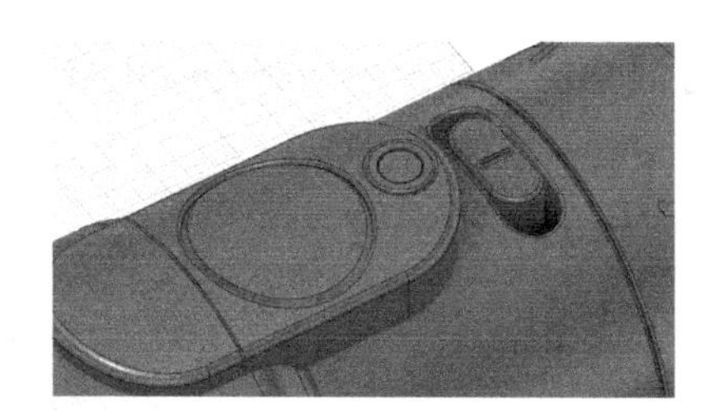

图 11-96　绘制按钮

31）分割实体，如图 11-97 所示。

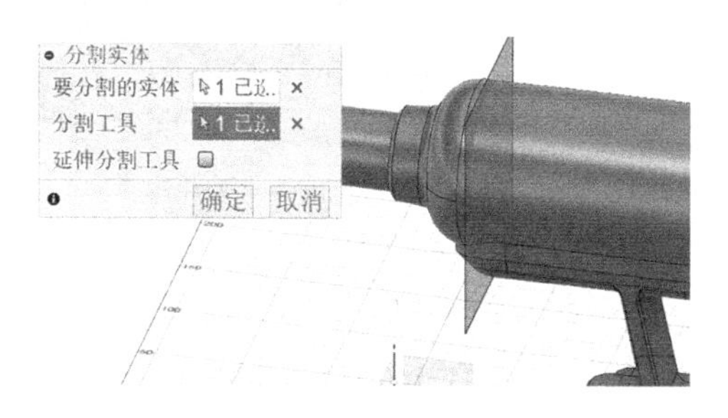

图 11-97　分割实体

32）对实体进行抽壳，如图 11-98 所示。

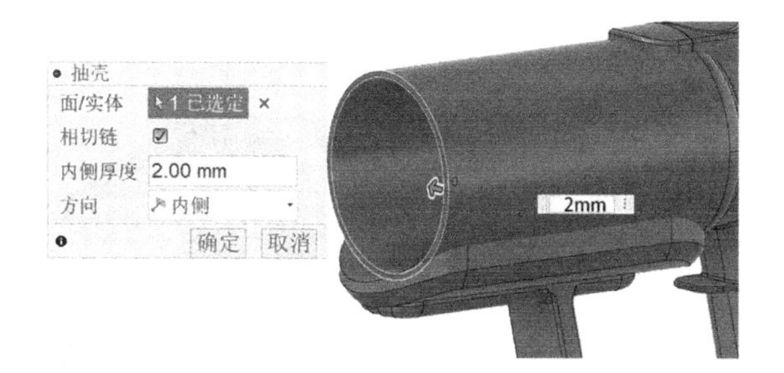

图 11-98　抽壳

33）绘制吸尘器内部结构，并进行多次拉伸实体操作，如图 11-99 所示。

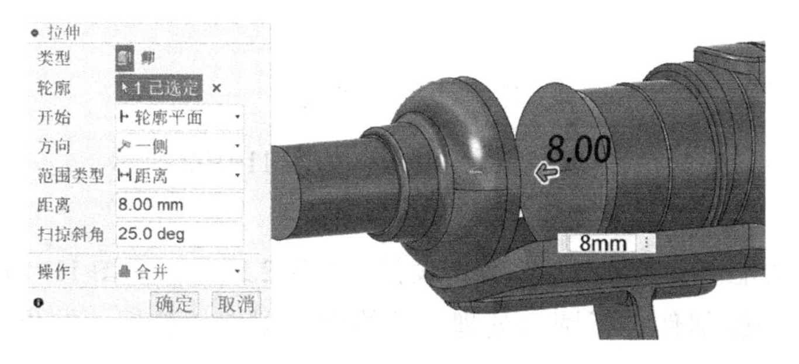

图 11-99　绘制吸尘器内部结构并拉伸实体

34）绘制吸尘器前端功能部件。先绘制与吸尘器机身相配合的部分，如图 11-100 所示。

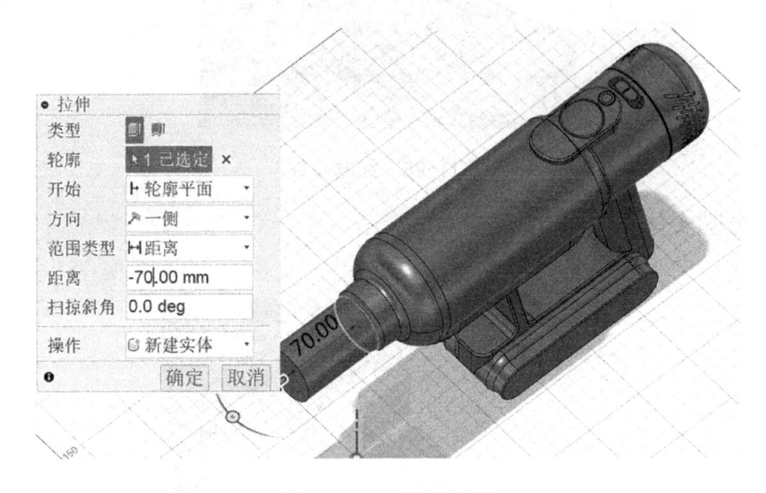

图 11-100　拉伸实体

35）绘制两个草图，并对实体进行放样，如图 11-101 所示。

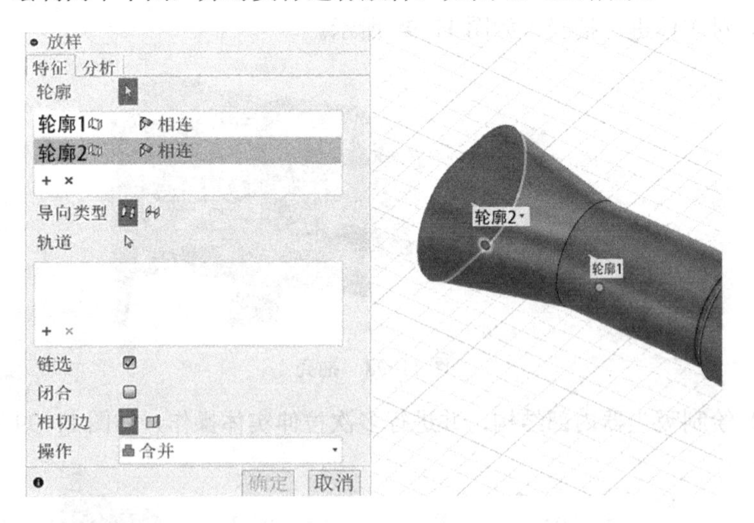

图 11-101　放样实体

36）对合并实体衔接线进行圆角处理，如图 11-102 所示。

37）绘制草图并拉伸实体，如图 11-103 所示。

38）对功能部件实体进行抽壳，设置壁厚为 2.5mm，如图 11-104 所示。

39）对功能部件进行圆角处理，并绘制前端卡扣按钮，结果如图 11-105 所示。

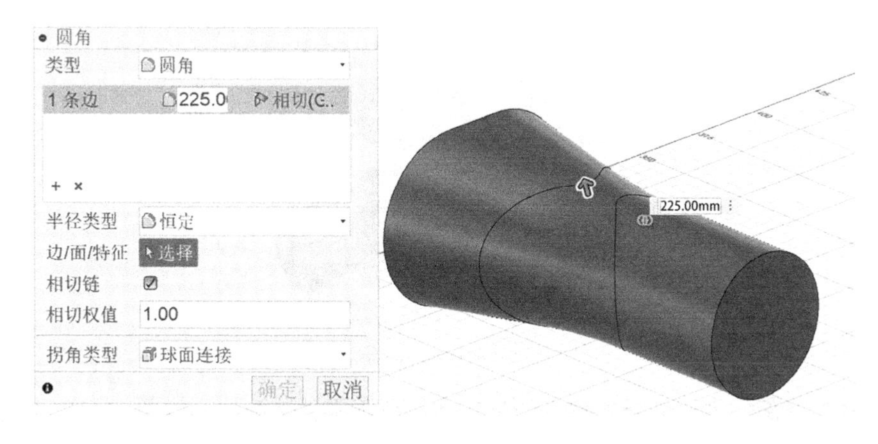

图 11-102　圆角特征

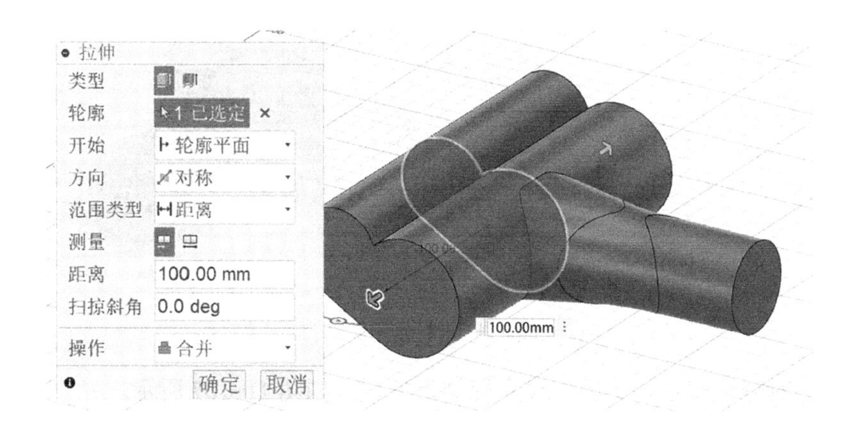

图 11-103　拉伸实体

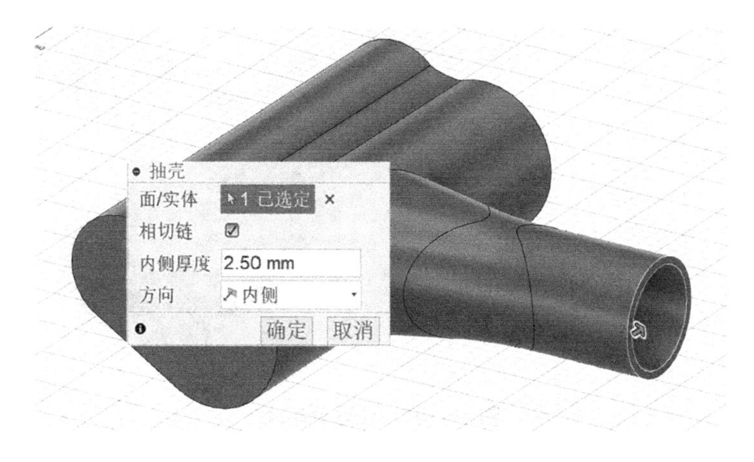

图 11-104　抽壳

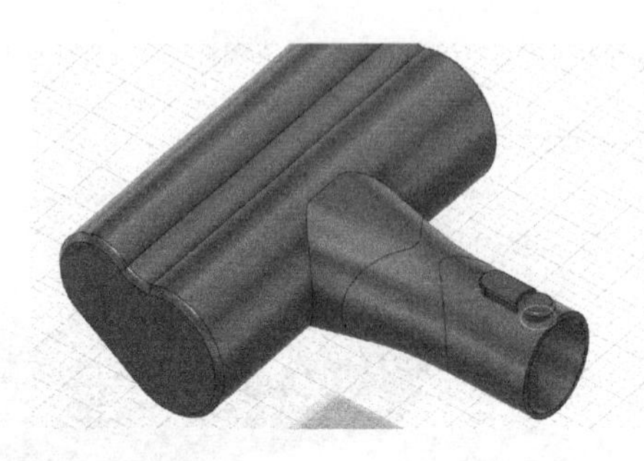

图 11-105　部件

40）对部件进行细节处理，分割实体，留下零件装配线，如图 11-106 所示。

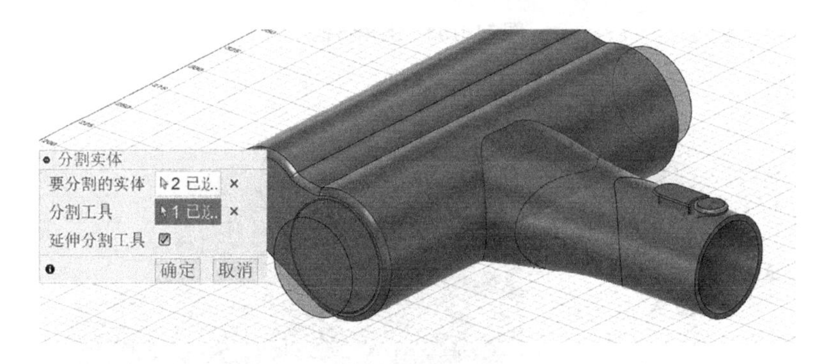

图 11-106　分割实体

41）对分割产生的实体边线进行倒角处理，如图 11-107 所示。

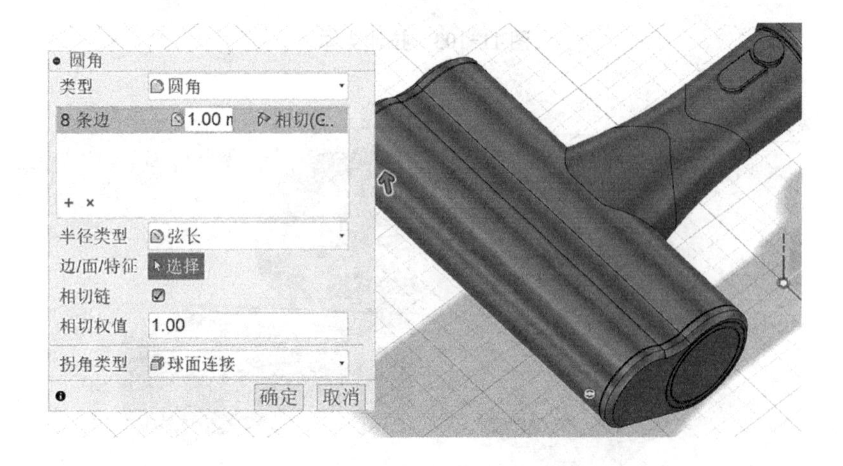

图 11-107　处理分割线

42）分割实体，如图 11-108 所示。

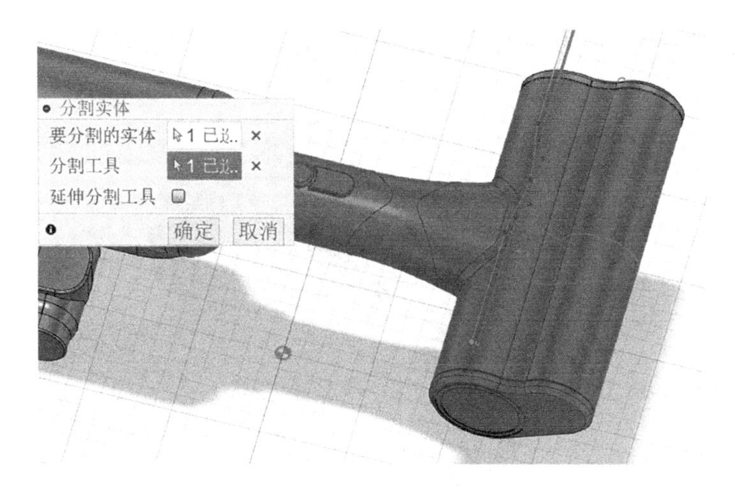

图 11-108　分割实体

43）再次分割实体，如图 11-109 所示。

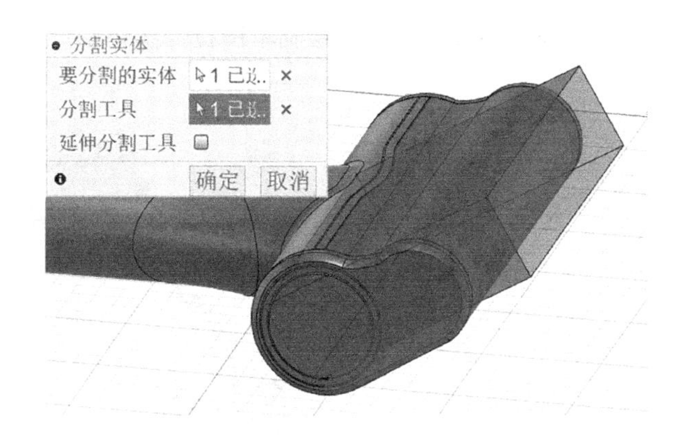

图 11-109　分割实体

44）对功能部件进行分模线细节处理，结果如图 11-110 所示。

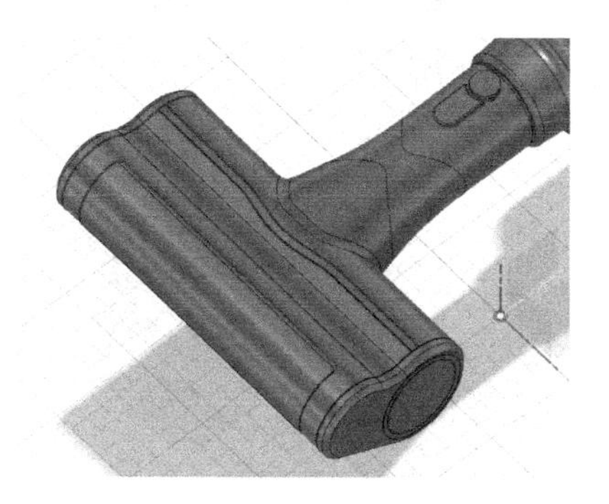

图 11-110　处理过分模线的部件

45）绘制草图，剪切实体，如图 11-111 所示。

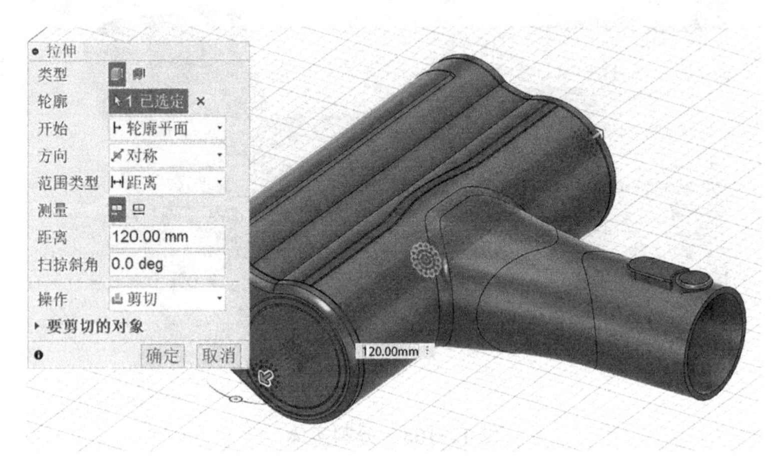

图 11-111　剪切实体

46）将分割产生的外盖隐藏，在内部绘制草图拉伸实体形成部件内部的轴，如图 11-112 所示。

图 11-112　拉伸实体

47）最终结果如图 11-113 所示。

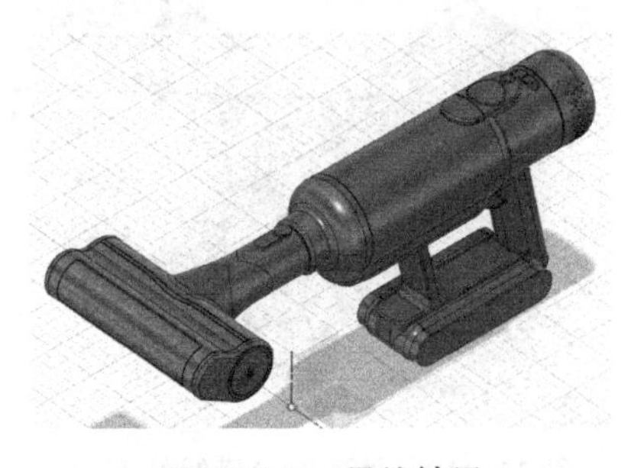

图 11-113　最终结果

11.4　案例四：机器人底座

对图 11-114 所示机器人底座进行建模，熟悉创建曲面的命令。建模步骤如下：

1）绘制草图如图 11-115 所示，重点是使四条引导线的首尾段与轮廓草图相交。

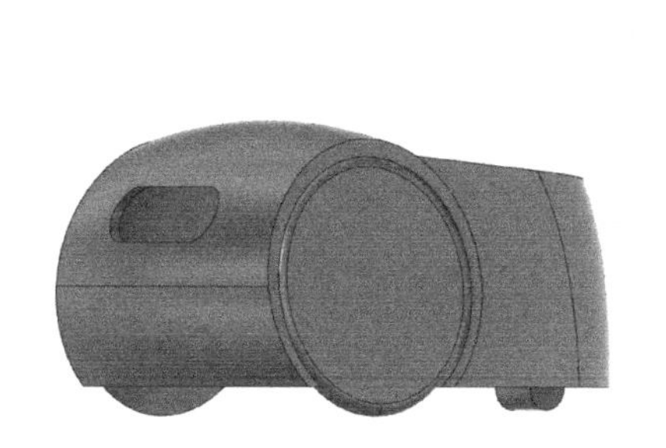

图 11-114　机器人底座

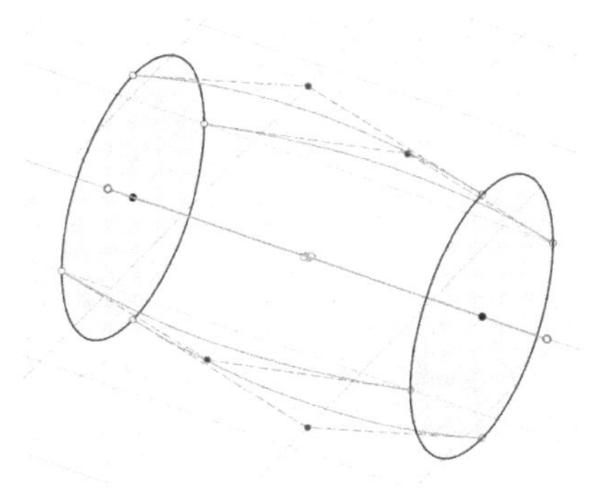

图 11-115　绘制草图

2）放样凸台，如图 11-116 所示。

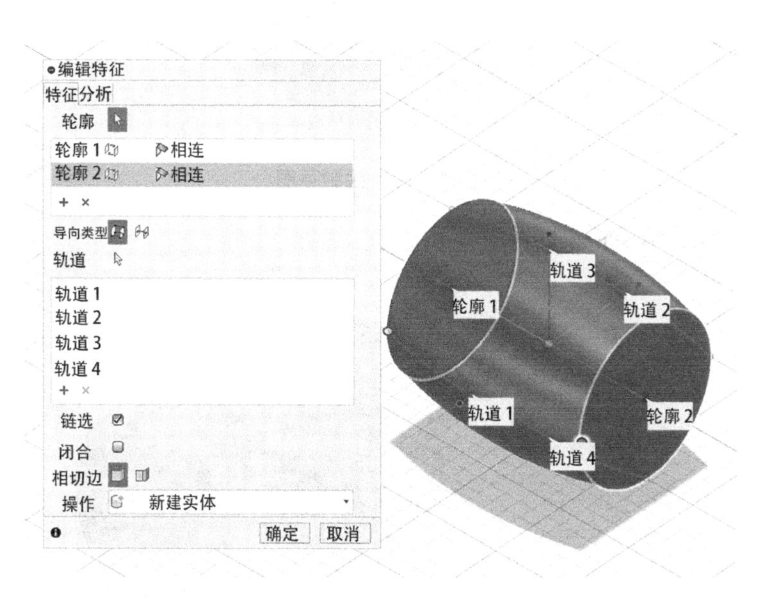

图 11-116　放样凸台

3）绘制草图，对放样产生的实体进行剪切，如图 11-117 所示。

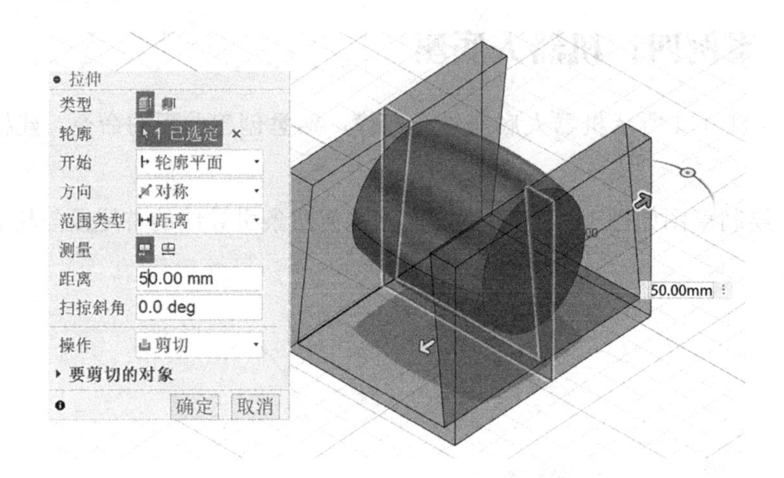

图 11-117　剪切实体

4）绘制草图，如图 11-118 所示。

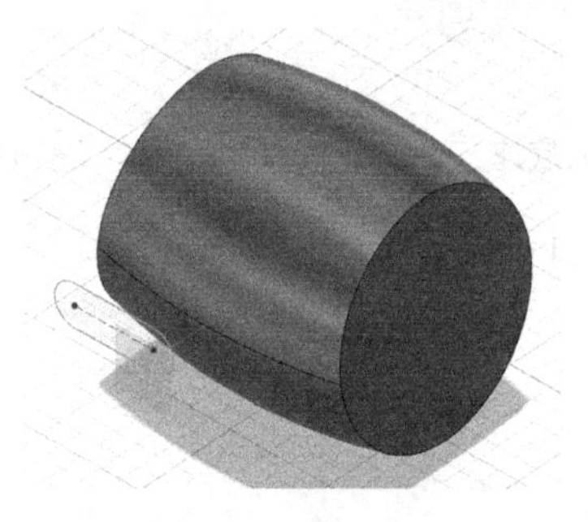

图 11-118　绘制草图

5）剪切实体，如图 11-119 所示。

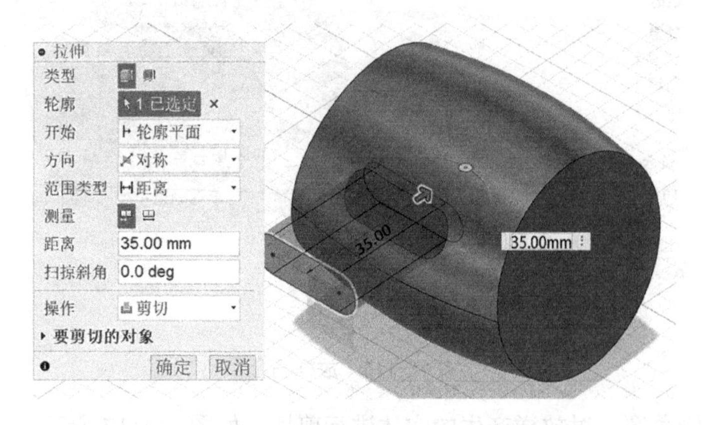

图 11-119　剪切实体

6）对实体进行抽壳，设置内侧厚度为 2mm，如图 11-120 所示。

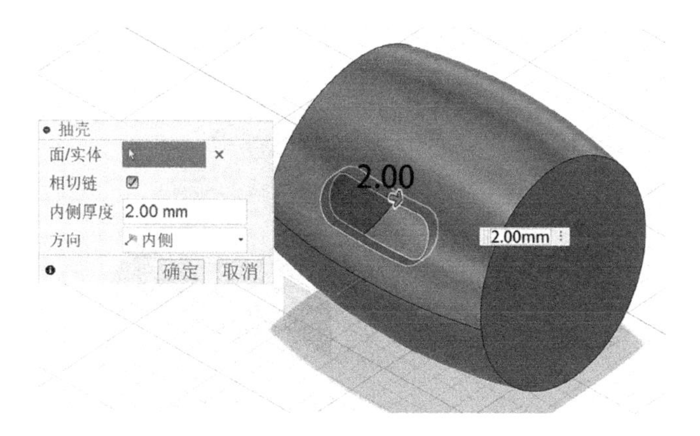

图 11-120　抽壳

7）绘制圆形，并对抽壳后的实体进行分割，如图 11-121 所示。

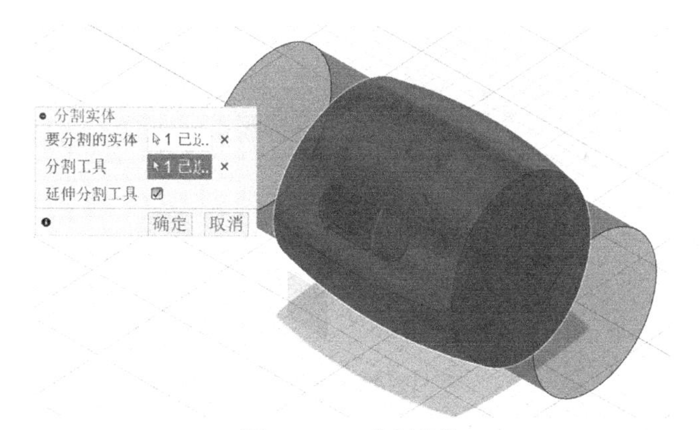

图 11-121　分割实体

8）对分割后的中间实体进行剪切，如图 11-122 所示。

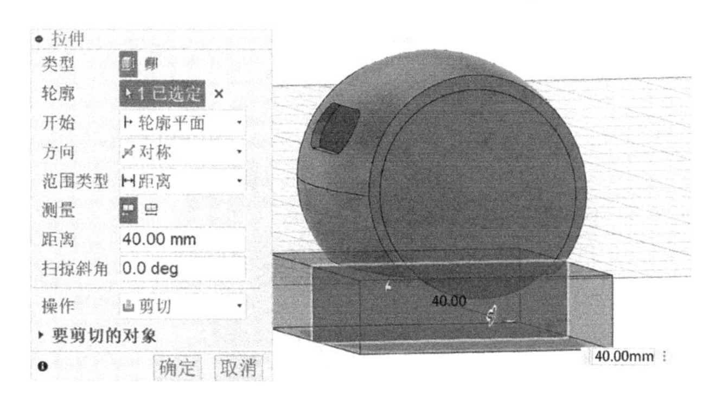

图 11-122　剪切实体

9）构造图 11-123 所示的草图基准面，然后在此平面上绘制放样轮廓，如图 11-124 所示。

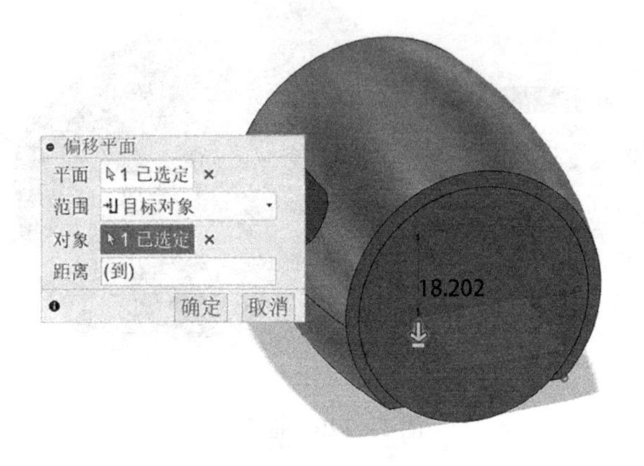

图 11-123 构造平面

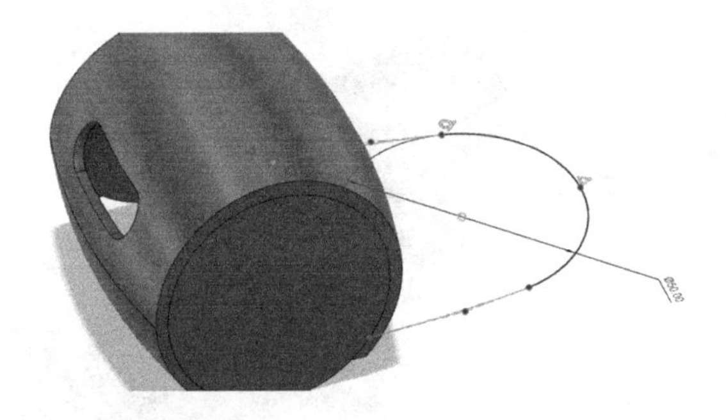

图 11-124 绘制草图

10）与步骤 9）相似，先构造一个平面，如图 11-125 所示，然后在此平面上绘制草图，如图 11-126 所示。

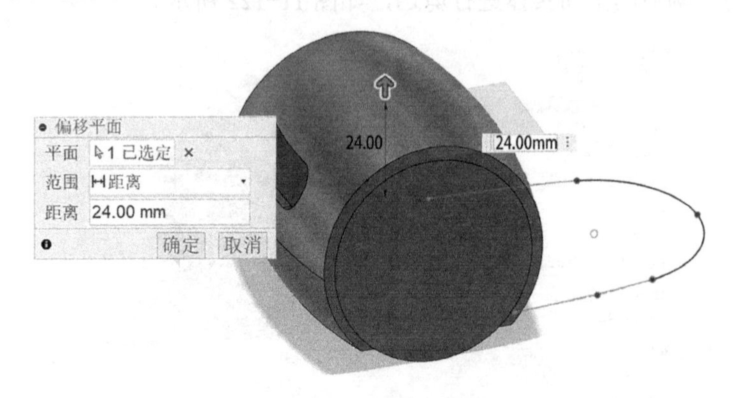

图 11-125 构造平面

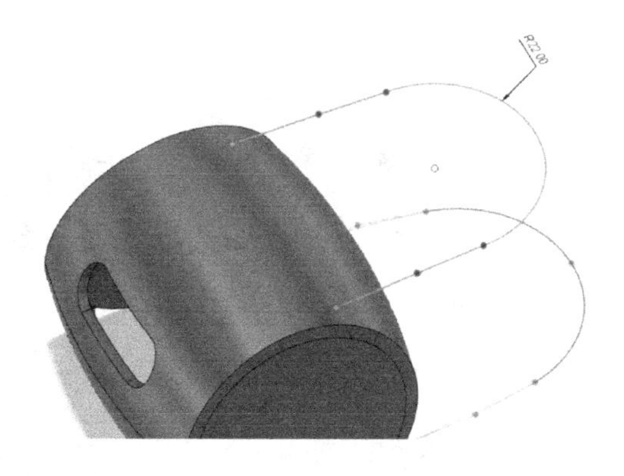

图 11-126　绘制草图

11）绘制放样轨迹，如图 11-127 所示，并要保证放样轨迹与轮廓相交，如图 11-128 所示。

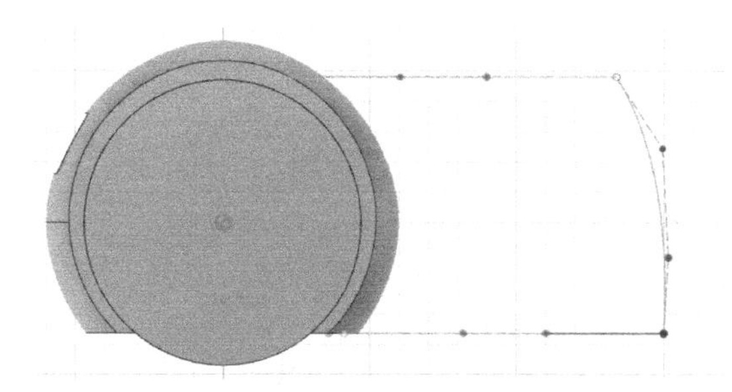

图 11-127　绘制草图

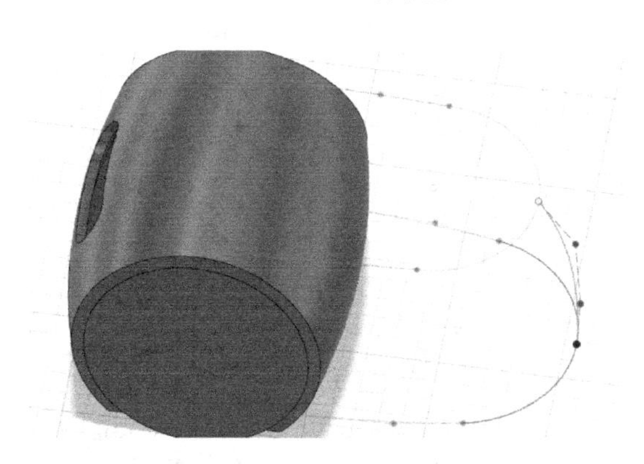

图 11-128　放样轨迹

12）使用放样曲面工具，选择轮廓和放样轨迹，如图 11-129 所示。

13）绘制一条直线将放样产生的曲面剪裁一部分，如图 11-130 所示。

14）绘制底面轮廓的连接直线并利用面片工具补充底面，如图 11-131 所示。

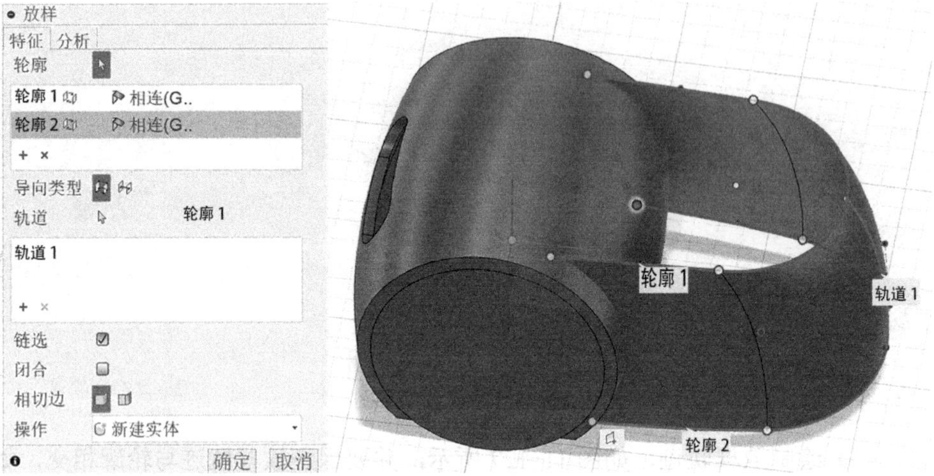

图 11-129　放样曲面

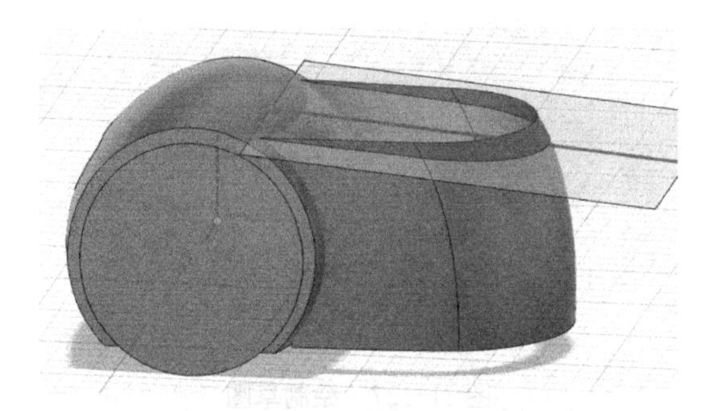

图 11-130　剪裁曲面

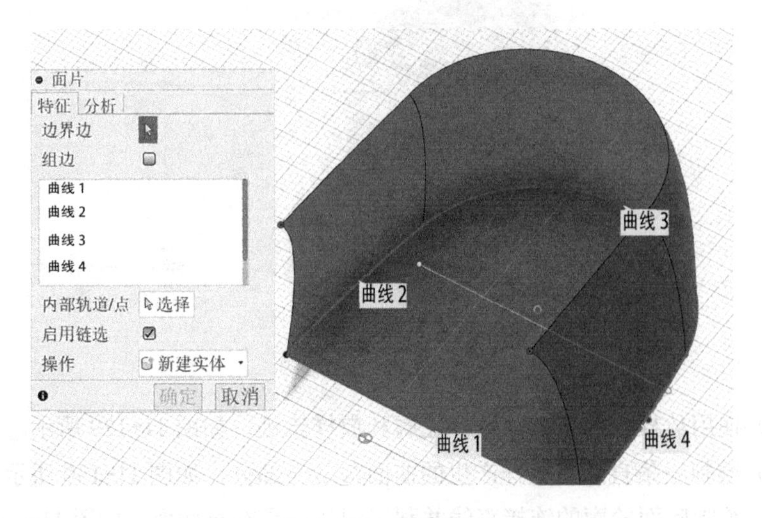

图 11-131　创建面片

15）与步骤 14）相似，利用放样曲面建立顶面，如图 11-132 所示。

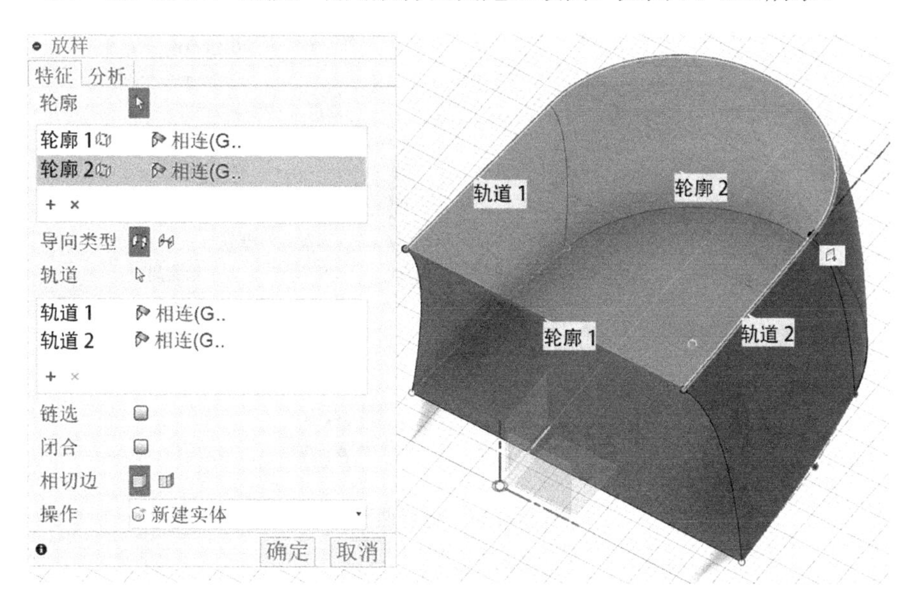

图 11-132　放样曲面

16）补充最后一个面，如图 11-133 所示。

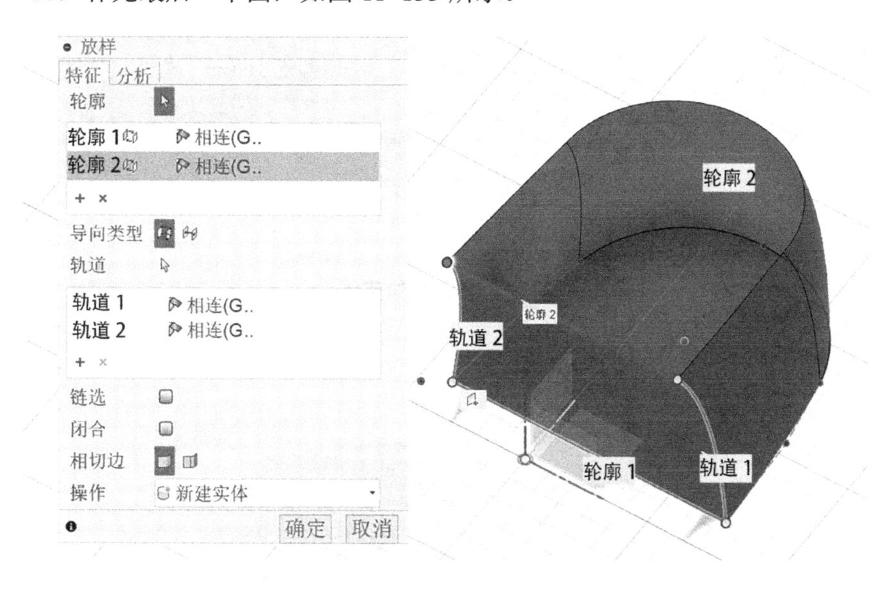

图 11-133　放样曲面

17）缝合曲面，如图 11-134 所示。

18）绘制小圆，拉伸实体，如图 11-135 所示。

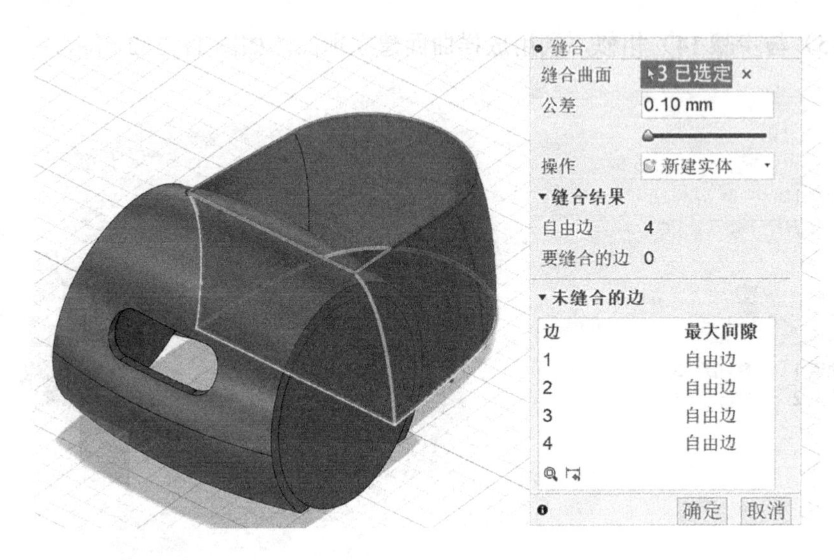

图 11-134　缝合曲面

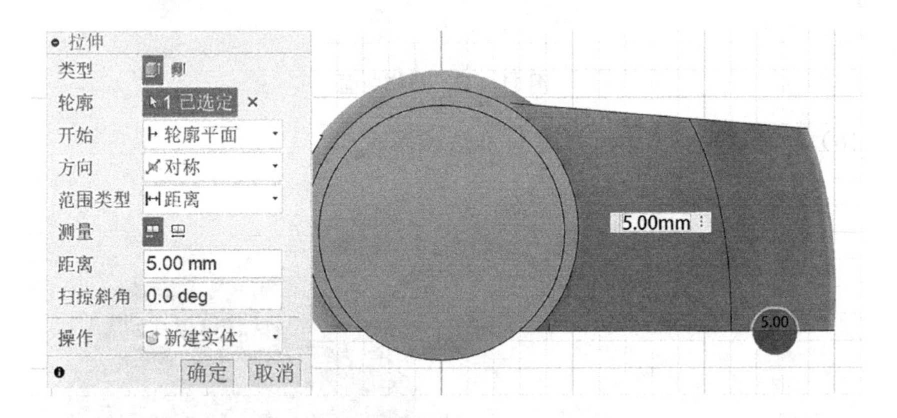

图 11-135　拉伸实体

19）最终效果如图 11-136 所示。

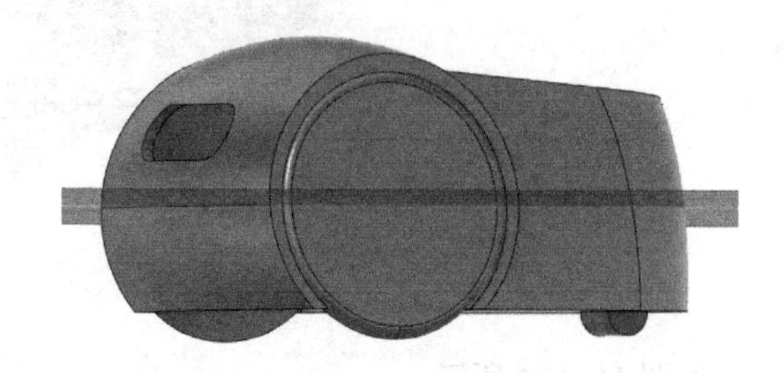

图 11-136　最终效果

11.5 案例五：耳机

对图 11-137 所示耳机进行建模，具体步骤如下：

1）绘制图 11-138 所示草图。

图 11-137 耳机

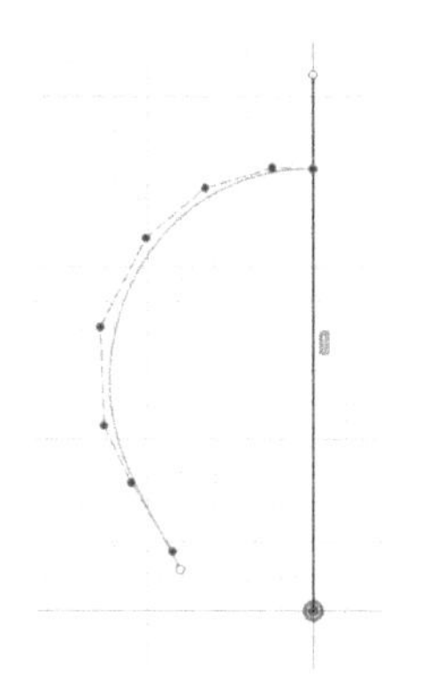

图 11-138 绘制草图

2）将草图进行拉伸生成曲面，如图 11-139 所示。

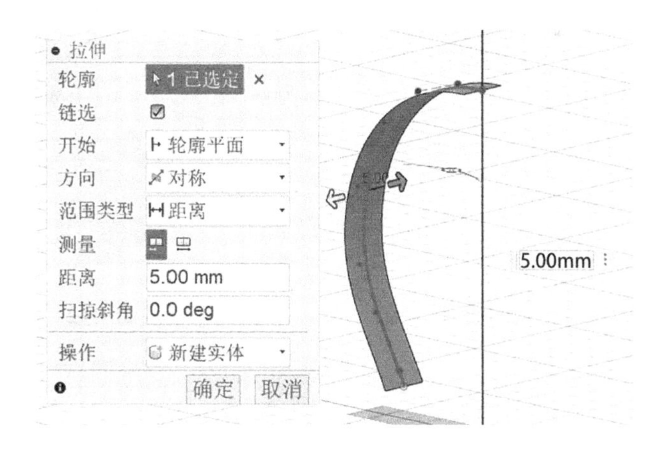

图 11-139 拉伸曲面

3）将曲面进行加厚，如图 11-140 所示。

4）绘制草图拉伸曲面，为下一步构造平面做准备，如图 11-141 所示。

5）利用拉伸产生的曲面构造草图基准面，并在该面上绘制图 11-142 所示草图。

6）对草图进行拉伸凸台操作，并设置扫掠斜角，如图 11-143 所示。

7）对合并后的实体进行细节处理，按图 11-144 ～图 11-148 所示对连接处进行适当的圆角处理。

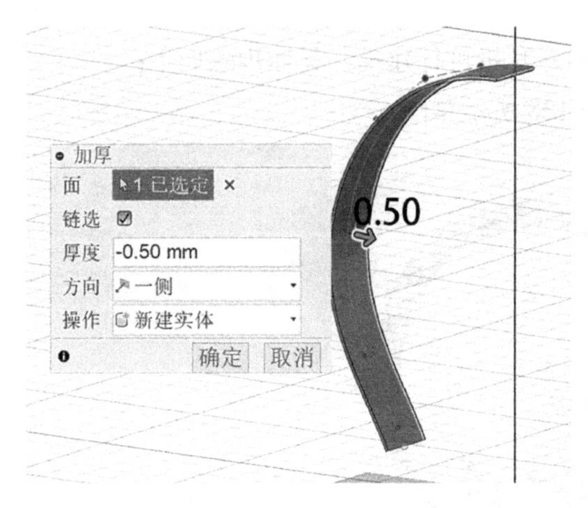

图 11-140　加厚曲面

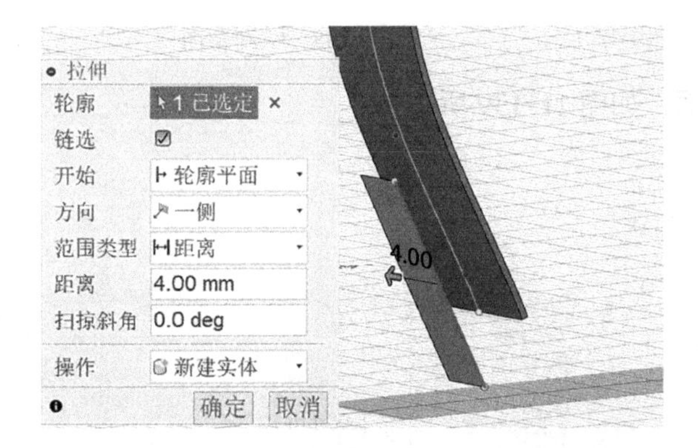

图 11-141　拉伸曲面

图 11-142　绘制草图

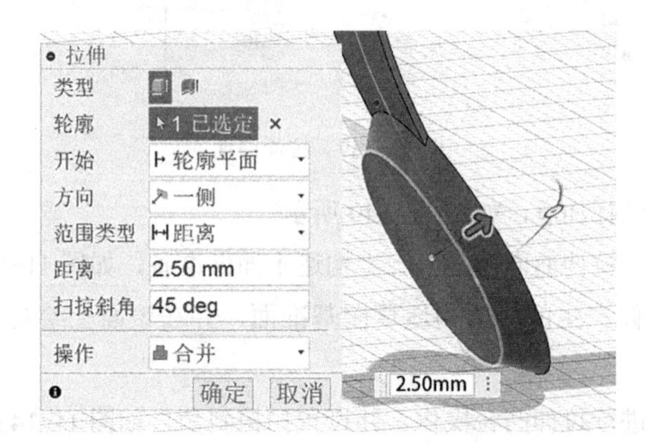

图 11-143　拉伸实体

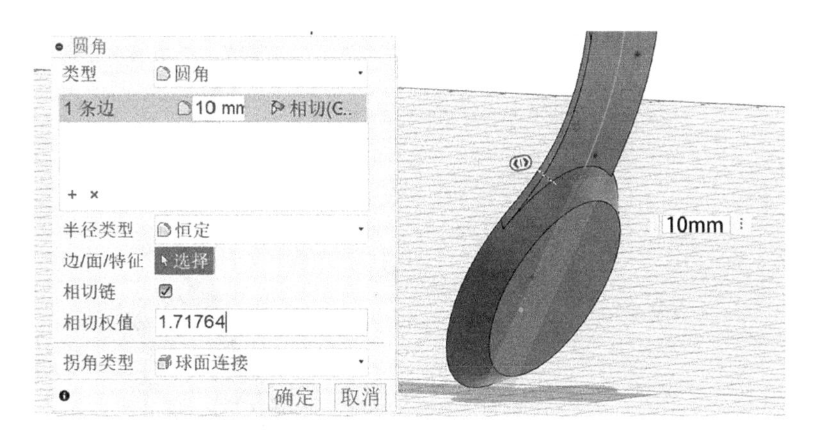

图 11-144　圆角特征（一）

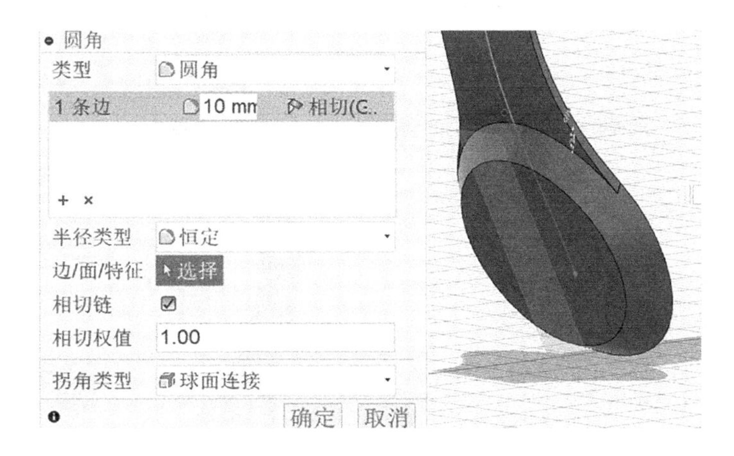

图 11-145　圆角特征（二）

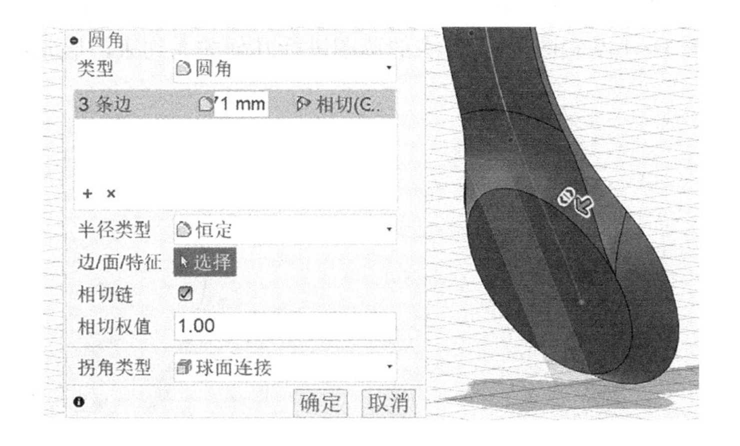

图 11-146　圆角特征（三）

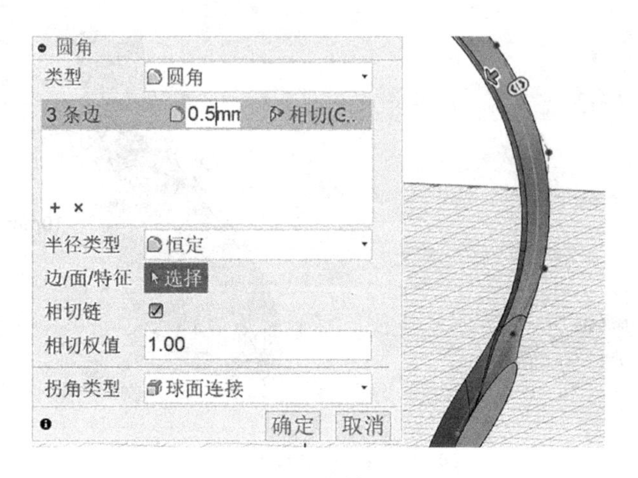

图 11-147　圆角特征（四）

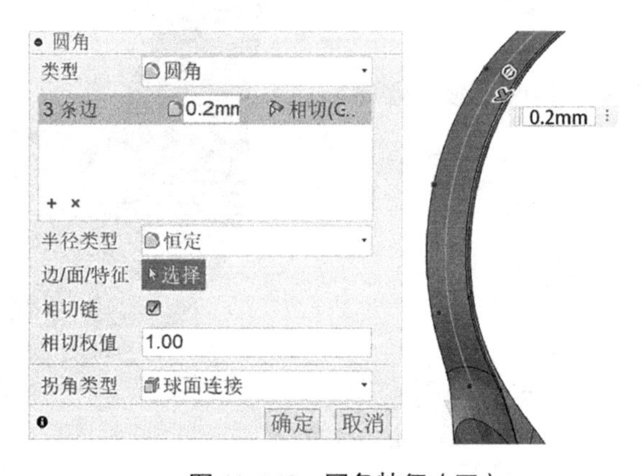

图 11-148　圆角特征（五）

8）在画布正视图绘制草图，如图 11-149 ～图 11-151 所示，将图 11-151 中的草图与图 11-149 和图 11-150 中的草图进行几何关系约束，形成相交关系。

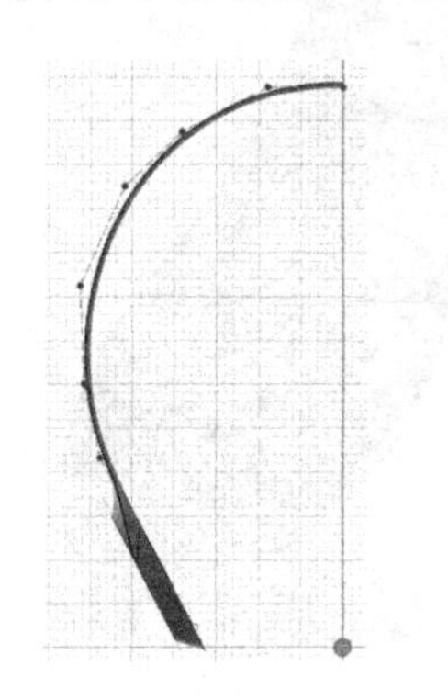

图 11-149　绘制草图（一）

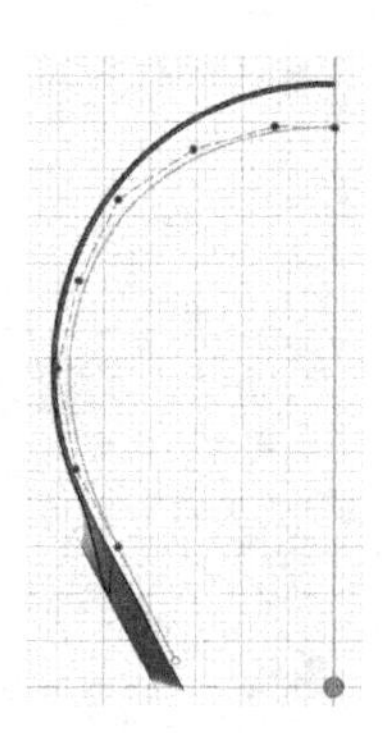

图 11-150　绘制草图（二）

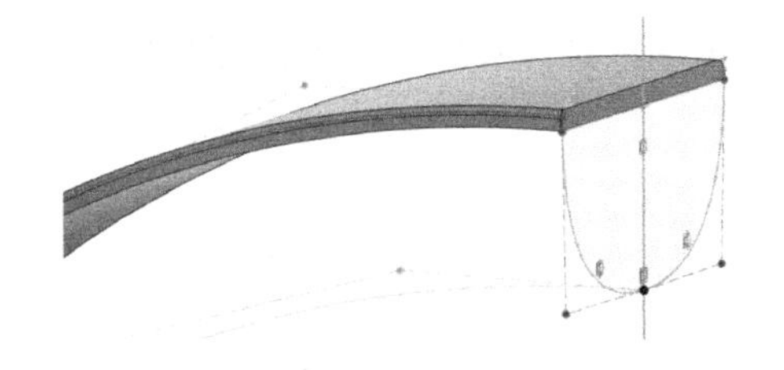

图 11-151　绘制草图（三）

9）对上述草图进行放样实体操作，如图 11-152 所示。

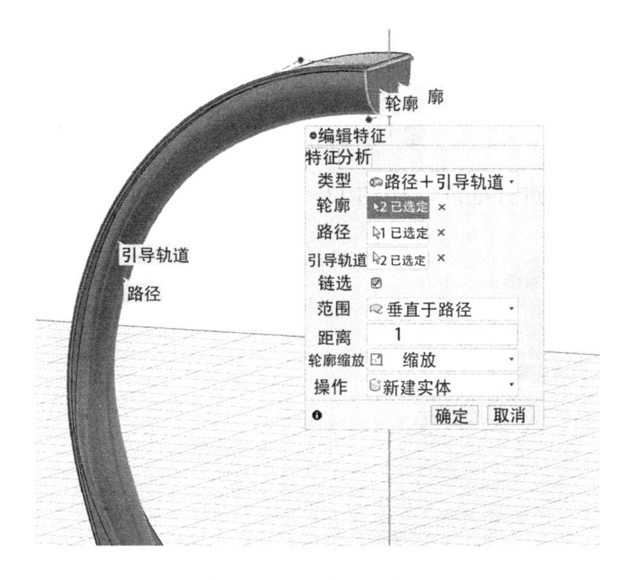

图 11-152　放样实体

10）在图 11-153 所示位置构造一个草图基准面，绘制圆形并拉伸实体。

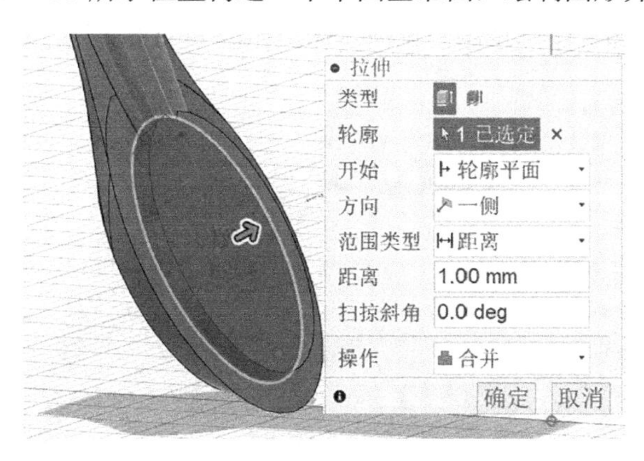

图 11-153　拉伸实体

11）构造平面，绘制圆形，拉伸实体，设置扫掠斜角，如图 11-154 所示。

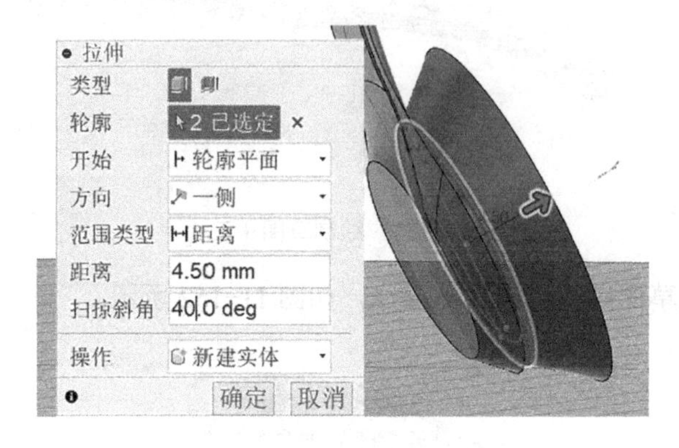

图 11-154　拉伸实体

12）对产品细节进行处理，如图 11-155 所示。

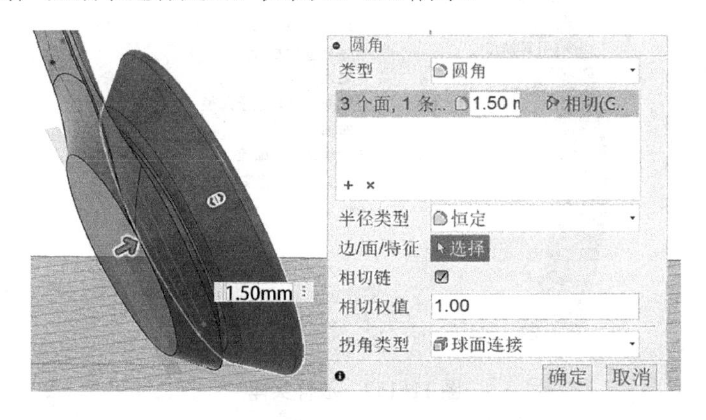

图 11-155　圆角特征

13）构造平面，绘制草图，拉伸实体，如图 11-156 所示。

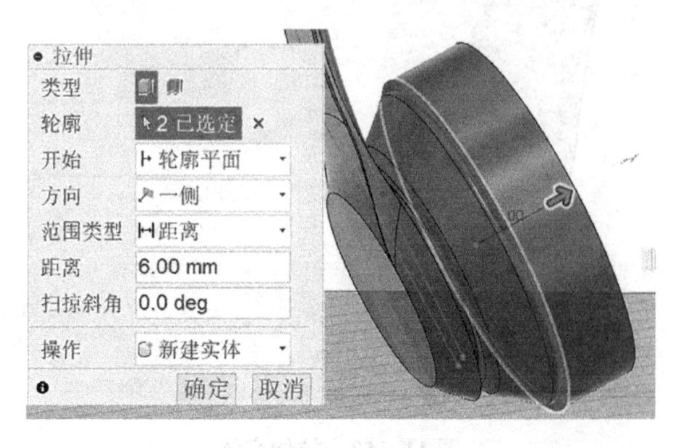

图 11-156　拉伸实体

14）对产品细节进行处理，如图 11-157 所示。

图 11-157　圆角特征

15）绘制草图，剪切实体，如图 11-158 所示。

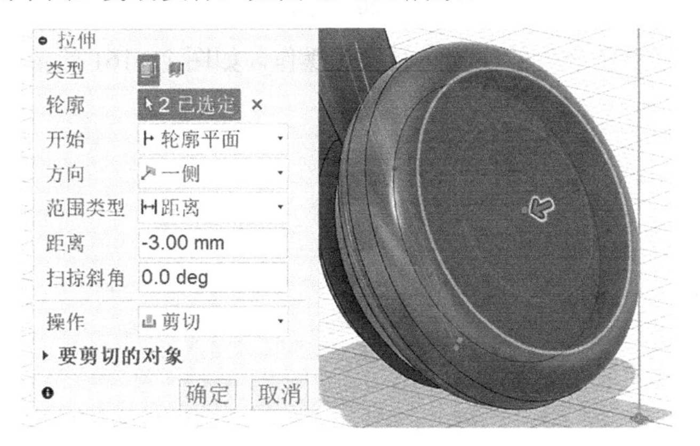

图 11-158　剪切实体

16）对边线进行圆角处理，如图 11-159 所示。

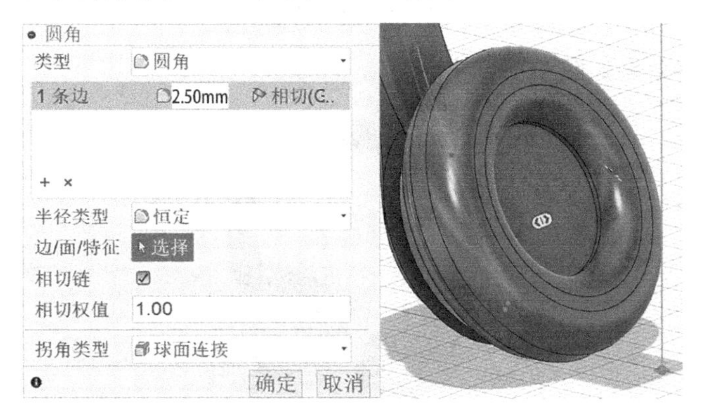

图 11-159　圆角处理

17）添加一条分模线，如图 11-160 所示，对实体进行剪切，并对边线进行倒角处理。

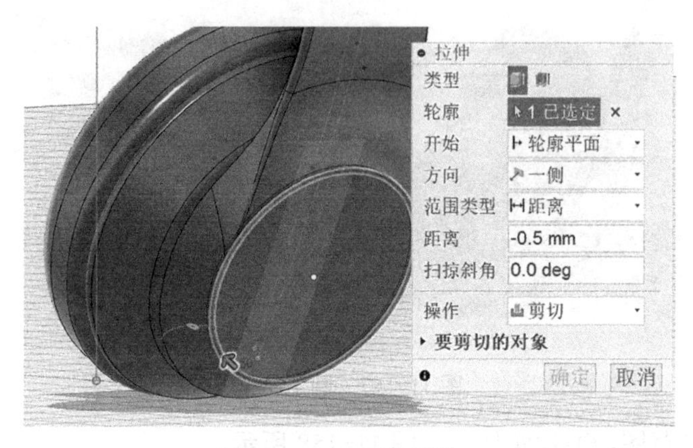

图 11-160 剪切实体

18）对上述步骤产生的实体进行镜像操作，如图 11-161 所示。

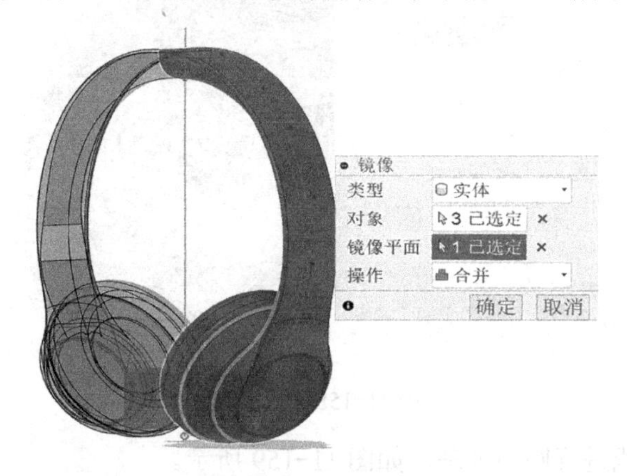

图 11-161 镜像

19）最终效果如图 11-162 所示。

图 11-162 最终效果